华章图书

一本打开的书，一扇开启的门，

通向科学殿堂的阶梯，托起一流人才的基石。

零基础学编程

MY FIRST PROGRAMMING CLASS

我的第一堂编程课

孩子和家长都需要的编程思维

李国松 著

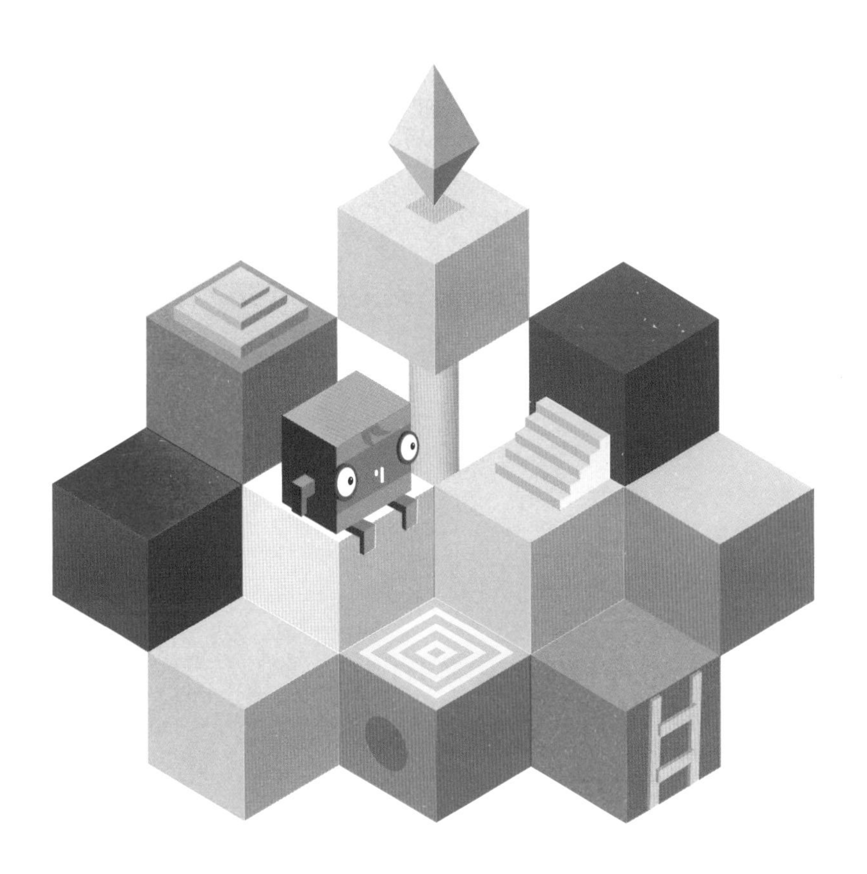

机械工业出版社
China Machine Press

图书在版编目（CIP）数据

我的第一堂编程课：孩子和家长都需要的编程思维 / 李国松著．—北京：机械工业出版社，2021.1
（零基础学编程）

ISBN 978-7-111-67157-2

I. 我… II. 李… III. 程序语言 – 程序设计 IV. TP312

中国版本图书馆 CIP 数据核字（2020）第 263597 号

我的第一堂编程课：孩子和家长都需要的编程思维

出版发行：机械工业出版社（北京市西城区百万庄大街 22 号 邮政编码：100037）

责任编辑：佘 洁 责任校对：殷 虹

印 刷：北京文昌阁彩色印刷有限责任公司 版 次：2021 年 2 月第 1 版第 1 次印刷

开 本：186mm × 240mm 1/16 印 张：17.75

书 号：ISBN 978-7-111-67157-2 定 价：89.00 元

客服电话：（010）88361066 88379833 68326294 投稿热线：（010）88379604

华章网站：www.hzbook.com 读者信箱：hzit@hzbook.com

在未来世界，我们要赋予孩子什么样的能力，才能让他们在未来社会中立足？这是现代教育工作者都在思索的问题。

在多年的素质教育实践过程中，有音乐、有美术，这些都在讲大家对美的鉴赏能力，以及如何提升人和人之间的沟通合作能力。

而在全新的数字化时代，不仅人和人之间需要紧密的合作，还要赋予大家更多人和机器交流的能力，这个时候学习编程就起到一个尤为重要的作用。

作为 STEAM 教育的践行者，我们强调三个重点概念：动手实践、问题解决与专题导向。不同学科之间存在着一种相互支撑、相互补充、共同发展的关系，通过打破学科之间的障碍和壁垒，可使学生建立起跨学科、跨领域的思维方式，并将其应用于课程之外的真实生活中，真正实现深层次学习、理解性学习。

在未来社会，孩子更需要养成一种不断革新自我的能力，以逻辑思维能力为基石，厘清做事情的框架，综合运用知识来解决需要面对的问题。

艺术和技术一直以来都是推动着人类向前发展的力量，音乐无国界，程序更加无国界。

蓄力教育，遇见未来，共勉。

—— 杭州市钱江外国语实验学校校长 刘晋斌

Preface

写给孩子和家长的人工智能时代宣言

还记得自己第一次使用计算机的情景吗？当打开计算机，紧握手中的鼠标，面对屏幕中跳动的文字与图案时，仿佛世界为你打开了一扇新的大门。

今天，随着数字化时代的全面来临，孩子们的成长环境已经与人工智能、数字化技术密不可分，手机、平板等智能化设备已经成为数字新生代成长环境中的一部分。如何才能让孩子尽早了解并融入数字化时代？这是值得每一位家长思考的问题。

本书将为孩子和家长提供一种认识“新世界”的方法——编程思维。

什么是编程思维呢？编程思维并不是指程序员在编写程序时所使用的某种具体技术或方法，而是教大家如何通过计算机创造性地分析和解决日常遇到的问题。

通过有意识地思考和练习编程思维，可以有效培养孩子们缜密的思维能力，激发他们的想象力与创造力，并极大地增强他们学习科技领域新知识、新技能的信心。

本书以编程王国的故事为引线，围绕 30 多个计算机概念、13 个使用编程思维解决问题的示例程序，带领大家走进编程课堂，从零开始了解编程思维以及相关的工具和方法。为了让大家能够对编程思维有更加具象的理解，书中的示例程序使用 Scratch 语言来说明编程思维的应用。

希望本书成为孩子和家长共同认识、了解编程思维的窗口，让孩子可以在学习编程思维的过程中获得家长的支持与肯定，进而增强自信心，全方位提升思维能力。

现在我们就跟随酷客国王走进编程王国，一起感受编程的快乐与精彩吧！

目录

第5章 拥抱未知数

第6章 编程中的项目管理

第7章 程序“美学”

第8章 让图片“动”起来

第9章 如何设计一个好玩的游戏

第10章 啊哈！算法！

第11章 我的信息“安全”吗

第12章 曲径通幽，搜寻遗失的宝藏

第13章 再提“算法”，寻找的乐趣

第14章 重新认识编程思维

第15章 合作和规则，让世界更美好

第1章
欢迎来到编程王国

嗨，大家好，我是酷客国王，欢迎来到酷客编程王国。

酷客王国是一个由程序构建的虚拟世界，在这里，所有的工作都可以通过“编程”来完成，所以掌握“编程”这个酷酷的技能是成为一名合格的酷客公民的必备条件哦。

那么，怎样才能获得“编程”这项技能呢？先让我给大家介绍几位酷客王国的小伙伴吧。

第一位出场的是酷客工程师，他是王国中最聪明的工程师。遇到任何疑难问题都可以找他帮忙，他一定会给出一个漂亮的答案。

第二位是酷客艺术家，他是酷客王国最具创造力和想象力的成员，为酷客王国带来了数不清的动画、绘画作品。

第三位是酷客项目经理，他也是最优秀的团队和项目管理专家，他会与王国中的小伙伴共同面对困难，帮助大家快速、高效地完成各项任务。

接下来，就让酷客国王和上面三位小伙伴一起，带领大家走进编程王国，学习“编程”这项重要的技能，领略“编程”的精彩吧。

1.1 我们身边有哪些程序

大家想一想，在下面的几个选项中，哪些含有“程序”呢？

A. 烧菜的菜谱

B. 手机中的微信程序

C. 空调遥控器

D. 十字路口的交通信号灯

想到答案了吗？

嘘，先不要着急说出来，大家先跟随酷客国王看一看“什么是程序”。

大家知道怎样把一头大象放进冰箱吗？

1. 打开冰箱
2. 把大象放入冰箱
3. 关上冰箱门

如果有其他小朋友不知道怎样把大象放入冰箱，那么你就可以把这个过程记录下来告诉他，让他按照这个步骤来做就好啦。这个被记录下来的操作过程，我们就将其称为“程序”。

计算机程序（Computer Program）

计算机程序是指一组可以指示计算机每一步动作的指令，通常使用程序设计语言编写。

计算机所能理解的语言和我们平时说的语言不太一样，它做事的方式也与我们不同，但是如果我们把自己想要做的事情，按照计算机做事的方式翻译成它能理解的语言，那么我们就得到了开启编程王国的金钥匙，未来就可以在计算机世界中创造任何自己想要的东西。我们将之称为“**编程思维**”。

现在我们再看一下上面的题目，可以给出你的答案了吗？

“它们全都含有‘程序’！”

1.2 编程思维的核心

“哇，真是太酷啦！那什么是编程思维呢？”

编程思维的核心是分析与解决问题，而在此过程中，最重要的是培养问题分解能力和逻辑思维能力。

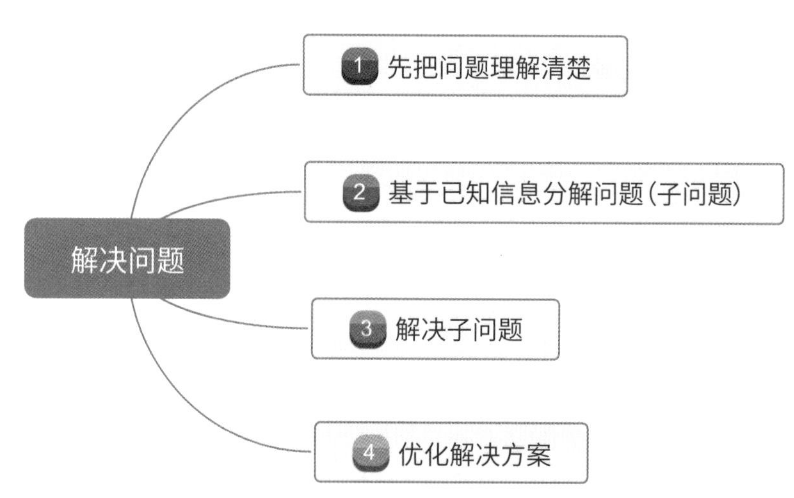

当前社会已经逐步迈进人工智能时代，这将是一个以计算机科学为基础的时代，而其核心就是编程思维。

编程思维不仅能提高我们解决问题的效率，还能让我们对未来做出更加理性的选择。擅长编程思维的人相信，无论多么艰巨的任务或困难，都是有办法解决的，因而他们会有更多的自信、勇气和毅力去面对生活的挑战，不会轻易被挫折打败。

1.3 学习编程能给我们带来什么

学习编程可以给我们带来很多新的能力，比如创造创新能力、逻辑分析能力、模式识别能力、问题分解能力、测试评估能力。

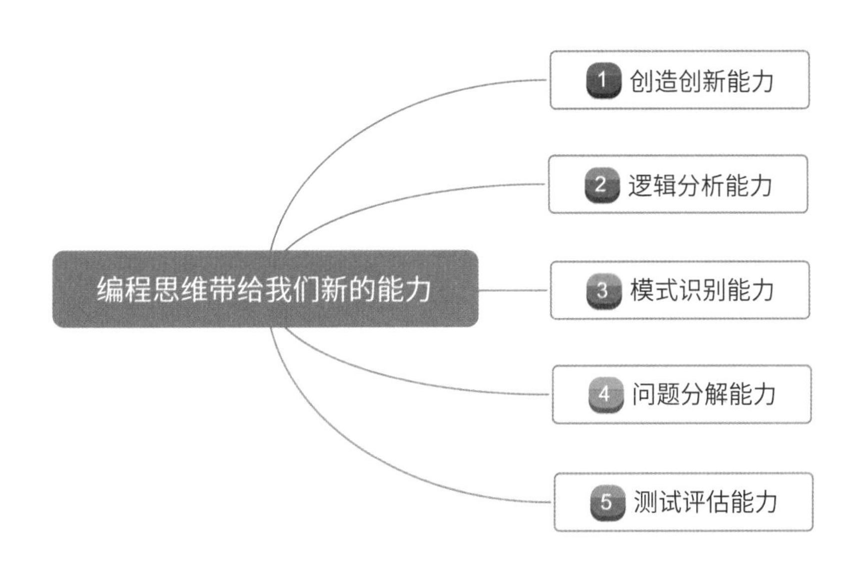

学会编程，让你思维缜密

当我们与计算机“对话”时，需要先将问题分解成一个个最小的组成部分，只有这样计算机才能够理解并进行计算和处理；同时，分解问题的过程可以帮助我们养成独立思考的习惯，使逻辑思维能力得到充分锻炼。

学会编程，赋予你力量

学习编程可以提振我们的信心。当我第一次正确完成“for 循环”指令的时候，我的第一个想法就是“我掌握了整个世界”。

学会编程，使你更具创造力

想不想编写人工智能程序来创造属于自己的音乐主旋律？

想不想利用可编程穿戴设备帮助视力障碍人士“看到”身边的物体？

想不想使用程序追踪并分析“新型冠状病毒”的变化，为全人类的流行病防疫做出自己的贡献？

作为酷客王国的引领者，酷客国王希望大家能够在学习编程的过程中，理解计算机科学所蕴含的伟大创意。

你不必成为专业的程序员，但是希望你能够理解数字系统的意义，不要再把它看作某种魔法。

希望你能够了解构建一款搜索引擎、游戏或社交网络所需的技术基础，以及它们在数字化时代的意义。

最后希望你牢记，无论多么复杂的系统，它们都是可以用双手创造出来的东西！

从今天开始，酷客国王将带领大家在酷客王国的程序世界中，学习使用编程思维来分析问题，并设计出高效的程序来解决问题。

第 2 章
初识编程语言

2.1 世界上有多少种编程语言

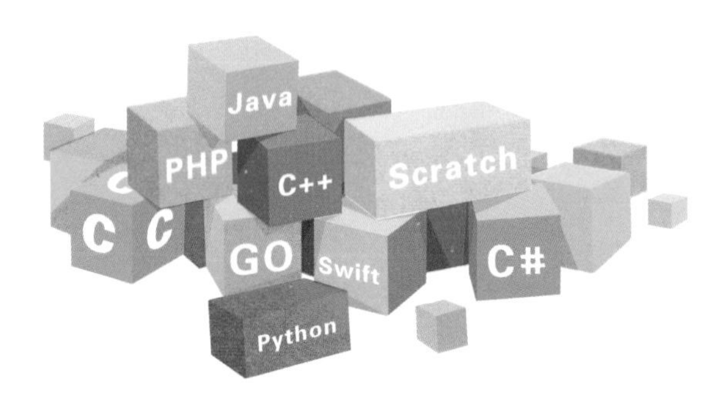

世界上一共有多少种编程语言呢？

根据维基百科（wikipedia）的统计，到目前为止，常用的编程语言有十几种，知名的编程语言有上百种，而历史上出现过的编程语言早已达到数千种。

通过学习计算机科学知识，我们甚至可以亲自动手创建一门属于自己的编程语言！

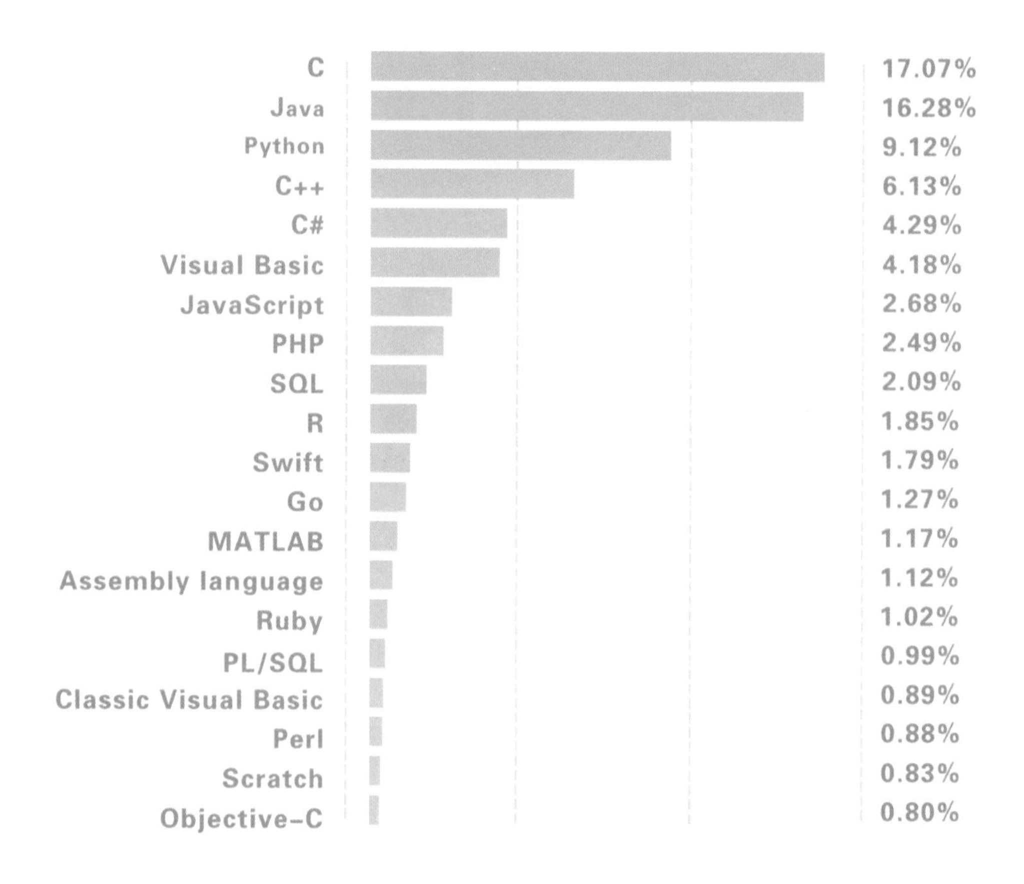

编程语言排行榜 TOP 20 榜单（来源：https://hellogithub.com/report/tiobe）

编程语言的分类

对于编程语言，我们可以按照多个维度进行划分。

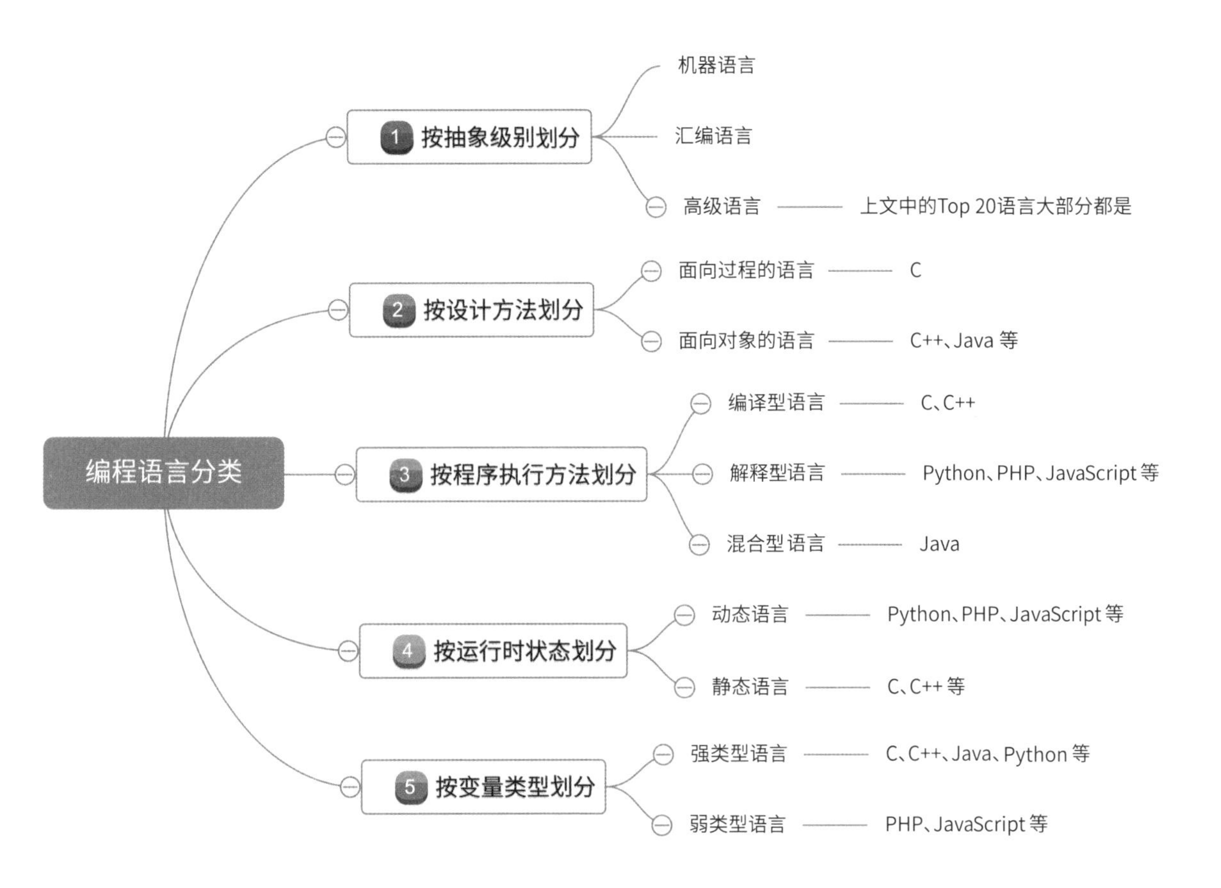

那么在少儿编程中常见的 Scratch 又属于哪种类型呢？

Scratch 是一种具有动态运行能力的解释型语言，其使用图形化方式来展示程序的逻辑关系，通过拖拽积木块的方式来组织编程命令，为初次接触编程的学习者提供了一个友好的创作环境。

编程语言的选择

其实，不管是采用图形化方式编程，还是采用传统的文本方式编程，或是采用未来可能出现的语音、脑机接口等方式编程，都需要把解决问题的方法告诉计算机，计算机才能按照我们指定的方式来处理问题。

所以，解决问题的方法（算法）是否准确、高效，是我们在编程中需要重点考虑的问题，而具体使用哪一种编程语言或哪一种编程工具来完成这些任务并不是最重要的。

在实际应用中，具体选用哪一种编程语言，可以根据需要解决的问题而定。

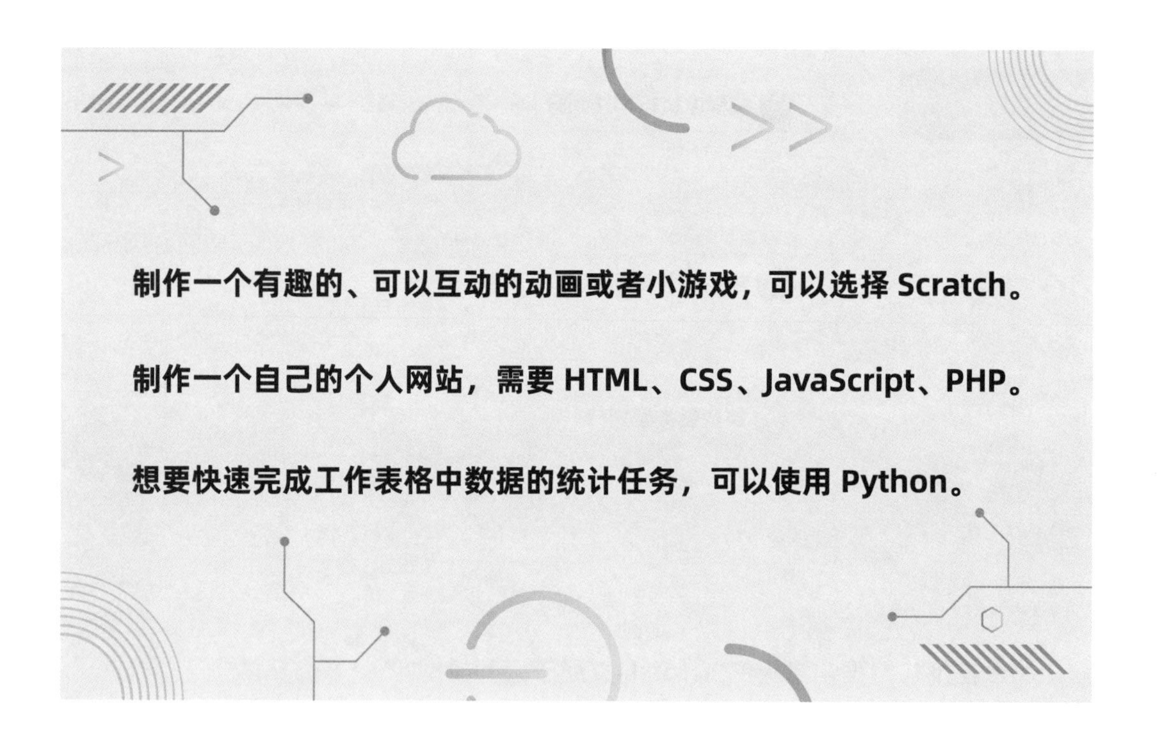

2.2 初识 Scratch

Scratch 历史

Scratch 是麻省理工媒体实验室“终身幼儿园”组开发的一款图形化编程语言，旨在让初学者可以快速入门，创造出自己的作品，感受编程的魅力。

Scratch 最初发布于 2006 年，目前经历了十余年的发展，已经发布了 1.4、2.0 和 3.0 三个大版本。开发者希望通过 Scratch，让用户在开放的环境中学习程序设计、数学和逻辑等知识，并获得创造性思考和协同工作的体验。

除了 Scratch 官方工具，还有很多优秀的图形化编程平台和工具值得学习。

Tynker：Tynker 公司开发的可视化编程平台（tynker.com）。
Snap！：由美国加州伯克利大学开发（snap.berkeley.edu）。
Blockly：谷歌公司开发的可视化编程组件（developers.google.com/blockly）。
编程猫：我国基于 Blockly 开发的编程平台（codemao.cn）。
酷客编程：我国基于 Blockly 开发的编程平台（koocoding.com）。

这些新一代编程平台和工具在促进青少年编程教育发展，推动图形化编程多元化等方面，都进行了十分值得肯定的探索与实践。

Scratch 工具

在本书中，我们采用目前使用最为广泛的 Scratch 工具来创建示例程序，解释程序设计中所用到的编程思维和编程方法。

Scratch 工具及示例程序素材下载地址如下：
https://koocoding.com/book
可以在微信端扫描右侧二维码访问。

除此之外，也可以在电脑端直接登录酷客编程官网进行在线练习：
https://koocoding.com

Scratch 主界面

下图为 Scratch 3.0 版本的主界面。主界面分为积木区（命令区）、代码区、舞台区和角色区四个部分。

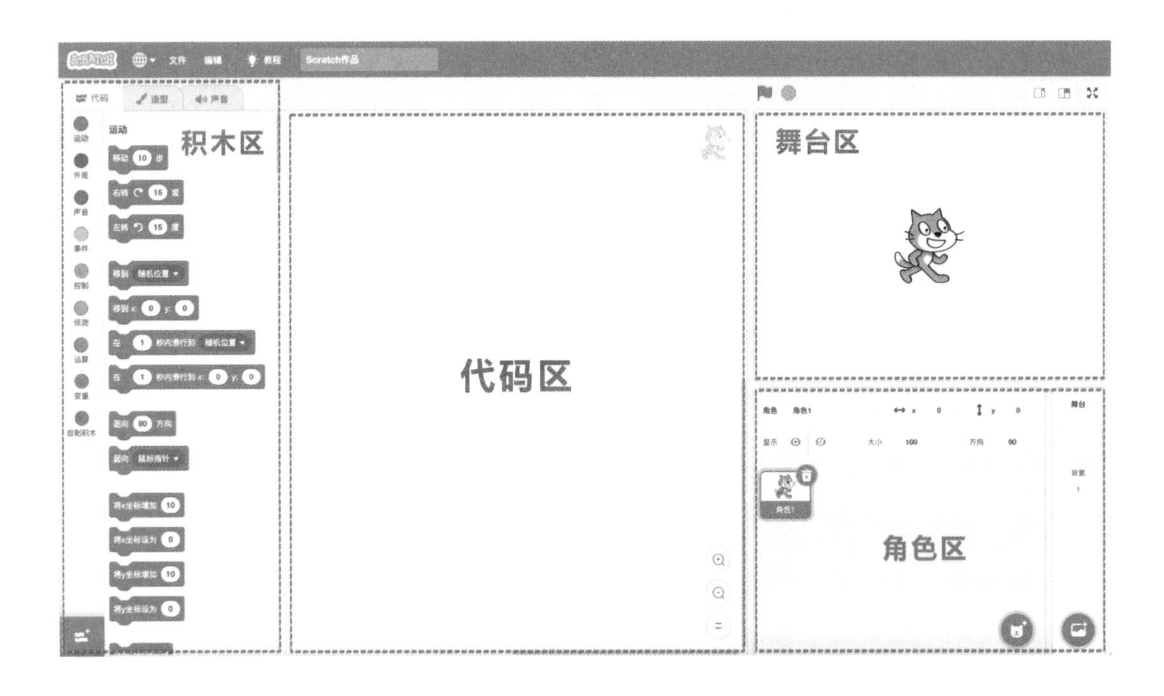

程序设计的步骤

使用图形化编程语言进行程序设计的一般步骤如下：明确任务目标、添加舞台背景、创建角色、为角色添加动作或功能、运行并调试程序直至达到预期结果。

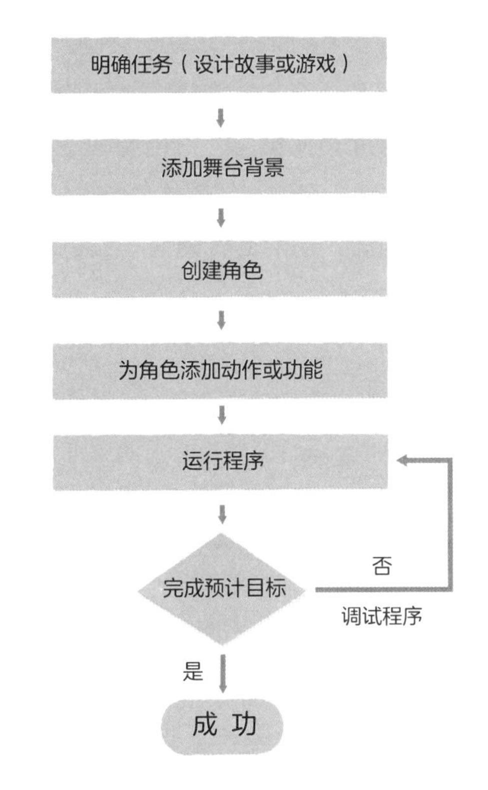

为程序添加角色

在Scratch中，启动程序时默认会在舞台中创建一个小猫角色。我们可以根据需要使用或删除该角色，如右图所示。

点击角色区右下角的小猫头像按钮，添加角色。在弹出的菜单中可以选择：从素材库选择角色、使用绘图工具自己画、上传已有图片（上传角色）。

如图，我们上传酷客国王的照片作为新的角色。

运行程序

在Scratch中，程序的执行都是由“事件”触发的。那么“事件”又是什么呢？

其实在计算机世界中，经常会触发某个功能或收到通知，如“点击鼠标”“键盘按键被按下”“接收到消息”等，这些都称为事件。对于这些事件，我们可以根据实际需要有选择地做出回应，而回应的方式自然就是“程序逻辑”了。

在Scratch中，可以用于接收“事件”的命令如下：

Scratch 中的“事件”命令

如何触发命令

在 Scratch 中，直接点击积木块就可以触发对应的命令，这是 Scratch 设计者为了方便大家体验命令功能而设计的。而作为一名严谨的工程师，应当确保每一条命令都是由“事件”触发的，如只有点击绿旗才能开始运行程序。

2.3 我的第一个程序——向世界问好

前面我们介绍了 Scratch 图形化编程的特点，现在酷客国王就带领大家正式走进编程世界的大门，使用 Scratch 实现我们的第一个程序——向世界问好，以此开启我们的奇妙编程之旅。

“Hello World”（世界你好）程序是历史上最著名的一段程序，它可以让计算机显示一行文字——Hello World。

这个程序由计算机程序设计大师 Brian Kernighan 在他的著作《C 程序设计语言》（1978 年出版）中提出，随后在程序员中广为流传，并成为几乎每一个程序初学者都要编写的第一个程序。

现在我们就来实现一个 Scratch 版的“Hello World”程序吧。

在这个程序中，我们让“世界你好”四个字依次出现在舞台中，向世界问好。先来看看完成后的效果吧。

世界你好

微信扫码
运行程序

1 打开 Scratch 编程工具，点击左上角“文件”菜单中的“新作品”，创建一个全新的程序。

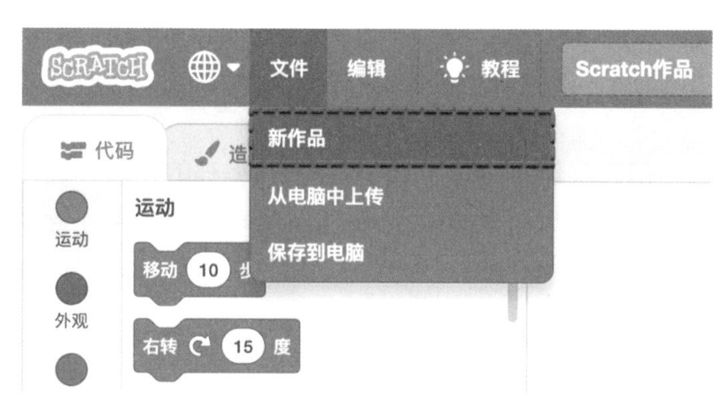

2 在角色区中删除本次程序中未用到的小猫角色。

3 添加背景。

在角色区中，点击“上传背景”，选择背景图片“我们共同的地球”。

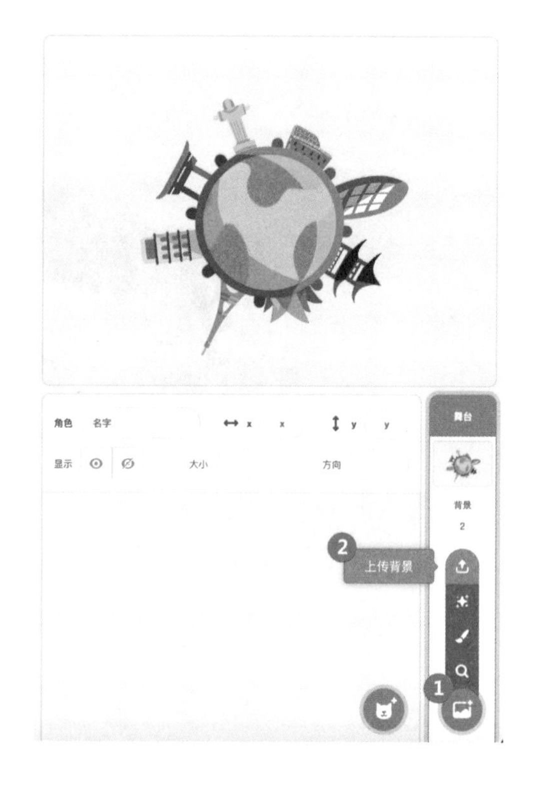

4 添加角色。

在角色区中，点击“上传角色”，选择图片“世”。

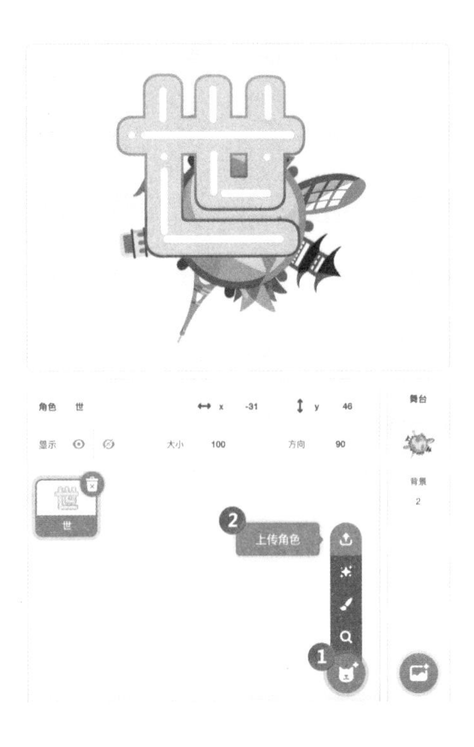

5 这时我们发现，新添加的图片大小和位置并不理想，这可怎么办呢？

在角色区的属性栏中有一个“大小”选项，通过它可调整图片缩放的比例，调整其中的数字即可改变图片的大小。当我们把图片调整到合适的大小后，用鼠标将图片拖拽到合适的位置即可。

6 继续添加“界”“你”“好”三个角色，并调整到合适的大小和位置。

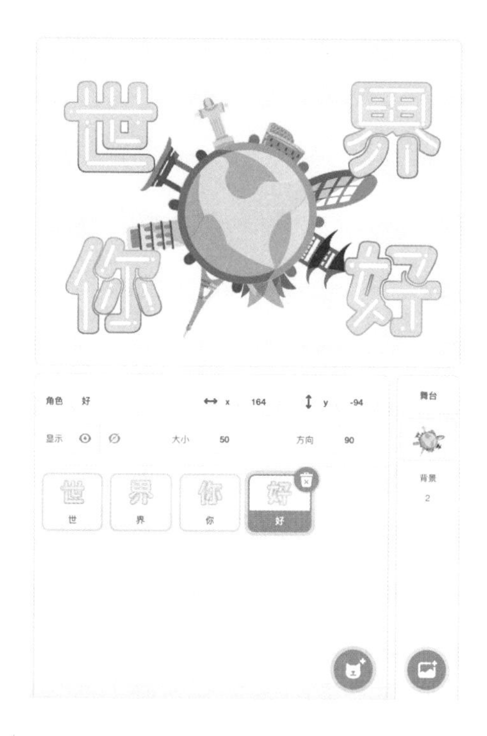

7 完成角色的布局后，就可以开始对“世界你好”四个角色进行编程，让它们“动”起来了！

从积木区中选择合适的命令块，用鼠标将其拖拽到右侧的代码区，组成适当的代码逻辑。

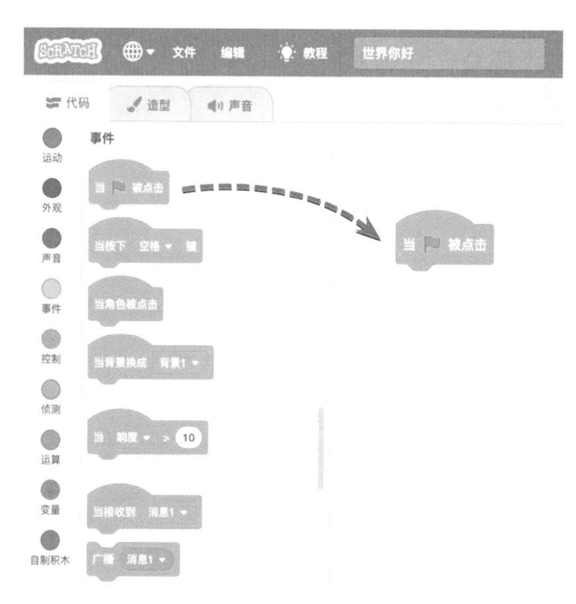

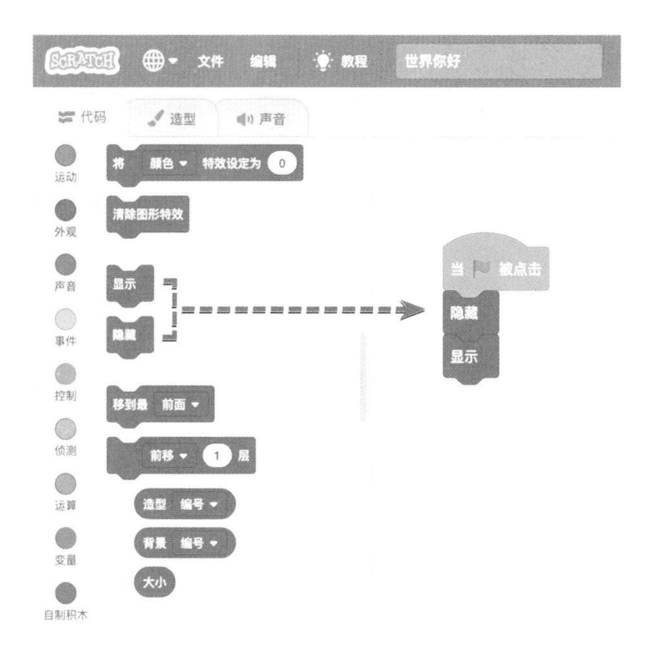

8 各角色的代码逻辑。

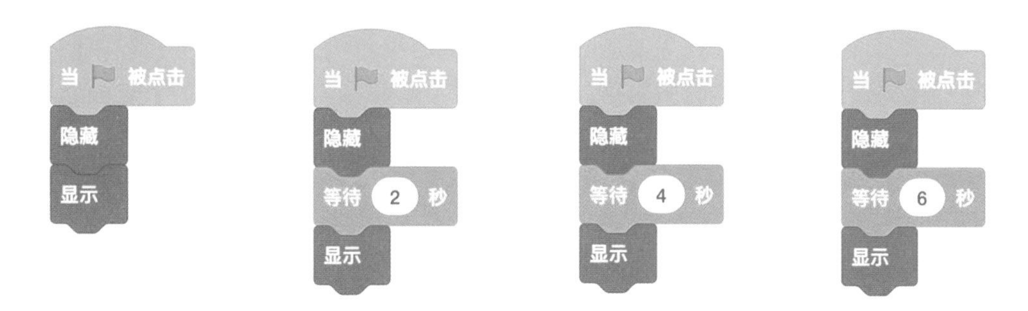

我们看看上面 4 段程序是不是很相似呢？它们的区别是什么呢？

“等待时间不同！”

正确！在上面的程序中，我们使用“等待（ ）秒”命令来控制“世界你好”四个角色的显示时间间隔，使它们分别在程序启动后的 0 秒（如图已省略）、2 秒、4 秒和 6 秒后显示，这样就可以实现让四个文字依次出现的效果了。

9 酷客国王看过程序后却提出了更高的要求：“这个显示效果太平淡了，能不能做出更加精彩的效果呢？”

“给角色加上旋转和缩放效果怎么样？”

“好主意，现在就动手让世界旋转起来吧！”

如下图所示，为“世界你好”四个角色添加控制角色旋转和缩放的代码块。重新运行程序可以看到，文字从一个个小圆点开始旋转并逐步变大。

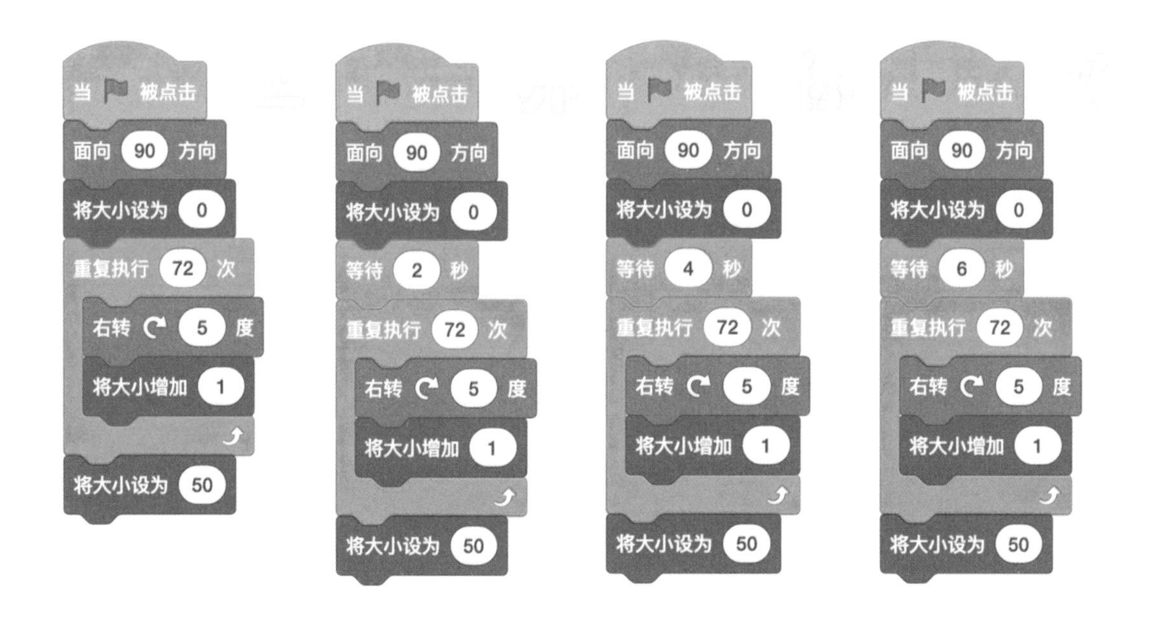

10 上面的代码是如何让文字旋转起来的呢？

我们使用“右转（ ）度”和“重复执行（ ）次”命令，让文字旋转一周后，回到了原来的方向。

因为旋转一周的角度是 360°，如果每次旋转 5° 的话，需要旋转 72 次。

11 旋转的同时使文字变大。

大家发现“将大小增加（ ）”这个命令了吗？它可以用来控制角色的大小。

同“右转（ ）度”命令一样，它也包含在“重复执行（ ）次”命令当中，这样，“重复执行”命令每执行一次，文字就会增大一点点。

最后，我们使用“将大小设为（ ）”命令，将文字的最终大小设定为原图片的 50%。

现在，让我们点击舞台左上角的运行按钮（小绿旗），运行一下我们的第一个小程序，向世界问好吧！

本章小结

★ 我们知道了世界上有成百上千种编程语言。

★ 学习了图形化编程语言的程序设计思路。

★ 亲手编写了第一个图形化小程序——世界你好。

在下一章中，酷客国王将向我们展示“计算机是如何解决问题的”。

第3章 如何解决逻辑问题

3.1 困难问题与复杂问题

在日常生活中，我们每天都会遇到数不清的问题，怎样才能有效地解决问题呢？

解决问题的过程可以分为四个阶段：发现问题、分析问题、提出假设和验证假设。其中，发现问题是解决问题的前提，通过分析问题的条件和结果，可以提出解决方案（假设），最终解决问题（验证假设）。

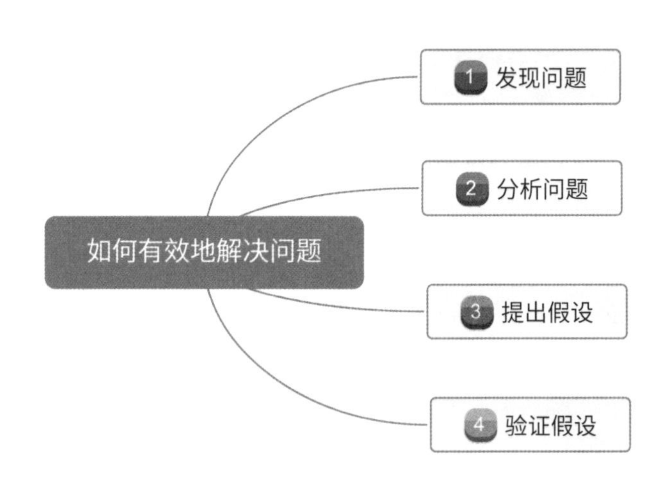

困难问题与复杂问题

在分析和解决问题的过程中，我们通常会遇到两类不太容易解决的问题：困难问题与复杂问题。

困难问题：困难问题指不可被分解、只能独立解决的问题。

面对困难问题，我们只能迎难而上，努力解决它。

复杂问题：复杂问题指可以被分解成一系列简单问题的问题。

面对复杂问题，我们可以使用思维工具将其拆分成一系列小问题，再针对每一个小问题寻求解决办法。当每一个小问题都被成功地解决后，原来的大问题自然也就不复存在了。

所以，复杂问题并不一定困难，只要按照一定的方法来处理，大多数的复杂问题都可以得到解决。

3.2 奇妙的思维工具与思维谜题

为了能够帮助大家更好地分析和解决问题，今天酷客国王将介绍一些非常好用的思维工具。

首先出场的就是大名鼎鼎的“思维导图”。

思维导图也称“脑图”，是一种用于辅助思考的工具，让我们可以用层级图的方式，更加直观地表达发散性思维。

思维导图的绘制过程其实就是将一个复杂的大问题拆分成很多个小问题的过程。如果一次拆分后还是不能解决问题，就继续拆分，直到把所有问题都分解成可解决的小问题为止。

酷客国王将他喜欢的事物统统用思维导图列了出来，看起来是不是很清晰呢？

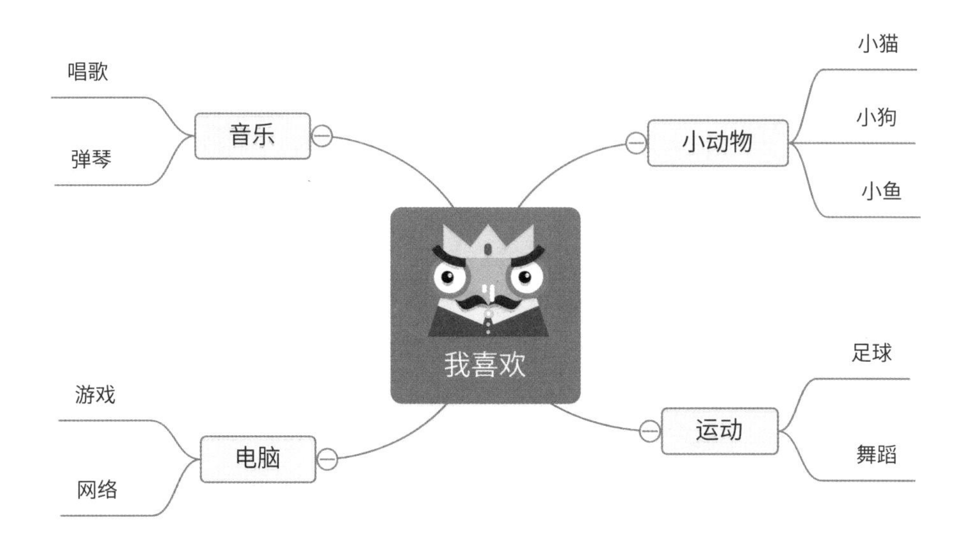

第二个思维训练工具叫“三段论”。这是一种非常好的逻辑思维训练方式，经常练习三段论谜题，可以极大地提高我们的逻辑推理能力。

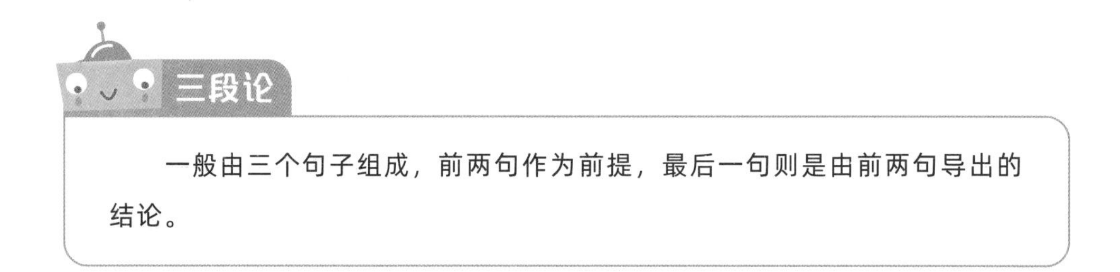

三段论

一般由三个句子组成，前两句作为前提，最后一句则是由前两句导出的结论。

三段论的历史可以追溯到公元前 4 世纪，它由亚里士多德提出：

- 所有人都终有一死。
- 苏格拉底是一个人。
- 结论：苏格拉底终有一死。

而最早运用三段论来帮助人们强化逻辑推理能力的人是查尔斯·道奇森（Charles Dodgson），他是英国的一名数学家和逻辑学家，在牛津大学担任数学讲师。

道奇森还有一个享誉全球的笔名——路易斯·卡洛尔（Lewis Carroll）。没错，他就是《爱丽丝漫游仙境》的作者。

道奇森最喜欢做的事情就是给小朋友们提出一个又一个谜题，让大家在童话故事中体会逻辑的乐趣。

他最擅长描述谜题的方式就是使用“三段论”，而且道奇森的谜题更有挑战性：

- 只有接受过良好教育的人才会读《泰晤士报》。
- 刺猬都没有阅读能力。
- 没有阅读能力的人没有接受过良好的教育。
- 结论：所以，刺猬不会读《泰晤士报》。

3.3 道奇森的三段论——《爱丽丝漫游仙境》中的逻辑问题

强大的逻辑思维能力可以帮助我们快速分析和解决问题，理解事物之间的逻辑关系，对我们的成长有很大的帮助。

作为逻辑思维的第一次训练，我们今天就来动手编写一个逻辑问答的小程序，给小伙伴们展示一下我们的三段论谜题吧。

逻辑问答

微信扫码
运行程序

1 在本次程序中，小恐龙爱莎向小恐龙米莉提出了一个三段论式的问题，那么米莉能够给出正确的答案吗?

开始编写程序前，我们先来想一想，完成逻辑问答小程序需要使用多少个角色?

- 开始按钮
- 小恐龙爱莎
- 小恐龙米莉
- 酷客国王
- 绿色钩
- 红色叉
- 正确提示（答对啦）
- 错误提示（再接再厉）

哇！这个小程序中竟然包含了这么多角色，大家有没有感到惊讶呢?

2 厘清了程序中所涉及的角色，就可以为每个角色赋予特定的逻辑功能了。

- 【开始按钮】：问答程序的“起点”，点击“开始”按钮可以启动问答流程。
- 【酷客国王】：问答环节的主持人。
- 【小恐龙爱莎】：提出问题。
- 【小恐龙米莉】：做出回答。
- 【绿色钩 / 红色叉 / 正确提示 / 错误提示】：显示结果和提示信息。

3 现在开始动手创建程序。

打开 Scratch 编程工具，选择新建一个作品。从素材库中上传背景图片和“开始”按钮角色。添加角色后记得调整角色的大小和位置哦。

4 为“开始”按钮角色添加逻辑代码。

当开始运行时，将“开始”按钮设置为“显示”状态，这样程序每次运行时都会在舞台中显示“开始”按钮，作为我们开始答题的起始标志。

在程序开始时，将角色设定为一个明确的状态（如“显示”或“隐藏”状态），可以帮助我们更容易地判断程序运行结果是否正确。

5 继续为“开始”按钮角色添加逻辑代码。

“当角色被点击”命令可以为“开始”按钮设置一个点击事件，当按钮被鼠标点击时(如果使用的是智能手机或者平板电脑，则是手指点击)，“开始”按钮会进入“隐藏”状态，并发出一个“开始”的广播消息。

Scratch 中的广播消息功能由“广播”命令和“当接收到( )”命令组成。

与收发快递类似，使用“广播”命令发出消息的过程可以看作“寄出包裹”，使用“当接收到( )”命令接收消息的过程可以看作“收到包裹”。

6 如何定义一个“广播消息”？

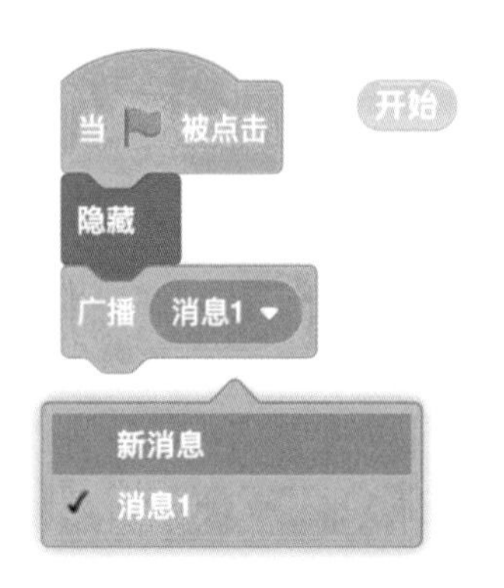

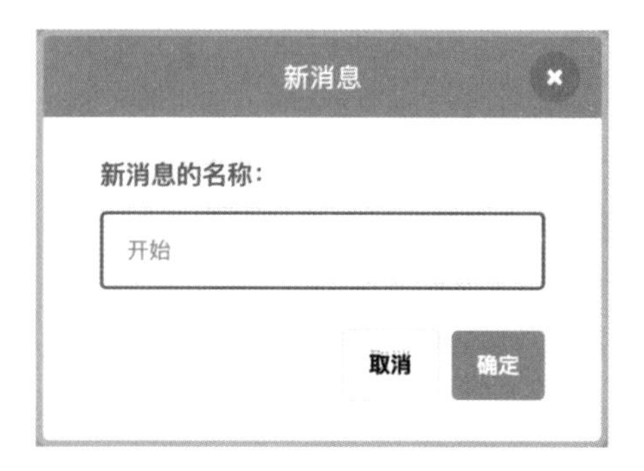

在“广播”命令中，点击下拉框中的“新消息”，会弹出一个设置新消息名称的对话框，在这里输入消息的名称，如“开始”，然后点击“确定”按钮即可。

现在运行程序并点击“开始”按钮，就可以把“开始”消息发送出去了。

7 当小恐龙爱莎使用“当接收到（）”命令接收到广播消息后，就可以开始提出她的问题了：

“所有花都是植物。”

“玫瑰是一种花。”

“那么结论是？”

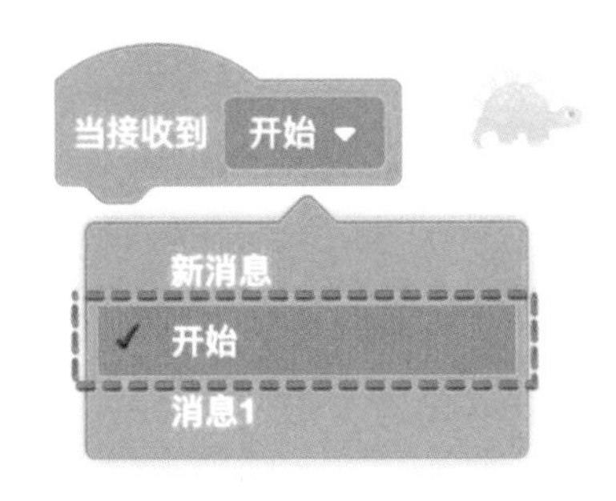

8 “说（）”与“思考（）”。

在上面的程序中，小恐龙爱莎使用“说（）（2）秒”和“思考（）（2）秒”命令提出了自己的问题。

在“外观”模块中，有4个与“说”和“思考”相关的命令，它们“长”得十分相似，我们来看看它们的区别是什么。

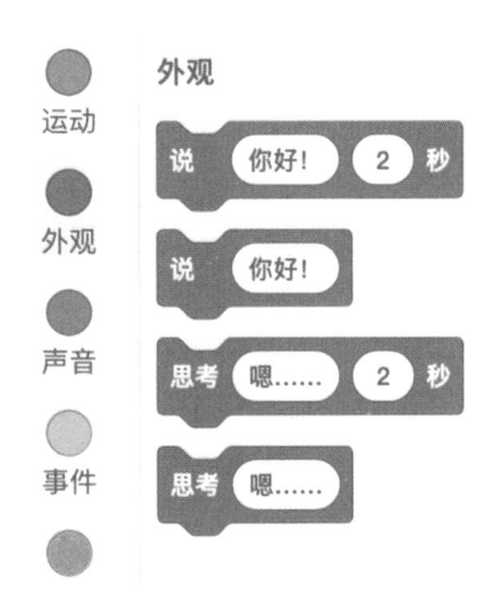

如上图，左侧是“说”命令，右侧是“思考”命令，大家发现有什么不同吗？

“文字框的样式不同！左侧的文字框有个小尾巴，而右侧的文字框是由三个小圆圈组成的。”

非常好！那么“说（你好！）”和“说（你好！）（2）秒”这两个命令又有什么区别呢？

“说（你好！）（2）秒”命令多了一个时间选项，在指定时间内角色说出的“你好”会一直显示，直到 2 秒后才消失。

同时，跟在“说（你好！）（2）秒”命令后的其他命令也会等待角色说完“你好”才会继续运行。

“思考”命令的运行效果与“说”是类似的。

大家可以动手试试下面的两个程序，看看运行结果有什么不同。

9 现在爱莎提出了她的问题，并发出一个“答题”的广播消息。根据三段论式谜题的逻辑，小恐龙米莉应当怎么回答呢？

“结论：玫瑰是一种植物！”接收到“答题”消息后，小恐龙米莉立刻大声说道。

10 “米莉说的对吗？”

酷客国王作为主持人，向大家提出了这个问题。

11 如何将自己的答案告诉酷客国王呢？

我们添加正确（√）和错误（×）按钮来提交答案。当接收到“主持人提问”消息时，显示按钮；当按钮被点击时，发出“答对啦”或“再接再厉”的广播消息。

12 展示答题结果。

当接收到“答对啦”或“再接再厉”消息后，在舞台中展示奖杯和闪光的背景，这样一个答题的小程序就完成了，大家可以运行程序，邀请小伙伴们来答题啦。

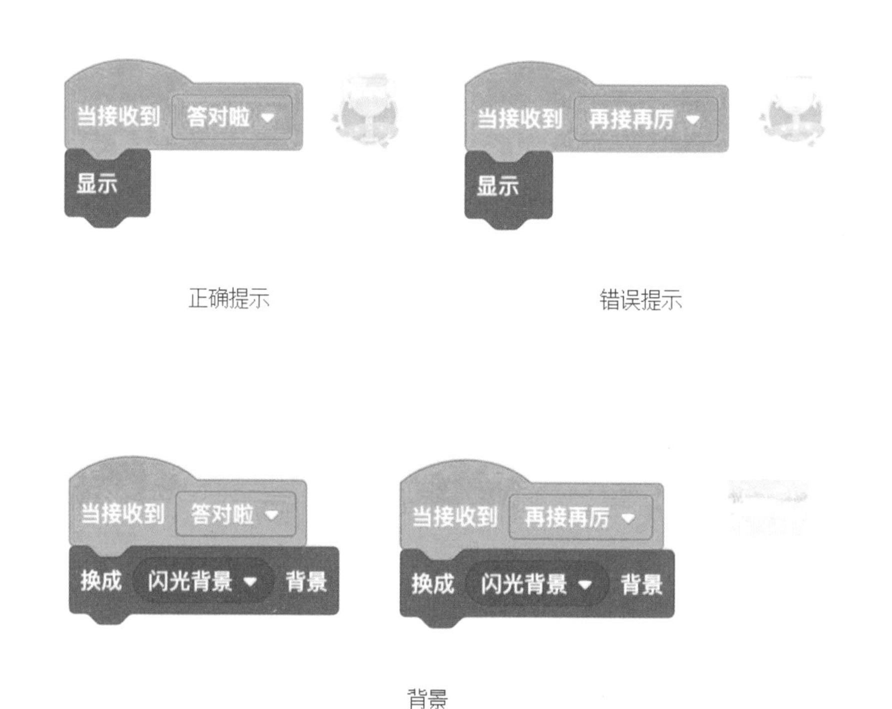

背景

13 在答题过程中，我们有没有发现什么问题呢?

当点击正确或错误按钮后，程序会弹出成功或失败的提示。但是如果我们连续点击这两个按钮，就会发现两个提示都显示出来了，这样就不容易判断对错了，有什么办法可以解决这个问题吗?

我们添加一个“重置提示”消息，每次显示提示前，都将所有提示的状态重新设置为“隐藏”。

这样，当我们再次发送“答对啦”或“再接再厉”消息时，就可以只展示匹配的答案了。

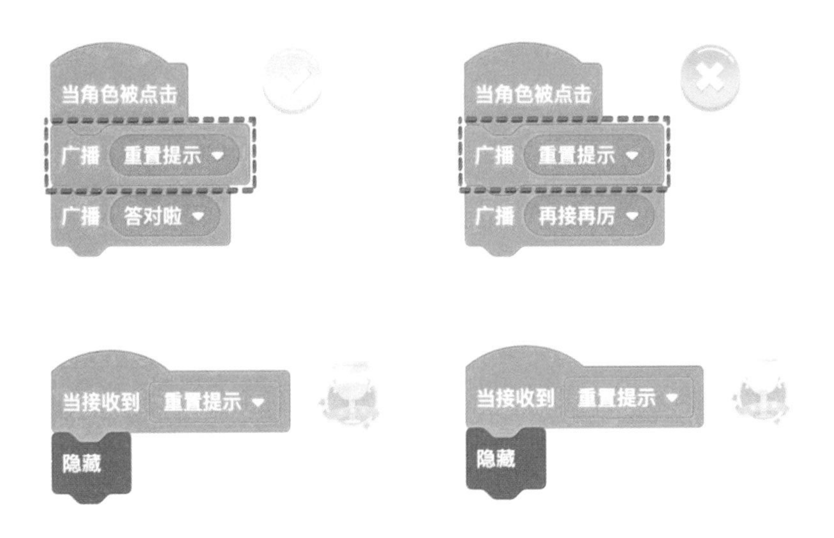

本章小结

- 分析了困难问题和复杂问题，为大家树立了解决问题的信心。
- 学习了思维导图工具，帮助大家厘清思路。
- 动手编写了三段论式谜题小程序。

在下一章中，酷客国王将带领大家走进程序工坊，了解程序运行的基本结构，观察程序的运行逻辑。

第4章 程序的结构

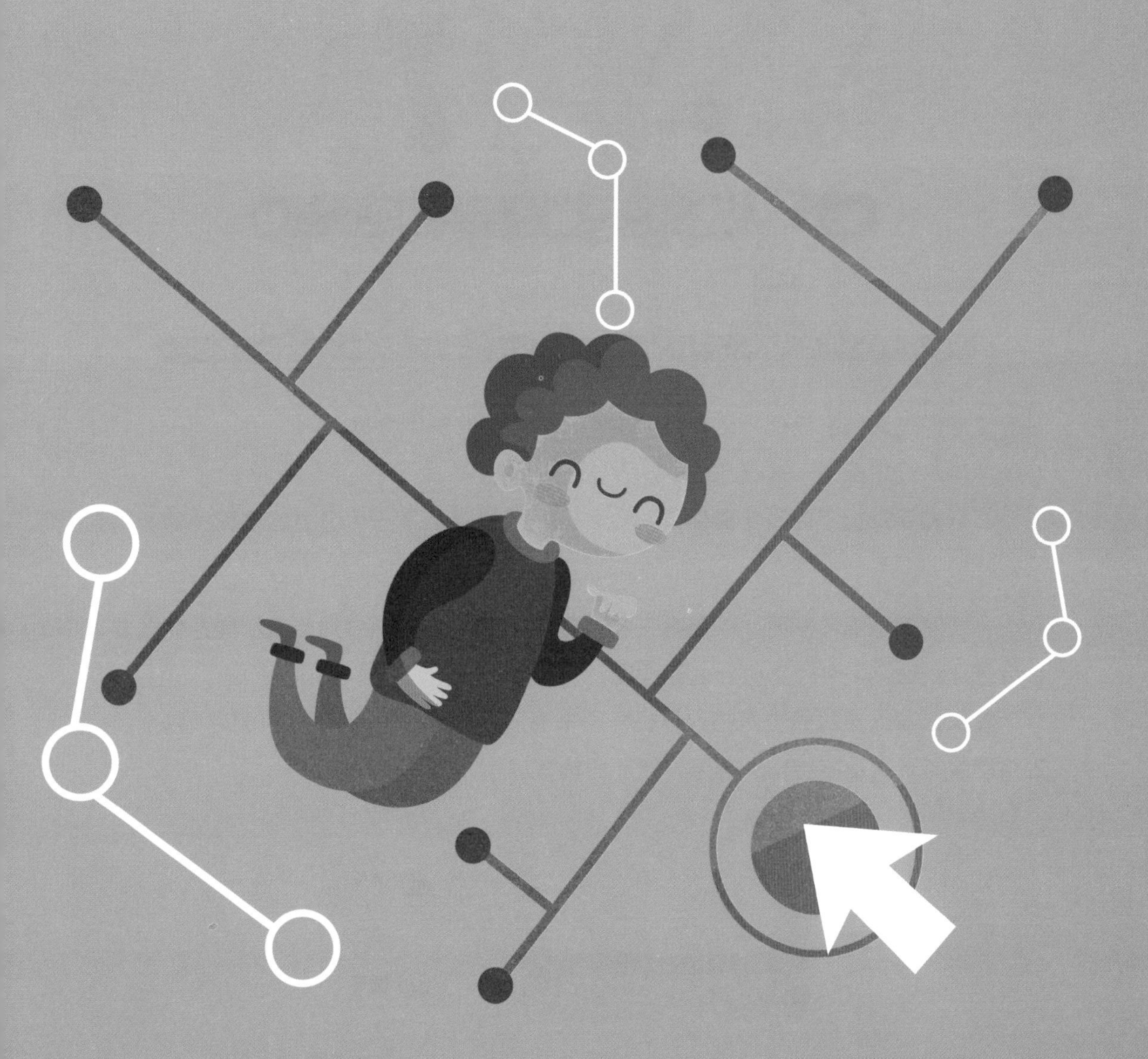

4.1 程序的三大基本结构

今天，酷客工程师带小朋友们参观程序工坊。走进大门，首先看到的是一排排整齐的流水线，无数只机器手臂不停地挥动，一个个崭新的零件随即被制造了出来。

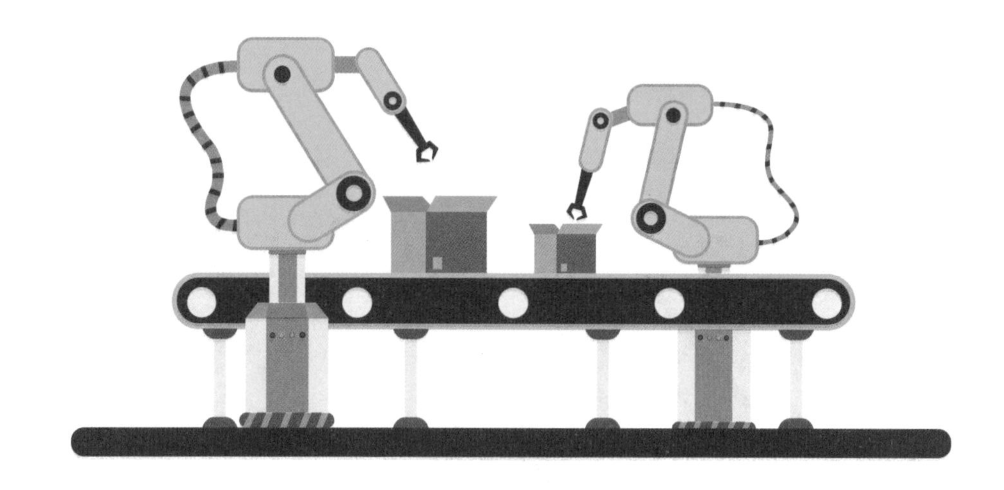

“你们发现流水线有什么特点吗？”酷客工程师看向大家。

“流水线是按照一排一排的方式顺序排列的。”

“机械手臂加工完一个零件后，就会将零件传递给下一个位置的机械手臂，而自己则开始加工下一个零件。”

“大家的回答非常好！”酷客工程师不禁竖起大拇指，“那么流水线为什么要设计成这样？这其中又蕴含着什么原理呢？”

其实机器人流水线也是由计算机程序来控制运行的，而控制程序的设计通常都会遵循程序的三大基本结构：顺序、循环和选择。

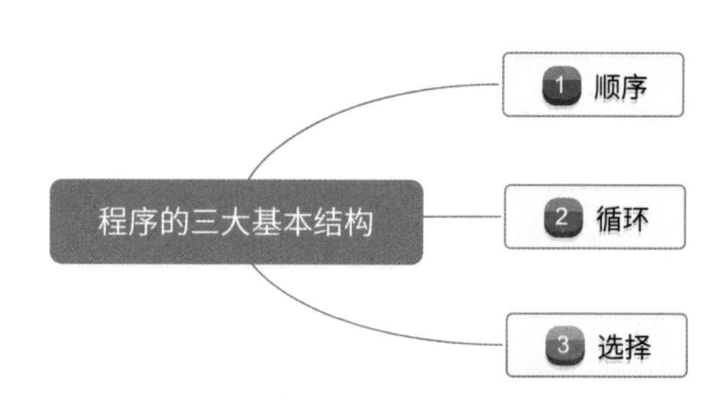

有了这三大基本结构，我们在编写程序时，就可以用它们组合出任何复杂的程序逻辑，并实现多种多样的功能了。

顺序结构：顺序结构非常简单直观，就是一个指令完成后，继续执行下一个指令的过程。我们可以理解为排好队后一个接一个报数的过程。

如右图所示，程序开始后，酷客工程师先移动 10 步，然后等待 1 秒；继续移动，再等待；第三次移动，再等待；第四次移动，再等待，程序结束。

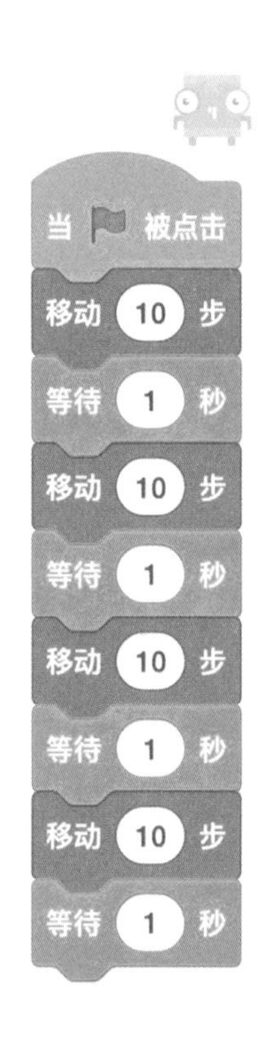

循环结构：在上面的例子中，酷客工程师一共分 4 次向前移动了 40 步。为了实现这个效果，我们让工程师角色把“移动（10）步”和“等待（1）秒”这两个命令先后执行了 4 次，一共使用了 9 个命令块（包含开始命令）。

同样的功能，如果想让角色向前移动 100 步，需要多少个命令块呢?

“1 个开始命令块，且每向前移动 10 步需要 2 个命令块，这样如果移动 100 步，就是 2 乘以 10 再加上 1，总共需要 21 个命令块！”

“这也太长了吧，一个屏幕都放不下呢。”

“有没有办法可以使用更少的命令块来完成上面的任务呢？”让我们来看看下面的程序。

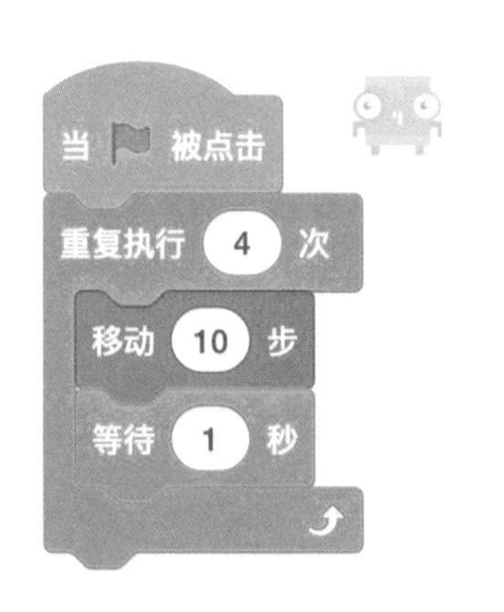

使用“重复执行（ ）次”命令，只要将需要重复执行的命令块包含在其中，并指定需要执行的次数，就可以一次完成多组相同的命令了。这样就完美地解决了需要重复放置很多个命令块，使得程序超长的问题。

选择结构：在程序运行的过程中，我们需要根据不同情况对舞台上的角色进行控制。例如，当角色在行进过程中碰到舞台边缘时，我们可以让角色做出预警："到达边缘。"

这里，我们使用"如果（ ）那么"命令进行判断，检查条件语句是否成立。

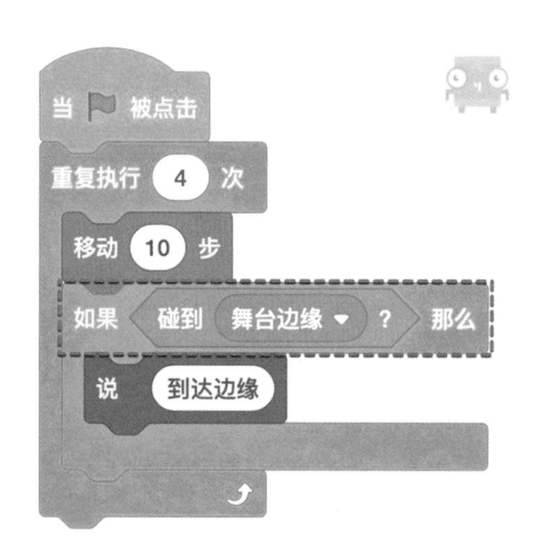

Scratch 中的选择结构有以下两种类型：

"如果（ ）那么"：只有当判断条件的结果为"真"（成立）时才执行"那么"后面的命令。

"如果（ ）那么，否则（ ）"：当判断条件为"真"时，执行"那么"后面的命令；当判断条件为"假"时，执行"否则"后面的命令。

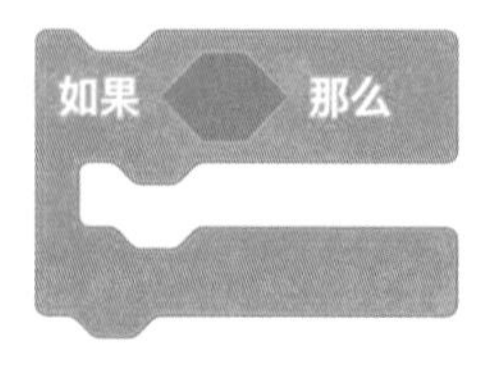

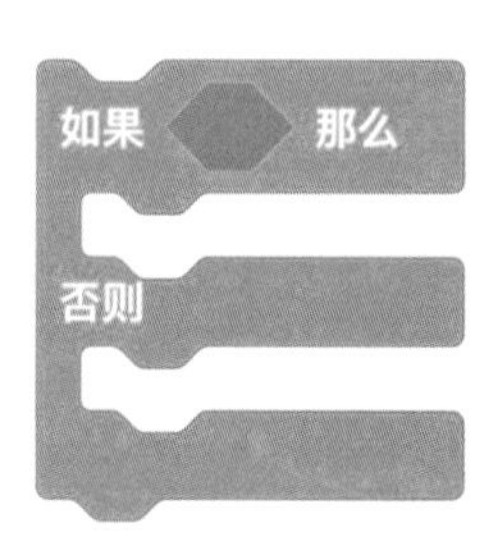

4.2 学会使用流程图

现在我们对程序的基本结构已经有了初步的认识，但是现实世界中的程序是由成千上万条命令组成的，程序的逻辑也十分复杂，我们如何才能快速、清晰地把程序的逻辑描述出来呢？

今天，酷客工程师就给大家介绍一个非常好用的工具——流程图。

流程图（Flow Chart）

也称为“程序框图”，它使用特定的图形符号来直观地表示一个工作过程的具体步骤和算法。

流程图的基本元素

元素	名称	作用
圆角矩形	开始/结束	流程图开始或结束
矩形	处理逻辑	具体的步骤名和操作
菱形	判断决策	选择条件
→	路径	连接各个流程元素

从上面代码块与流程图的对比中可以看到，使用流程图来描述程序的逻辑要比直接使用代码块简洁、清晰很多，那么如何才能画出好的流程图呢？

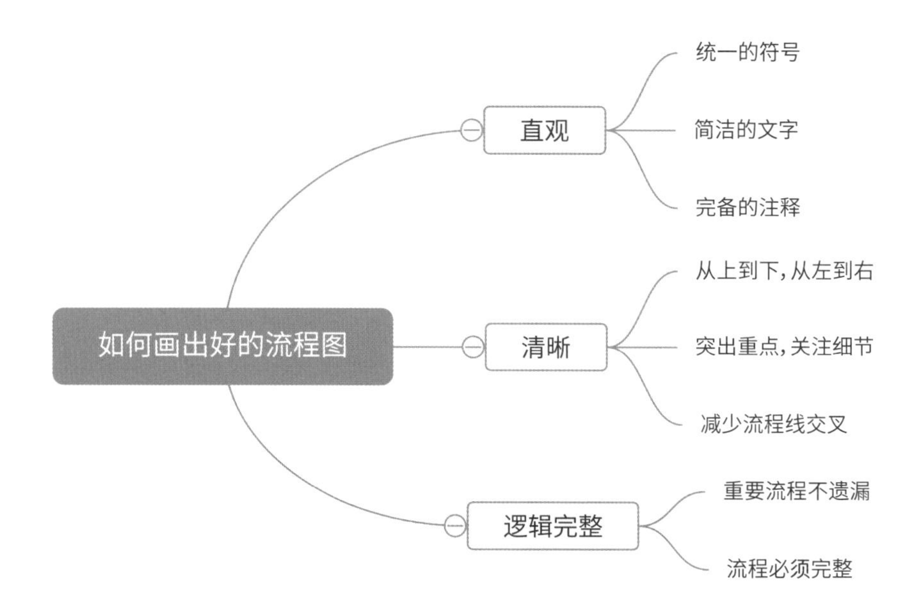

现在就让我们使用流程图来重新“描述”一下程序的三大基本结构吧。

顺序结构

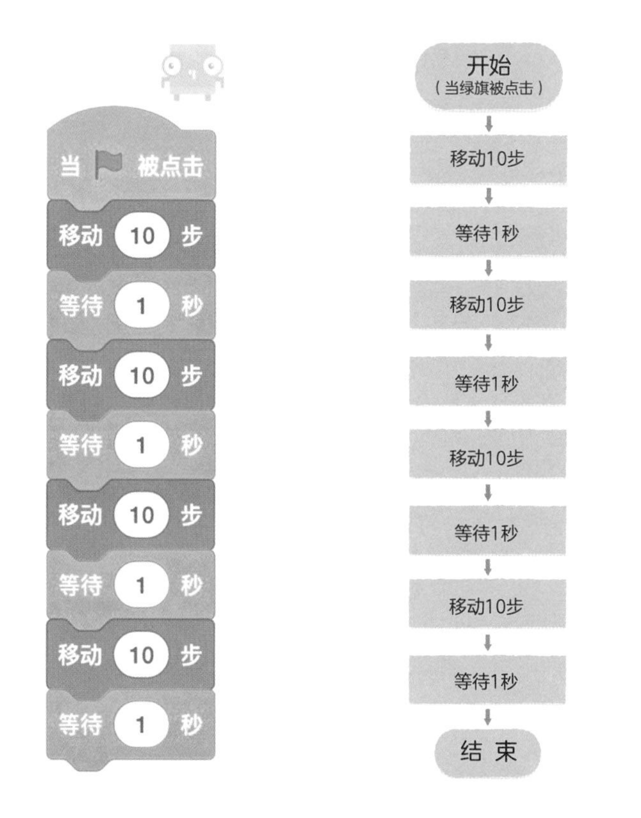

循环结构

当 被点击
重复执行 4 次
移动 10 步
等待 1 秒

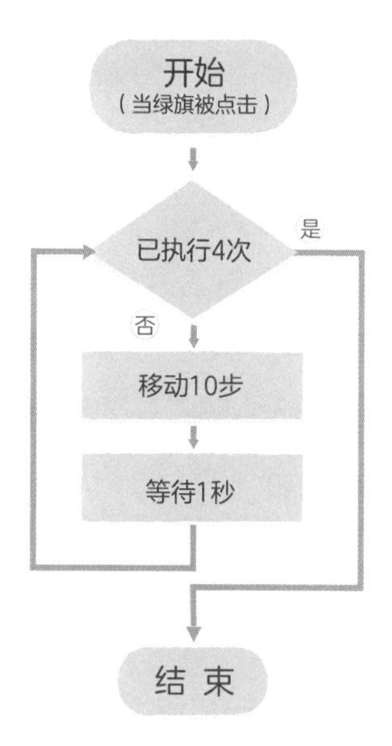
开始
（当绿旗被点击）
已执行4次
是
否
移动10步
等待1秒
结 束

选择结构

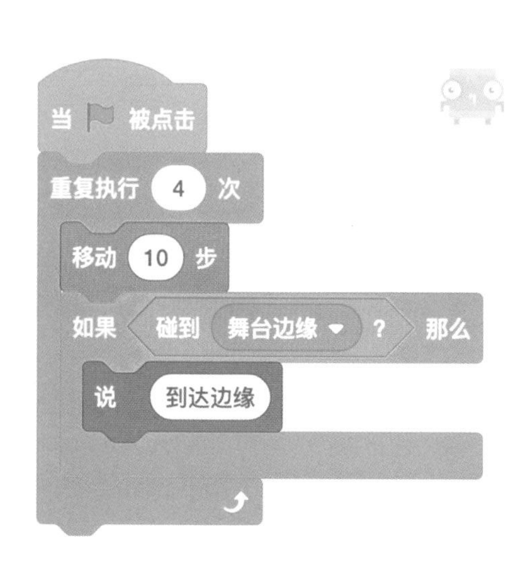
当 被点击
重复执行 4 次
移动 10 步
如果 碰到 舞台边缘 ? 那么
说 到达边缘

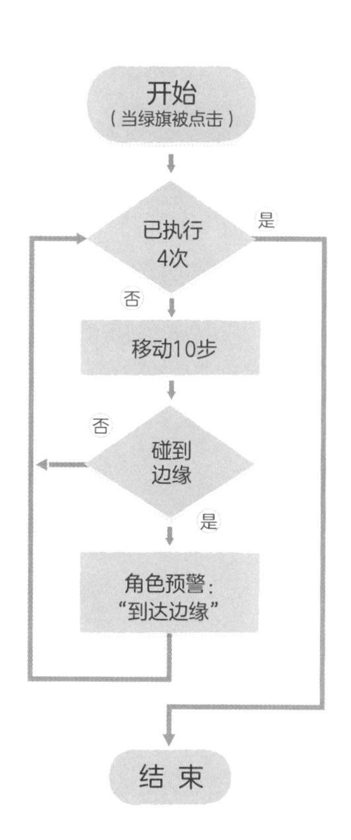
开始
（当绿旗被点击）
已执行
4次
是
否
移动10步
否
碰到
边缘
是
角色预警：
“到达边缘”
结 束

4.3 使用循环与条件判断——深水潜艇模拟器

参观完程序工坊，我们知道了程序的三大基本结构，但是它们在实际中是如何应用的呢?

碰巧酷客工程师最近在负责建造一艘潜水艇，用来搭载游客去游览酷客王国的海底公园。我们不如使用新学的程序结构，来帮助酷客工程师设计一个潜艇的控制程序吧。

“好棒啊！”大家兴奋地喊了起来。

深水潜艇模拟器

微信扫码
运行程序

1 首先添加背景和角色。通过前面几个程序的练习，我们现在应该都可以熟练地为程序添加背景和角色了吧！

2 控制鲨鱼角色在海洋中游动起来。

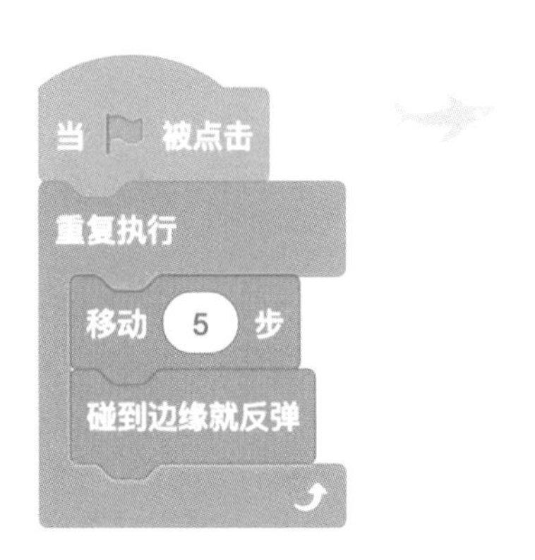

程序开始运行后，“重复执行”命令让鲨鱼在舞台区域中向前移动（每次移动5步）。

“碰到边缘就反弹”命令可以让鲨鱼在碰到舞台边缘时反弹回来，向反方向移动。这个过程类似我们将乒乓球打到墙上后反弹回来的效果，如下图。

但是我们很快就发现了一个问题：鲨鱼只能沿着水平方向游动，这让鲨鱼的行动看起来十分生硬，一点儿都不灵活。这是怎么回事呢？

3 要解释上面的问题，我们先来讲解一下角色的朝向。

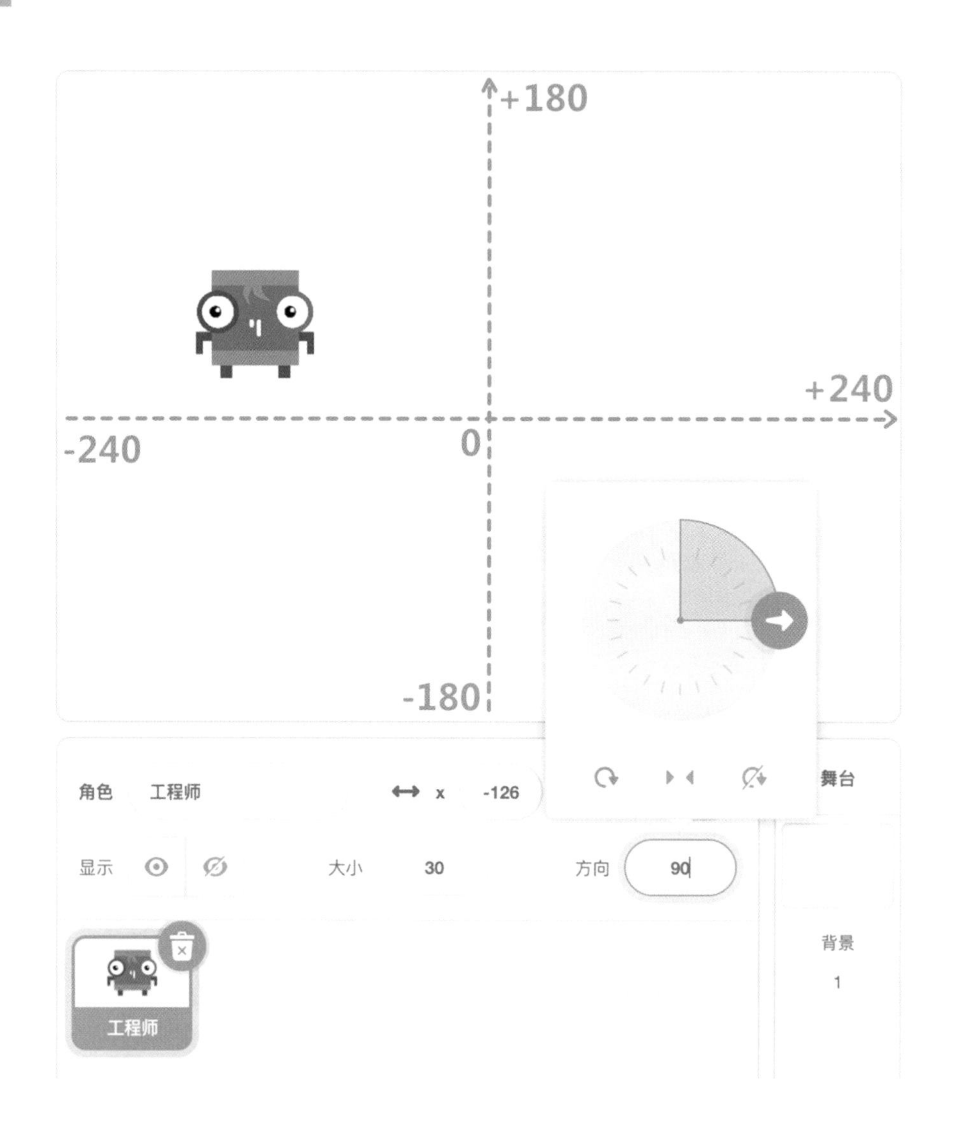

在 Scratch 中，当角色被添加到舞台上时，默认的朝向是 +90° 方向。“移动（ ）步”命令控制角色前进的方向是由角色的朝向决定的。

当我们执行“移动（10）步”命令时，其实是让角色朝着 +90° 方向移动 10 步。在舞台上看，就是角色向右前进了 10 步。

当执行“移动（–10）步”命令时，就是让角色向 –90° 方向移动 10 步，看起来就是角色向左前进了 10 步。

4 角色移动命令的分类。

在“运动”命令模块中，对于角色移动的控制，大体可以分为两类，分别是针对角色朝向的相对位置移动、针对角色坐标的绝对位置移动。

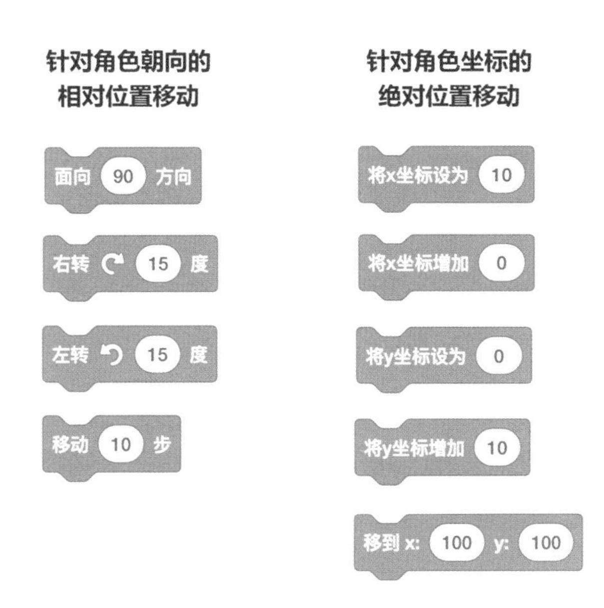

结合舞台中坐标轴的概念，当角色的朝向是 +90° 时，上述移动命令就等价于“将 x 坐标增加（ ）”命令。

5 那么为什么要设计两组不同的命令呢？

这是因为这两组命令有着不同的使用场景。

例如，使用角色朝向类的移动命令“移动（ ）步”时，我们只需要调整角色的朝向即可，如“左转（30）度”，而不需要精确地计算角色在 x（y）轴上的位移大小。

如果没有角色朝向类命令，要让角色朝右上 30° 方向移动 200 步，则需要进行如下计算。

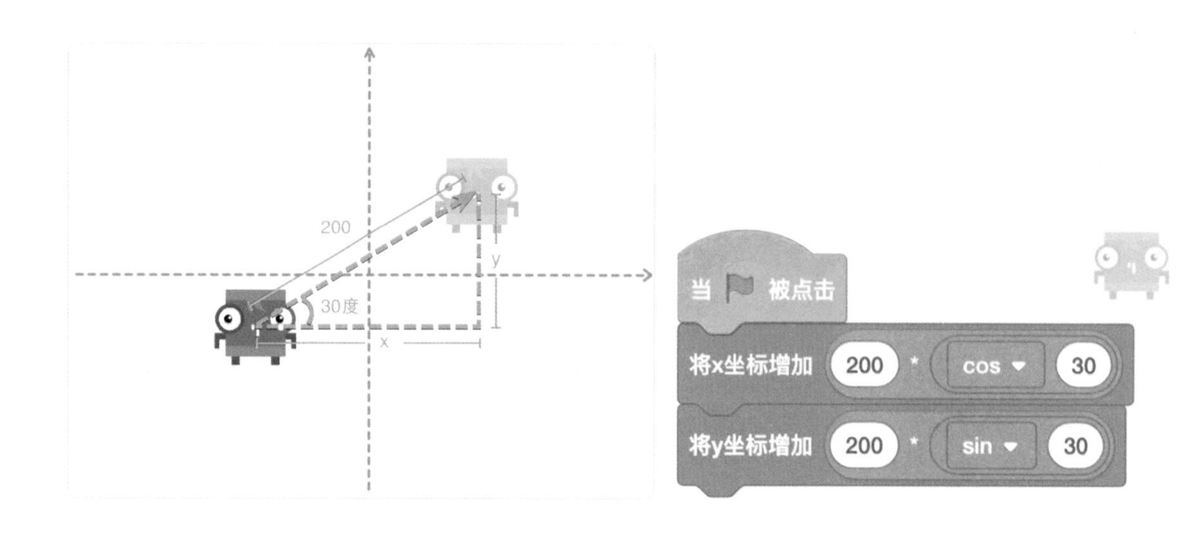

实现上面简单的移动操作，就需要使用到正弦和余弦函数，是不是有些复杂呢？

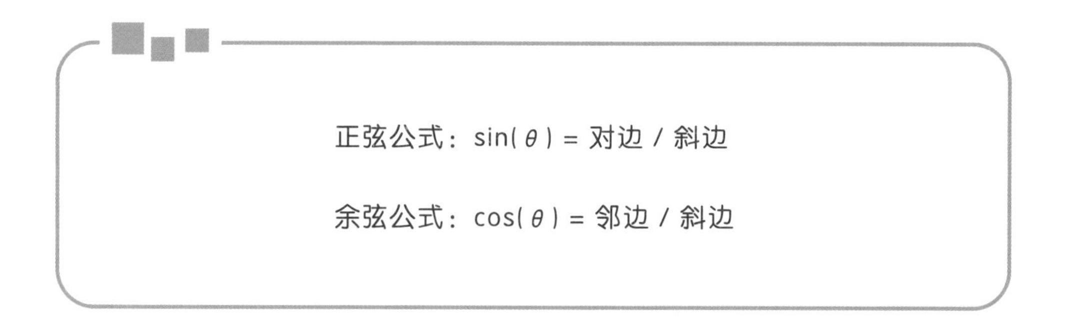

6 掌握了角色朝向的概念，现在我们有没有办法让鲨鱼在海洋中灵活地游动呢？

在鲨鱼开始游动之前，我们先为它设置一个初始角度（也就是鲨鱼最开始的朝向），这样当鲨鱼在游动中碰到舞台边缘时，就会以一个特定角度向相反的方向游动了。

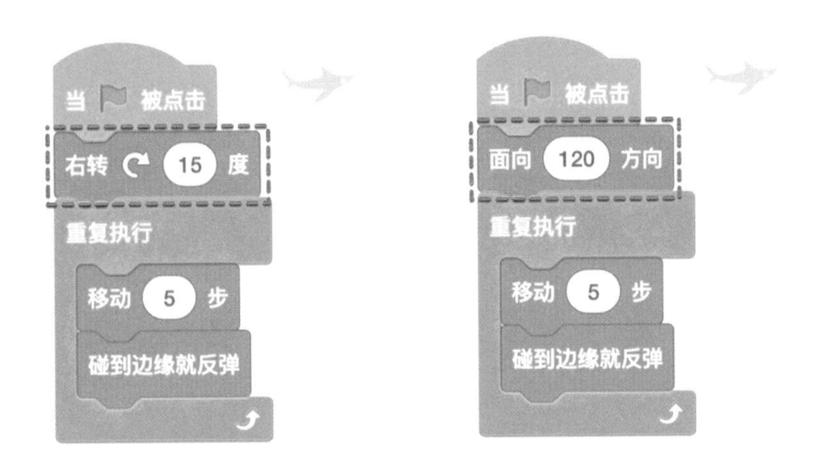

以上两种方式都可以为鲨鱼设置初始角度。

现在鲨鱼游动的样子看起来是不是自然了很多呢？

7 当进行到这一步时，一直跟着酷客工程师编写代码的小朋友可能会发现一个问题："当鲨鱼碰到边缘反弹后，变成头朝下游动了。"

是什么原因造成鲨鱼头朝下游动的呢？要理解这个问题，需要先深入研究一下"碰到边缘就反弹"这个命令。

8 我们先来看一下，执行"碰到边缘就反弹"命令后鲨鱼可能的几种形态。

除了中间鲨鱼的样子，左侧和右侧图中鲨鱼的形态是不是都很奇怪呢？

其实，产生这个问题的原因在于“碰到边缘就反弹”这个命令有多种不同的属性，不同的设置会产生不同的执行效果。

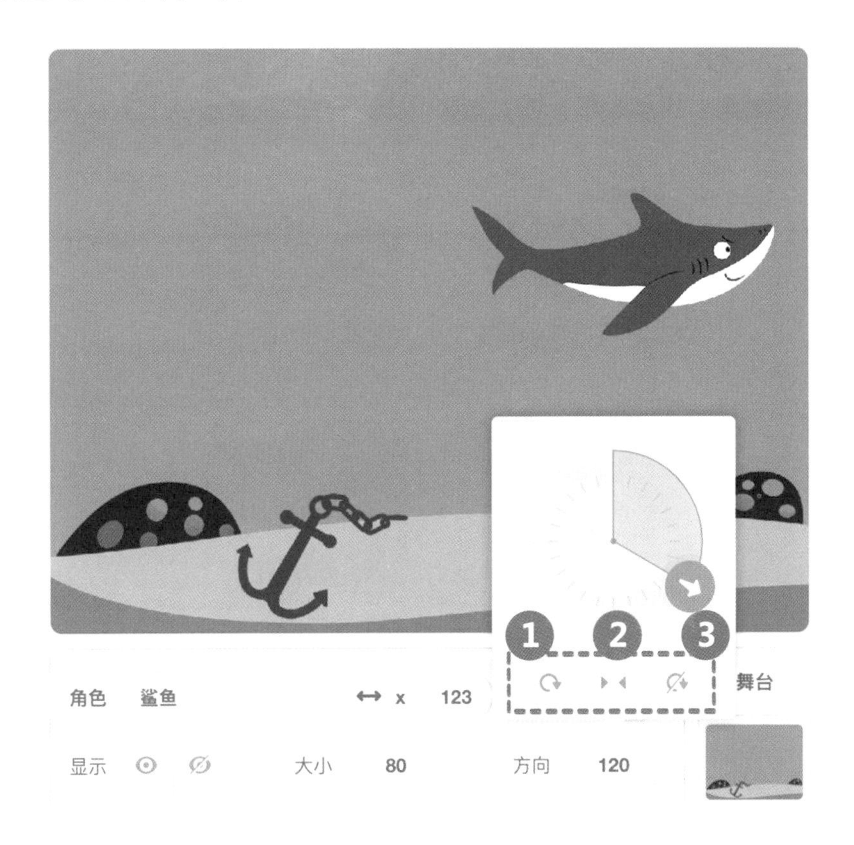

在角色属性区，点击“方向”，会弹出角色朝向设置面板。

在圆盘下面有三个小图标：“任意旋转”“左右翻转”和“不旋转”，它们分别对应了前面鲨鱼翻转的三种形态。

同时，在积木区“运动”分类中，也有相应的“将旋转方式设为（ ）”命令，可以让我们在程序运行过程中，控制角色的翻转属性。

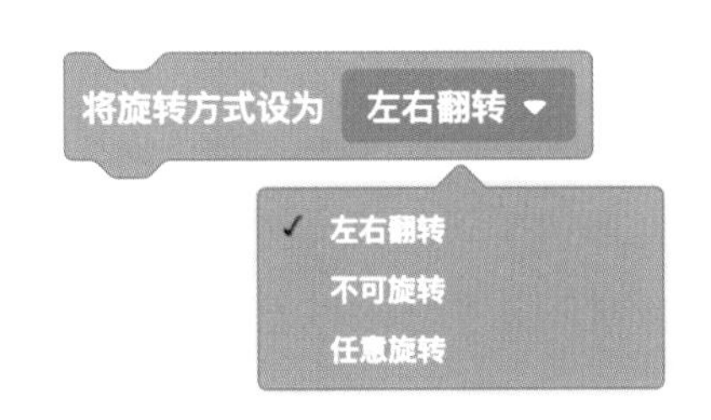

所以，我们现在应当为鲨鱼设置哪种旋转方式呢?

“左右翻转！”

9 完成了鲨鱼角色的控制，我们来看看如何控制潜艇的运行。

“当按下（ ）键”命令用来监听键盘事件。每当我们按下键盘上的按键时，程序就会接收到这个消息，并执行紧跟在键盘事件后面的命令。

我们使用键盘中的上、下、左、右四个按键来控制潜艇的上升、下降、向左和向右行驶。

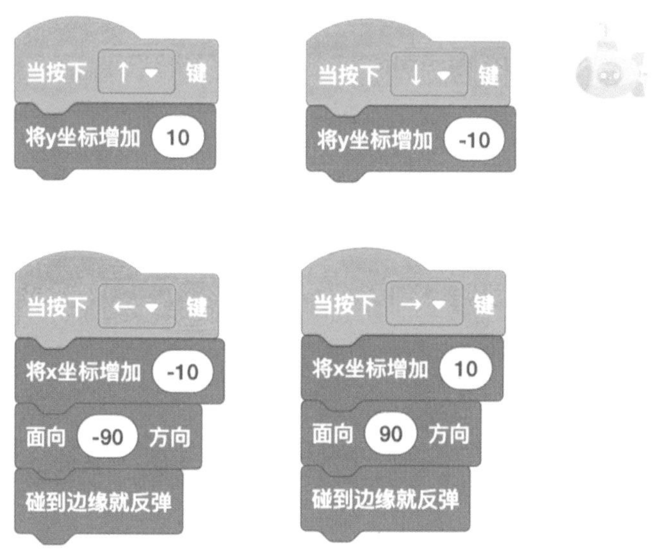

说明

同控制鲨鱼游动的方式一样，我们在向左和向右的代码块中也设置了“碰到边缘就反弹”命令，并且将潜艇的朝向属性设置为“左右翻转”。

10 想一想，上面代码中的“面向（ ）方向”命令的作用是什么？潜艇的转向和鲨鱼的转向又有什么区别呢？

鲨鱼只有在碰到舞台边缘的时候才会掉头向其他方向游动，而潜艇则是受到键盘指令的控制，只要接收到“向左”或“向右”的指令，就会立即转向相应的方向。

说明

与“碰到边缘就反弹”命令一样，“面向（ ）方向”命令也受到角色朝向属性的影响，当设置了“左右翻转”属性时，角色就只会左右水平翻转，而不会出现潜艇头朝下的奇怪样子了。

11 大家再思考一下，在控制潜艇向左和向右的代码中，“碰到边缘就反弹”命令起到了什么作用？可以去掉吗？

这里的“碰到边缘就反弹”命令是不能随意去掉的，它起到了两个作用：触发角色翻转以及确保角色不会跑到舞台范围之外。

12 现在我们就可以通过上、下、左、右按键来控制潜艇的移动了。但是当潜艇碰到鲨鱼时，驾驶员并没有收到任何提醒，有什么办法可以通知他呢？

我们采用三种方式向驾驶员发出警报提醒：

1. 大声喊“救命”——“说（救命啊！）（1）秒”命令
2. 拉响警报——“播放声音（）”命令
3. 潜艇闪烁——“重复执行”，“显示/隐藏”命令

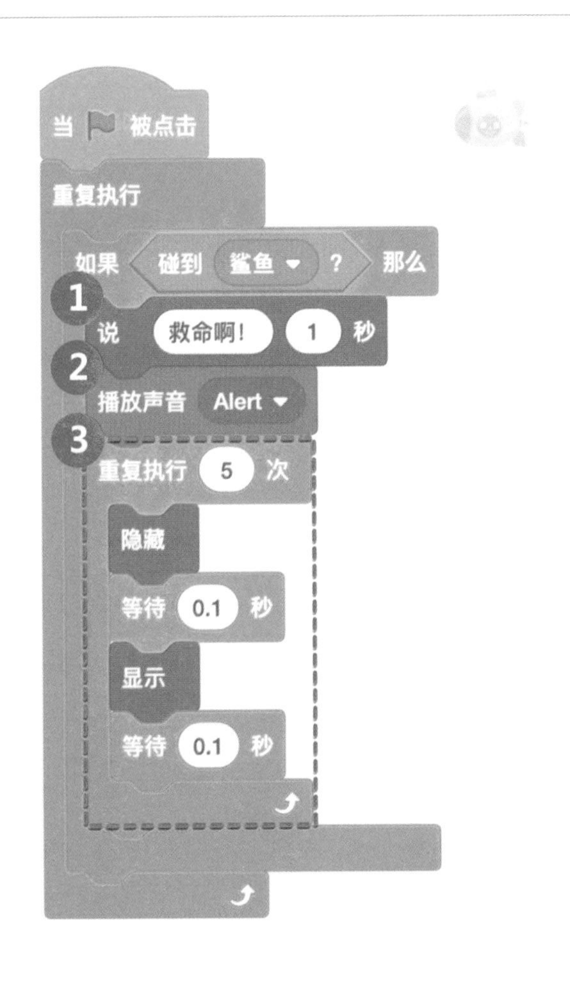

13 “说（ ）”命令在制作“逻辑问答”程序时已经详细讲解过了。下面我们学习一下如何给角色添加声音。

1. 选定要添加声音的角色。
2. 在左侧积木区上方的选项卡中选择“声音”选项卡。
3. 点击屏幕左下角的添加声音按钮。

在弹出的声音素材对话框中，可以选定一个声音分类，选择合适的声音后，就可以把声音添加到当前角色中了。

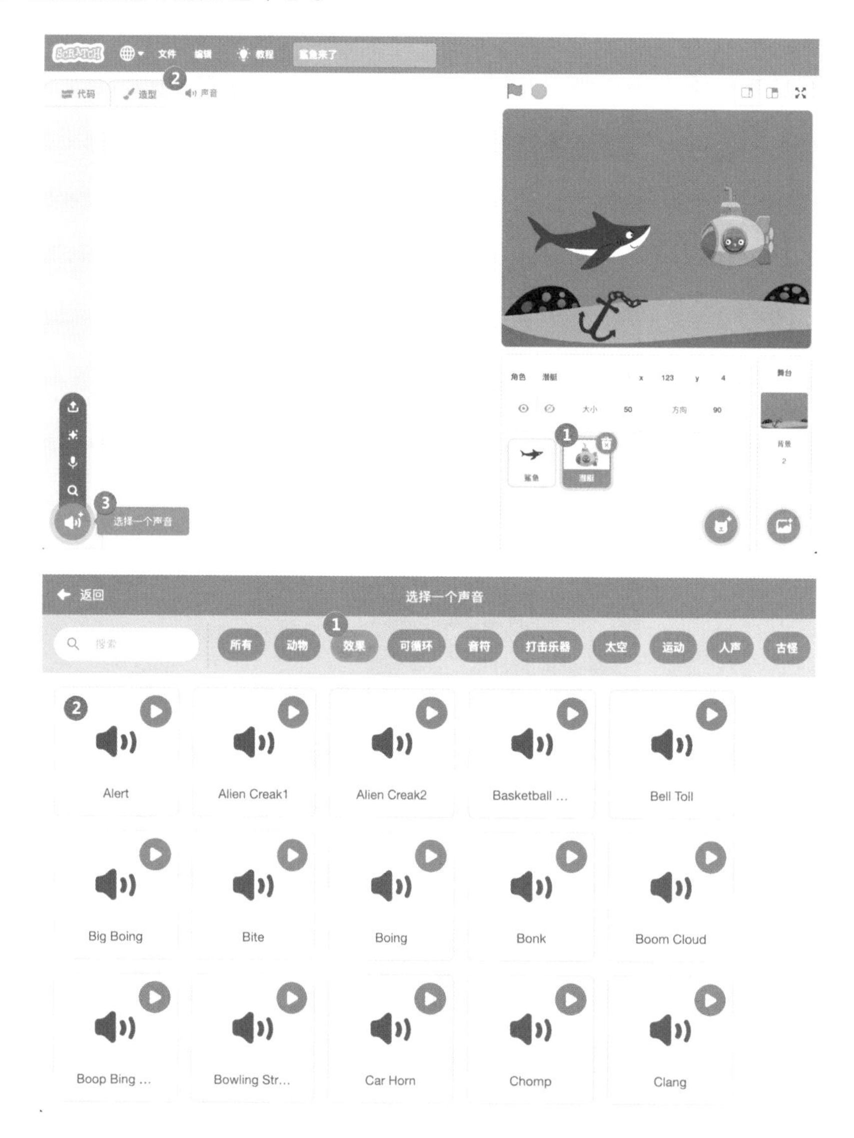

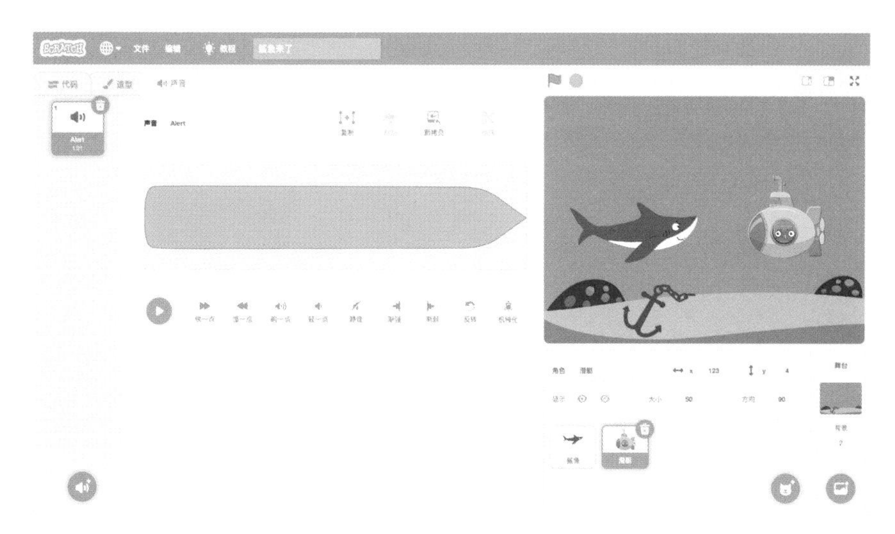

14 最后我们来分析一下如何实现潜艇的闪烁效果。

对于角色的闪烁效果，可以通过控制角色进行“显示”或“隐藏”的方式实现。

那么如何才能有效地控制角色的显示和隐藏呢？我们给出四个选项，大家想一想，选择哪个才能让潜艇的闪烁效果最好呢？

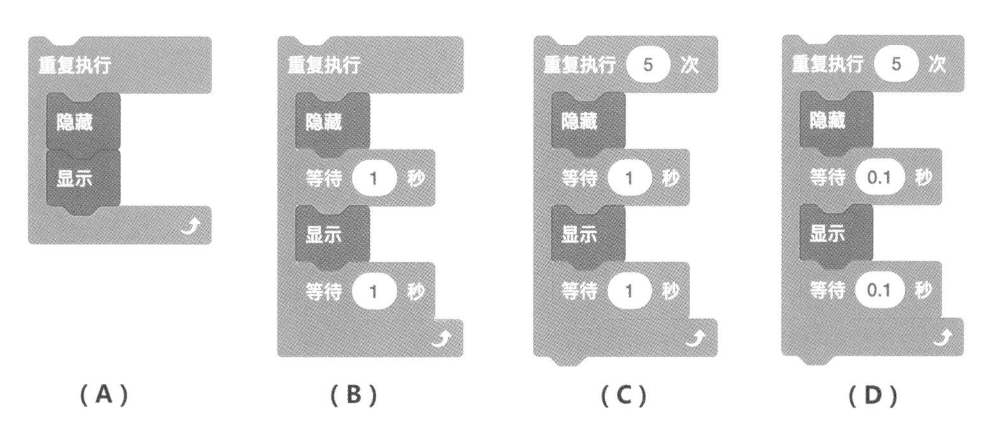

（A）潜艇一直显示，未见闪烁。

（B）潜艇每秒一次缓慢闪烁，而且似乎闪烁会一直持续下去，不会自动停止。

（C）潜艇每秒一次缓慢闪烁 5 次。

（D）潜艇急促闪烁 5 次，看到的人都会感到事态紧急。

打开编辑器，马上动手实践一下，验证你的想法吧。

至此，我们就完成了“深海潜艇模拟器”的小程序。经过模拟训练的你，现在可以跟随酷客工程师一起出发去探索海底生物啦。

本章小结

- 掌握程序的三大基本结构：顺序、循环和选择。
- 学会使用流程图来描述程序逻辑。
- 深入讲解角色朝向、碰到边缘就反弹等相关概念。

在下一章中，酷客工程师将向大家展示奇妙的变量和随机数。

第5章
拥抱未知数

5.1 什么是变量

今天，酷客工程师给我们带来了一个神奇的编程工具——变量。

那么，“变量”是什么呢?

我们可以把变量看作一个糖果盒，这样，我们可以把喜欢的糖果存放到盒子中，等到想吃的时候，再从盒子中将它取出来。

但是大家要注意，我们的糖果盒的容量是有限的，每个糖果盒里面只能存放一颗糖果哦，如果想要放入其他糖果，就必须先把里面的糖果取出来才行。

变量就像是一个可以临时存放物品的小仓库，我们可以把需要寄存的东西放到里面，然后在需要的时候再把它取出来。

变量（Variable）

变量的概念来源于数学，在计算机语言中表示存储计算结果的空间，该空间可以通过变量名访问。

为什么说变量是一个神奇的编程工具呢?

现代计算机大多是以冯·诺依曼结构为基础构建的，也就是说，现代计算机由输入设备、输出设备、存储器和 CPU（即中央处理器，包括运算器和控制器）组成。

存储器作为其中重要的一环有着至关重要的作用，而高级编程语言在存储器中存取特定数据正是通过变量来实现的。

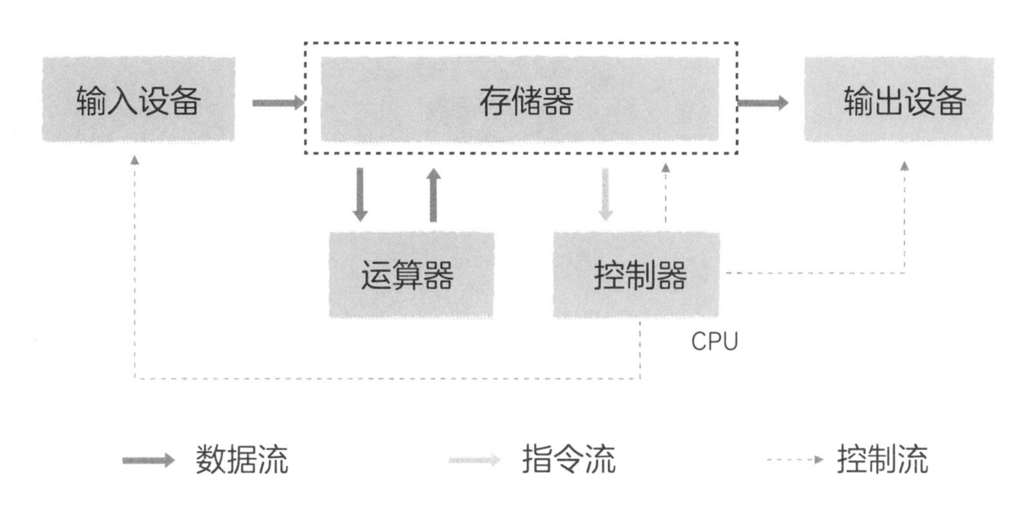

计算机组成原理图（冯·诺依曼结构）

冯·诺依曼结构（von Neumann Architecture）

也称普林斯顿结构，是一种将程序指令存储器和数据存储器合并在一起的计算机设计的概念结构。

如何定义和使用变量

在 Scratch 的积木区中，有一个“变量”模块分组，我们可以在其中定义自己的变量。

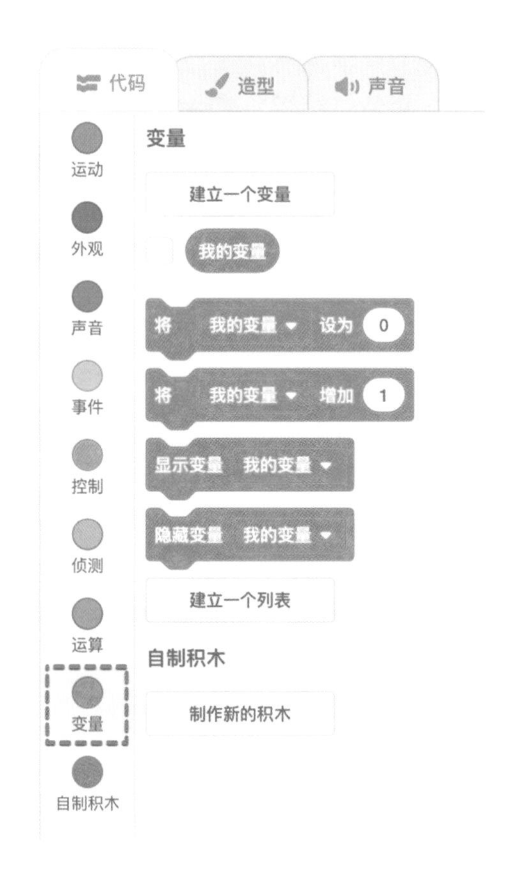

创建变量的过程其实就是让计算机系统帮我们分配一个空间（就像一个糖果盒），我们可以给这个空间起一个名字，方便以后找到它（如酷客糖果盒）。

下面我们以制作一个让酷客工程师从1数到10的小游戏为例来说明变量的用法。

1 我们可以点击“建立一个变量”，先创建一个叫做“计数”的变量。

新建变量
新变量名：
计数
适用于所有角色　仅适用于当前角色
取消　确定

2 新变量创建完成后，可以在积木区中看到多出了一个新的变量，同时新增的变量会显示在舞台区的左上角。

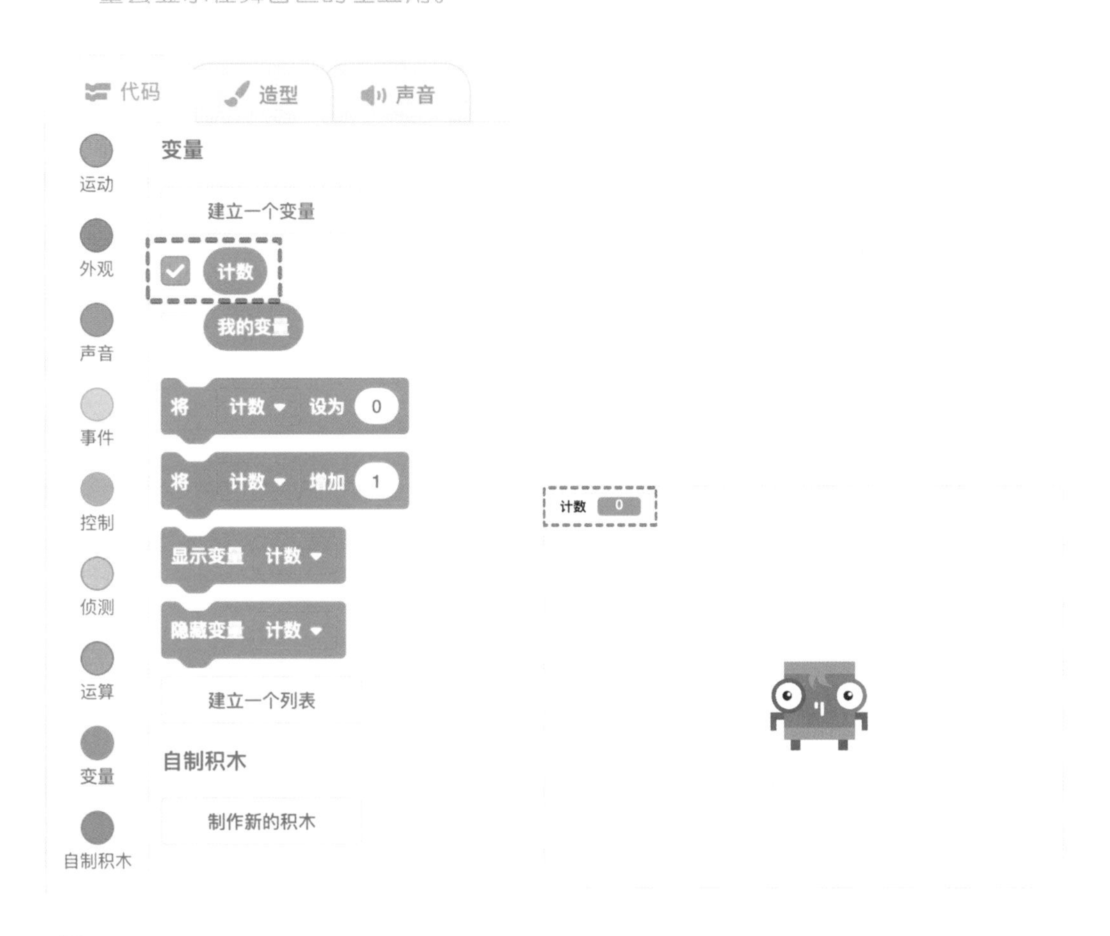

3 创建好变量后，就可以在程序中使用了。

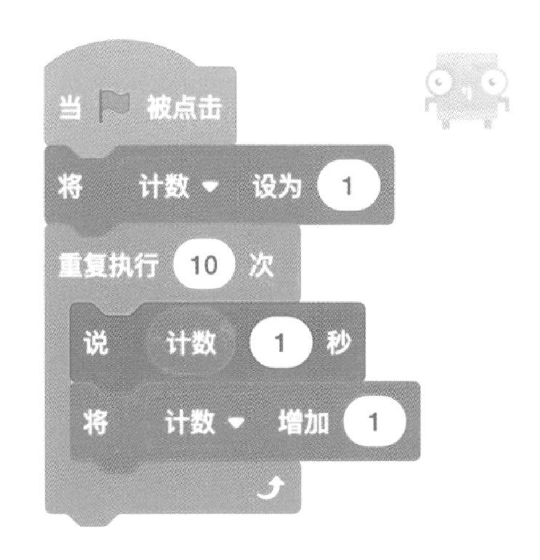

5.2 神秘的随机数

不确定，才好玩。

我们可以使用“在（ ）和（ ）之间取随机数”命令让酷客工程师说出一个指定范围内的整数，让小伙伴们来猜。

每次工程师被点击时，就会随机说出 1 到 10 之间的一个数字，这种不确定性为游戏带来了更多的乐趣。

我们在生活中使用随机数，只要拿出骰子丢一下就可以了，但是在数学和计算机科学中，随机数却有着更为严格的定义和分类。

随机数

随机数是专门的随机试验的结果。

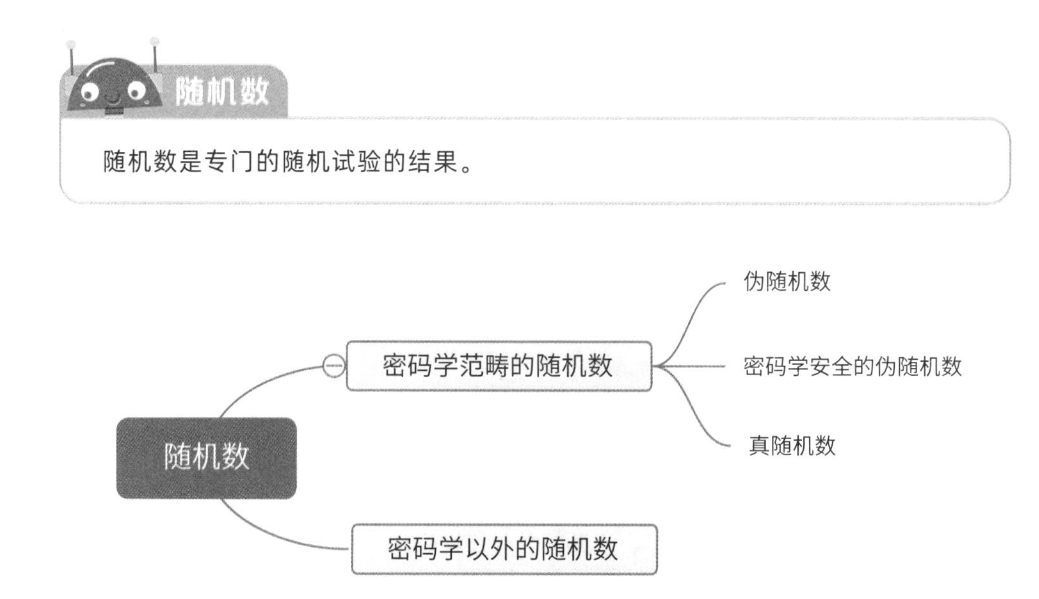

哇，原来“随机数”还有这么多讲究啊，那随机数是怎么产生的呢？

生成随机数

真正的随机数是利用物理现象产生的，比如抛硬币、掷骰子、转轮盘等。

在程序中，随机数通常由“随机函数”生成。对于应用了随机函数的算法，我们称之为“随机化算法”。

随机化算法（Randomized Algorithm）

算法使用了随机函数，且随机函数的返回值直接或者间接地影响了算法的执行流程或执行结果。

5.3 初识随机算法——午餐的选择

讲了这么多，又到了吃午饭的时间啦。可是午饭吃什么好呢?

“真的很难选择啊！”

大家不要着急，其实在酷客王国里，我们也常常为这个问题烦恼呢。

但是后来酷客工程师使用随机化算法解决了这个问题，大家想知道他是怎么解决的吗?

“当然想知道啦！”

那么今天我们就制作一个快速选择午餐的小程序，来帮助大家解决中午吃什么的问题吧。

午餐的选择

微信扫码
运行程序

1 为了公平起见，我们使用“掷骰子”的方式来生成本次程序的随机数。

我们先把骰子加入舞台当中。

“咦，这个骰子好像看起来只有一个面。”

“是呀，骰子是一个正方体，应当有六个面呢！”

没错，大家都很聪明，我们现在就给骰子加上另外的五个面。那么我们应该怎么做呢？

2 首先选中角色，在左侧积木区上方的选项卡中，选择“造型”选项卡。

在左下角的“添加造型”按钮中选择“上传造型”来导入我们准备好的其他骰子图片素材。

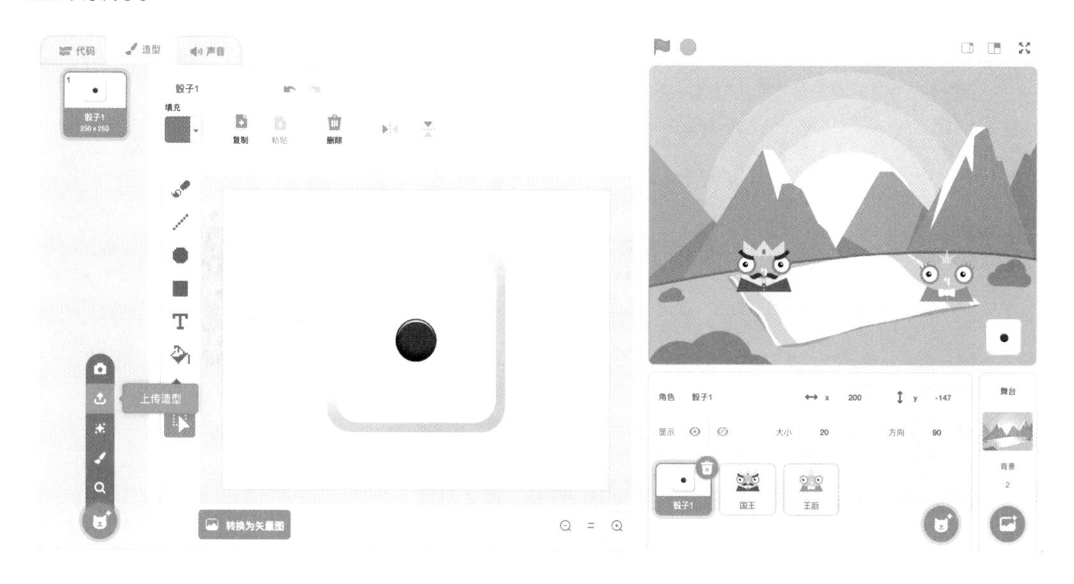

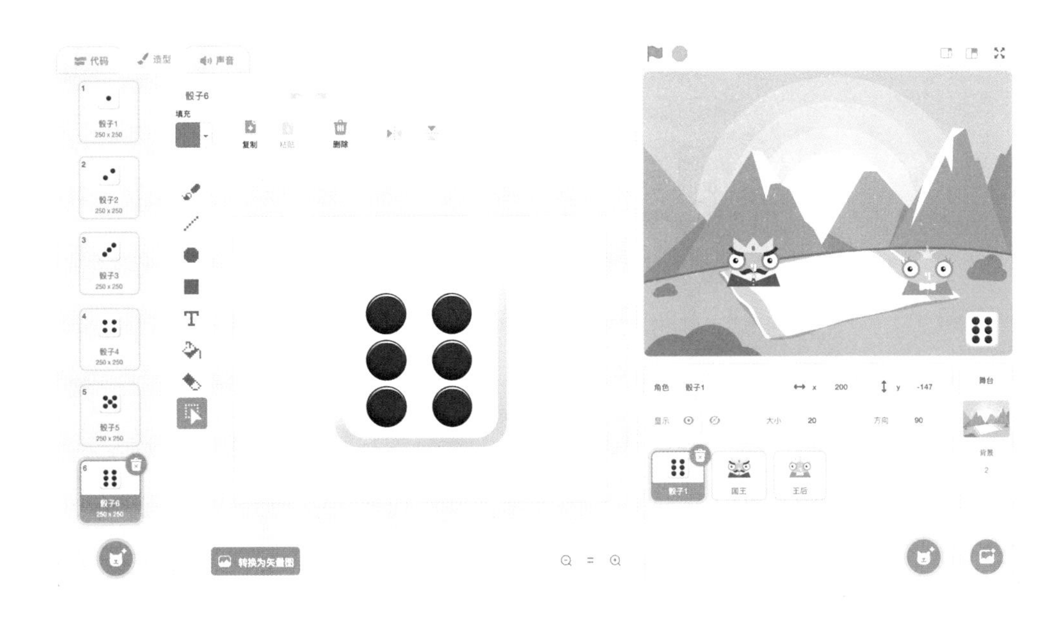

如果在上传造型时把顺序弄错了，也不用担心，我们可以使用鼠标把造型拖动到合适的位置上。

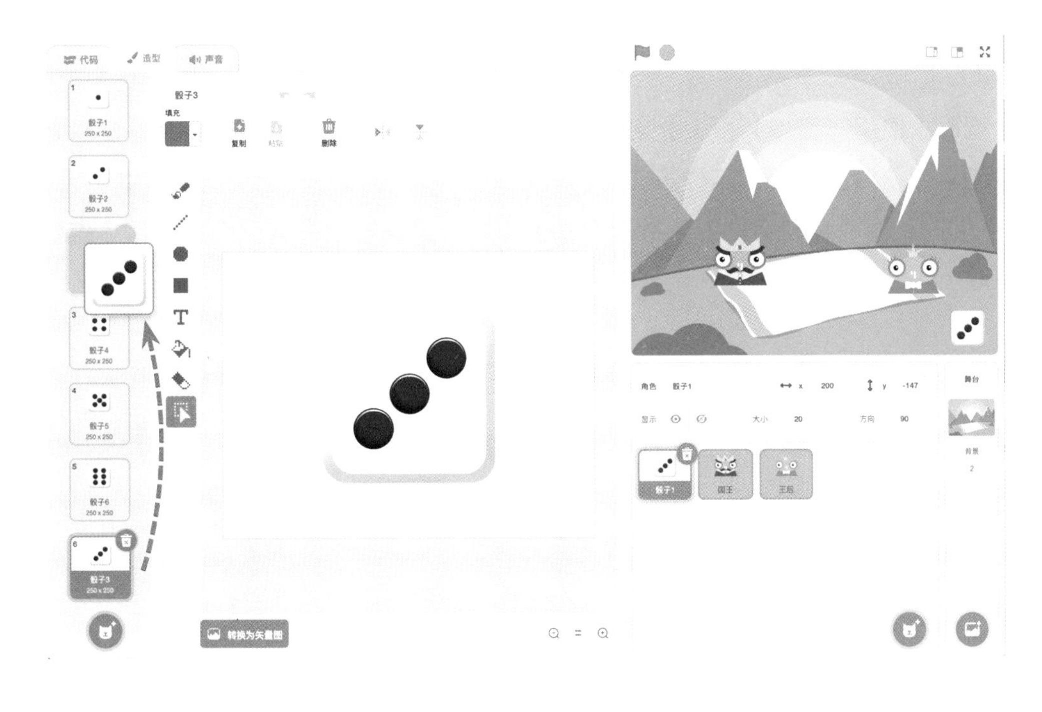

3 现在骰子拥有了完美的六个面，我们加入程序让它“动”起来吧。

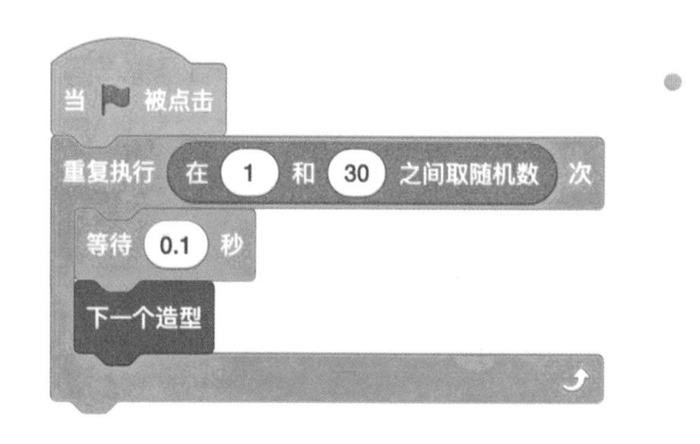

通过使用“下一个造型”命令，我们可以按照“造型”选项卡中的顺序，将角色的造型进行切换。

例如，角色当前的造型是“一个点”，当执行完“下一个造型”命令后，角色的造型就会变成“两个点”。当不同的造型轮流切换时，我们就看到角色“动”起来了。

将“下一个造型”命令放入“重复执行（ ）”命令中，可以使角色的造型进行多次切换。

同时，使用“在（ ）和（ ）之间取随机数”作为“重复执行（ ）”命令的参数，来控制重复执行的次数。这样每次运行程序时，“重复执行”命令的执行次数会在 1 到 30 之间，因而造型切换的次数每次都会不同，最终显示在我们面前的骰子点数也就不同了。

4 为什么要在“下一个造型”命令前加入一个“等待（0.1）秒”命令呢?

这个问题问得非常好，还记得在“深水潜艇模拟器”程序中实现潜艇闪烁效果时，在“显示”“隐藏”命令中间插入一个“等待（0.1）秒”命令的作用吗?

这是因为计算机执行命令的速度实在太快了，如果在两个命令之间不增加一定的时间间隔，我们就无法用肉眼看到造型的变化，也就看不到闪烁的效果了。

但是，如果命令之间设置的间隔时间太长，造型切换时的效果看起来就会十分生硬、不自然。

所以，大家思考一下，在下面几组命令中，哪一组可以让掷骰子的显示效果最好呢？

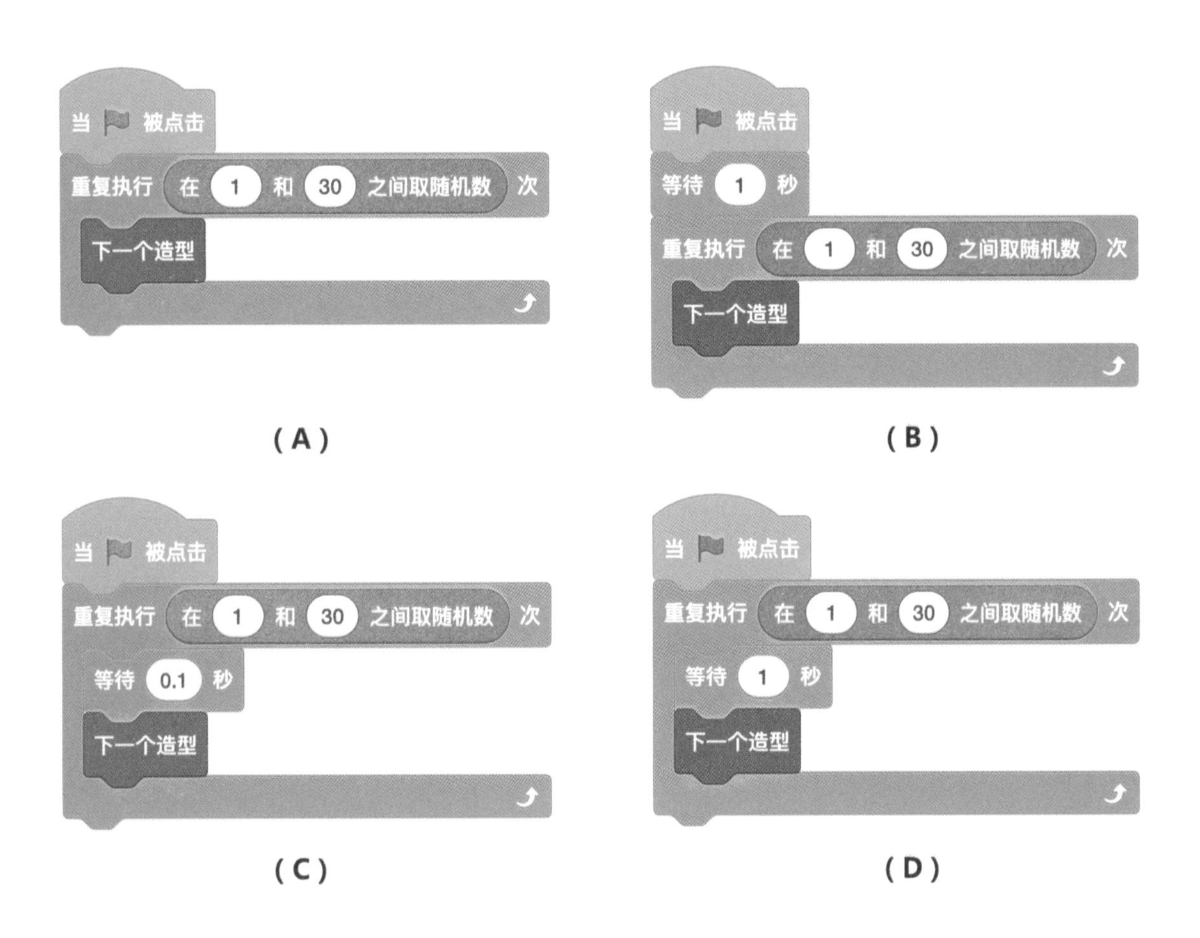

5 现在我们有了一个可以使用的骰子，但是我们在掷骰子的过程中，有没有发现每次掷骰子的时间是变化的，有时长有时短，这是为什么呢？

我们先来研究一下程序的运行时间是由哪些因素决定的。以上面的最佳程序组（C组）为例，程序的主要逻辑都在“重复执行”命令当中，因而：

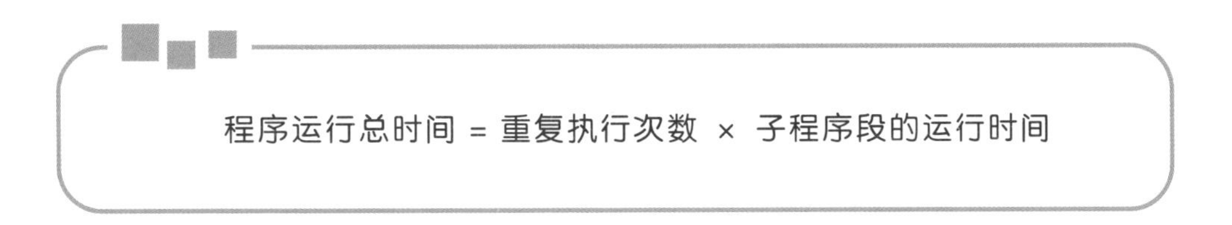

程序运行总时间 = 重复执行次数 × 子程序段的运行时间

子程序段中只包含了“等待（0.1）秒”和“下一个造型”命令，我们可以认为子程序段的运行时间是固定的。因此，程序运行总时间就取决于“重复执行”命令执行的次数。

而“重复执行”命令执行的次数是由“在（1）和（30）之间取随机数”这个随机函数生成的，所以就导致每次运行程序的时间都不一样。

6 有没有办法可以使每次掷骰子的时间相同呢？

我们可以采用固定循环次数的方式，来保证程序运行的总时间相等，但需要在程序中生成不同的数字来控制骰子点数的变化，模拟骰子的翻转效果。

我们创建一个“随机数”变量，来帮助解决这个问题。

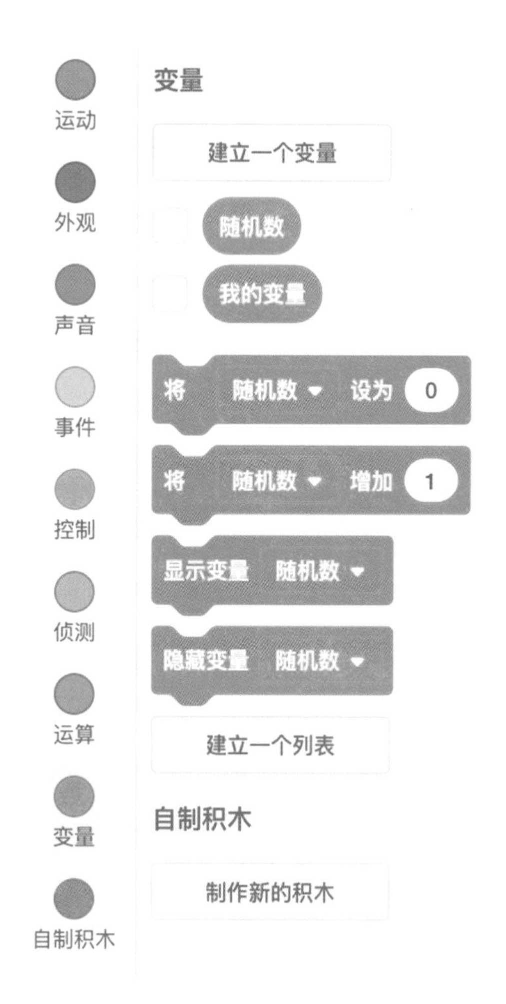

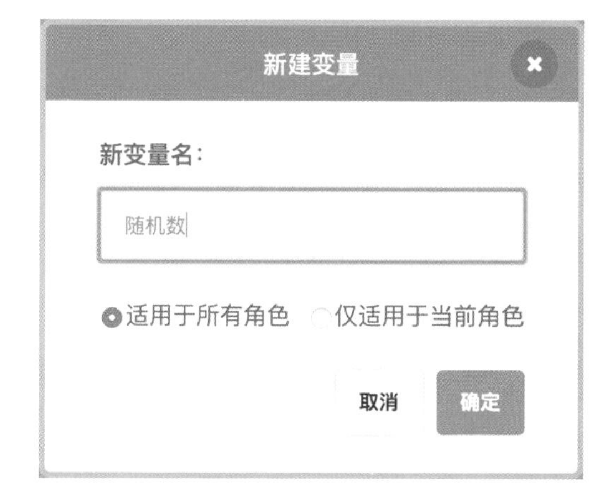

7 使用“重复执行（10）”命令，让子程序段循环固定的次数，以此保证每次程序运行的总时间相等。

在每次循环中，用“在（1）和（6）之间取随机数”命令取一个大于或等于1且小于或等于6的随机数，然后使用“将（随机数）设为（）”命令将这个数赋值给“随机数”变量。

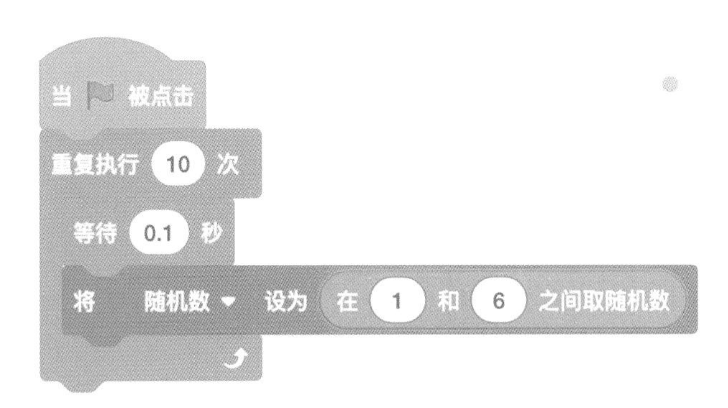

8 现在，我们可以通过条件判断语句“如果（）那么”，逐一判断“随机数”变量当前的数值，并切换到相应的造型上。

大家想想看，左侧代码中留空的位置应当如何补全呢？

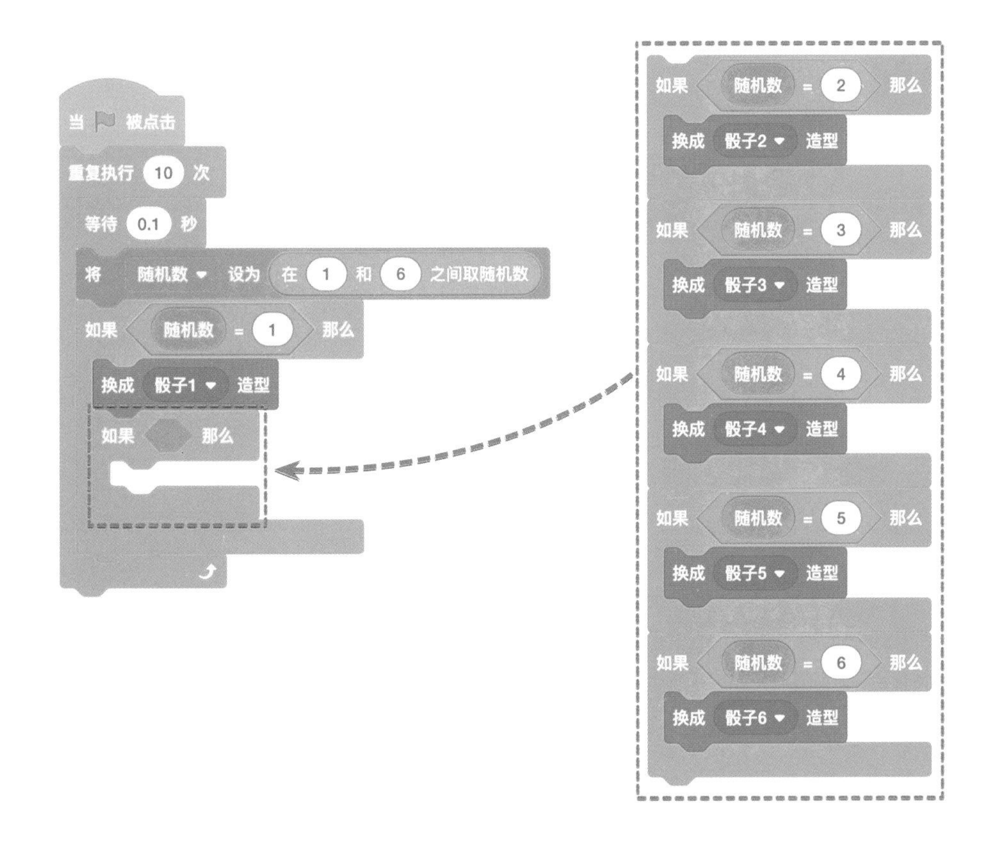

9 这里我们使用了一个新的命令“换成( )造型”，这个命令可以通过指定造型名称，直接将角色切换为指定的造型。

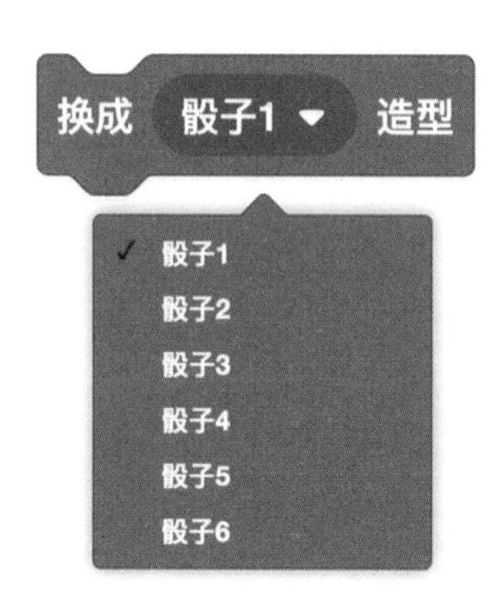

切换造型命令对比：

“下一个造型”命令：切换到当前角色造型列表中的下一个造型。

“换成（ ）造型”命令：可以直接切换到指定造型。

10 借助“随机数”变量，我们可以直接得到随机的骰子点数，而不需要通过调整循环次数的方式来模拟，这从根本上解决了程序每次运行时间不同的问题。

但是，重新查看上面的代码会发现，在解决问题的过程中，我们使用了一大串的“如果（ ）那么”命令，不但编码过程十分枯燥，而且还容易出错。

那么有没有其他办法可以实现相同的功能，而且还可以把代码段缩短呢？

11 让我们一起来优化这段代码吧！

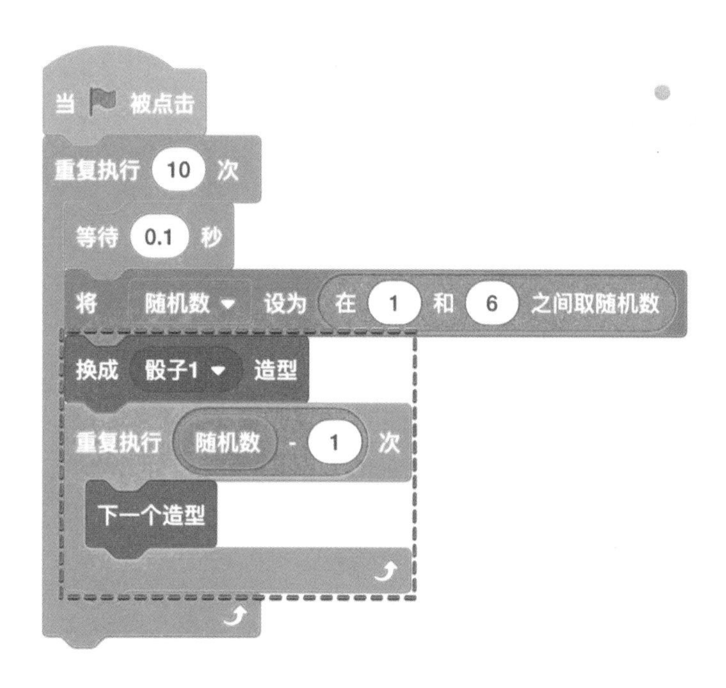

取到随机数之后，先把骰子的角色切换到“造型 1”，确保骰子处于一个确定的造型（一个点）。之后重复执行“随机数 – 1”次“下一个造型”命令。

大家还记得闪烁的原理吗？在这里我们反其道而行之，在每一个“下一个造型”命令之间不设置等待，由于计算机运行程序的速度远远高于我们的肉眼反应速度，所以当我们看到角色时，它的造型已经切换完成了。

12 为什么要执行“随机数 – 1”次，而不是“随机数”次呢？

这个问题问得非常好！我们把骰子对应的造型都列出来，数一数是否需要减 1。

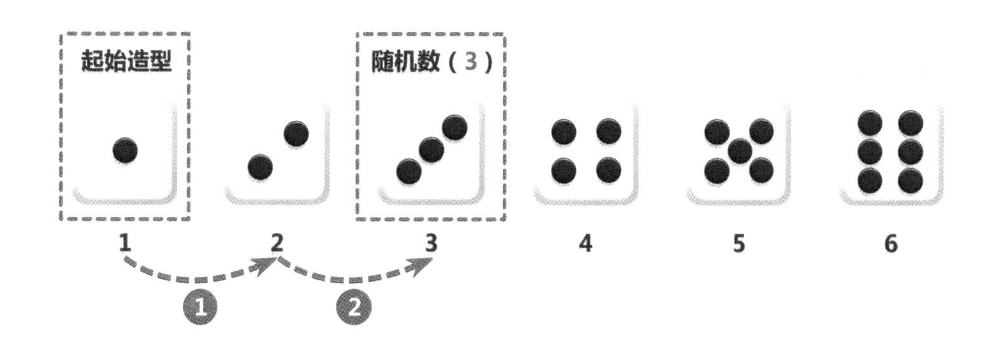

如上图，我们的初始状态是造型1（一个点），假设随机算法生成的随机数是3，则我们应当显示三个点（对应造型3），那么我们需要将造型切换几次呢？两次！如果随机数是6，又需要切换几次呢？

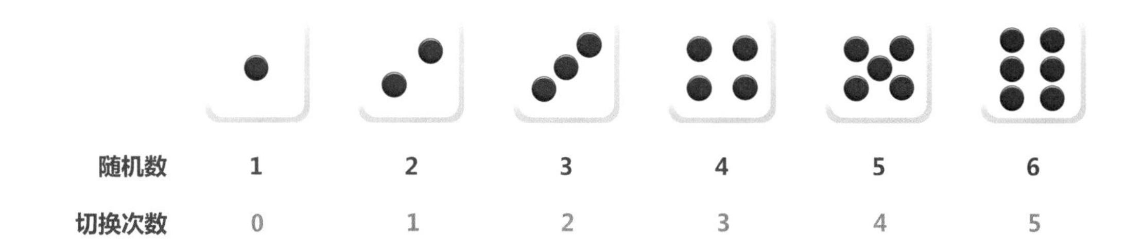

随机数	1	2	3	4	5	6
切换次数	0	1	2	3	4	5

13 至此，我们使用了两种不同的方法来实现掷骰子的功能。我们将这两种实现方式的代码段分别放在两个广播消息事件中加以区分。

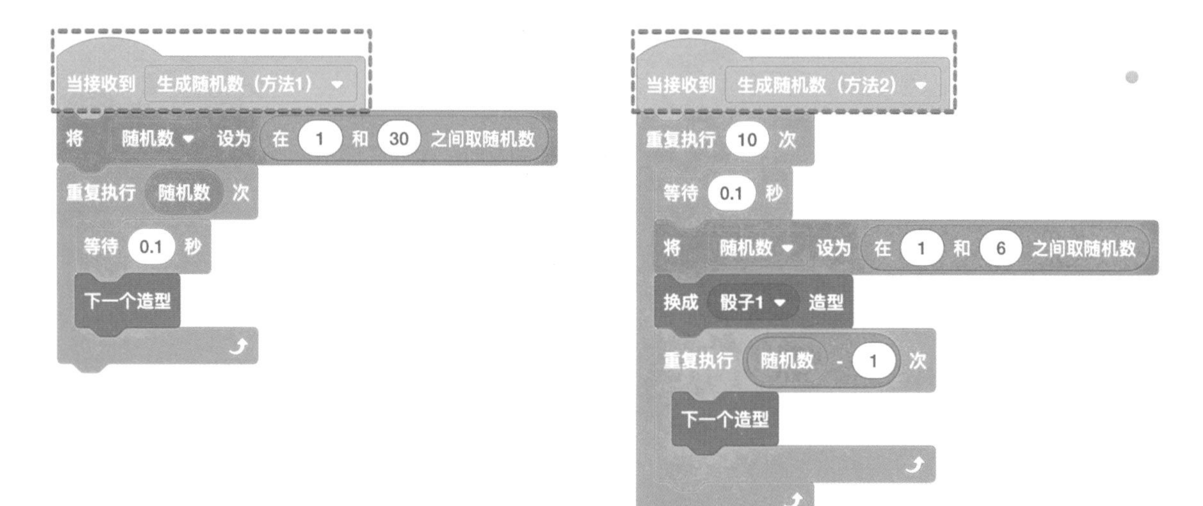

之后就可以在程序中根据需要，自由选择使用哪一种方法来“掷骰子”了。

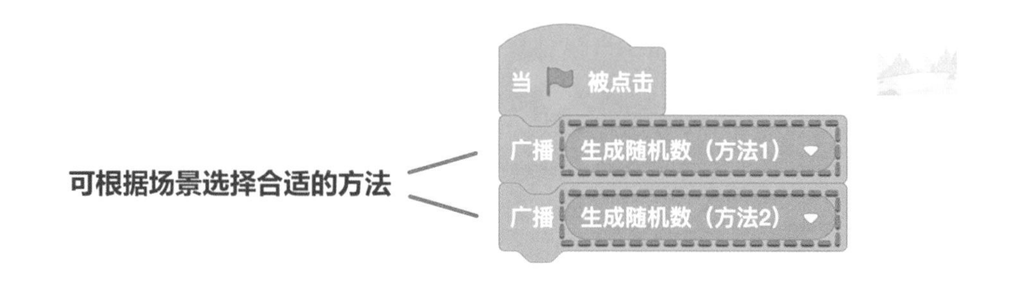

14 现在我们可以参照掷骰子的代码，自己独立完成食物选择器的功能吗？

先来添加美食的角色和相应造型。

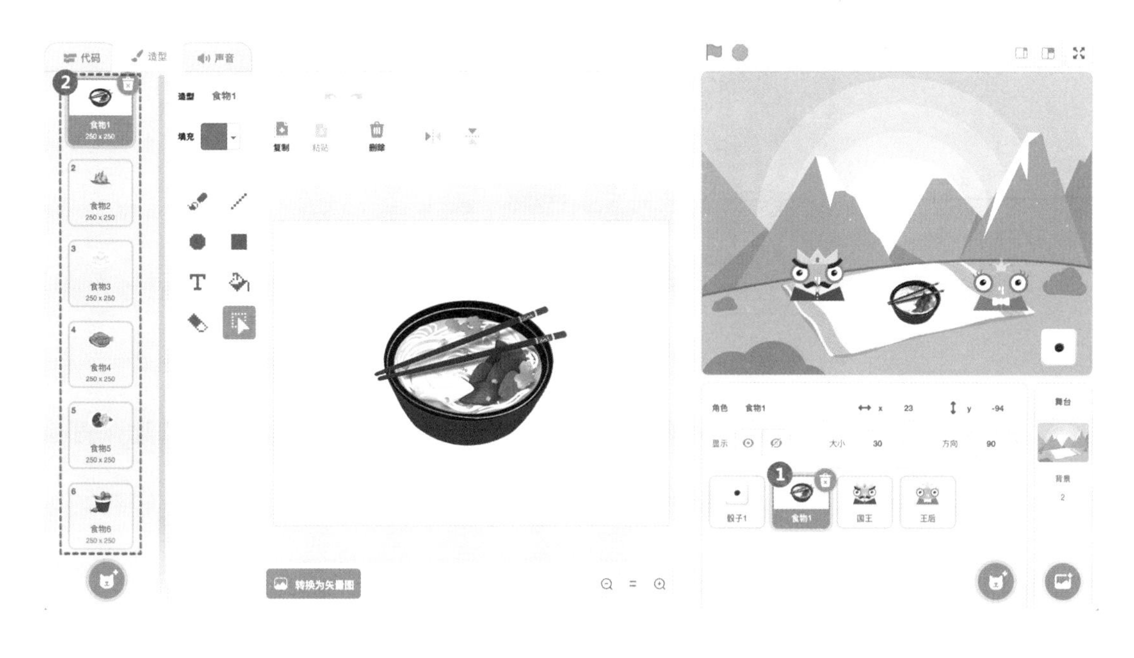

15 参考掷骰子程序，为美食角色添加代码段。

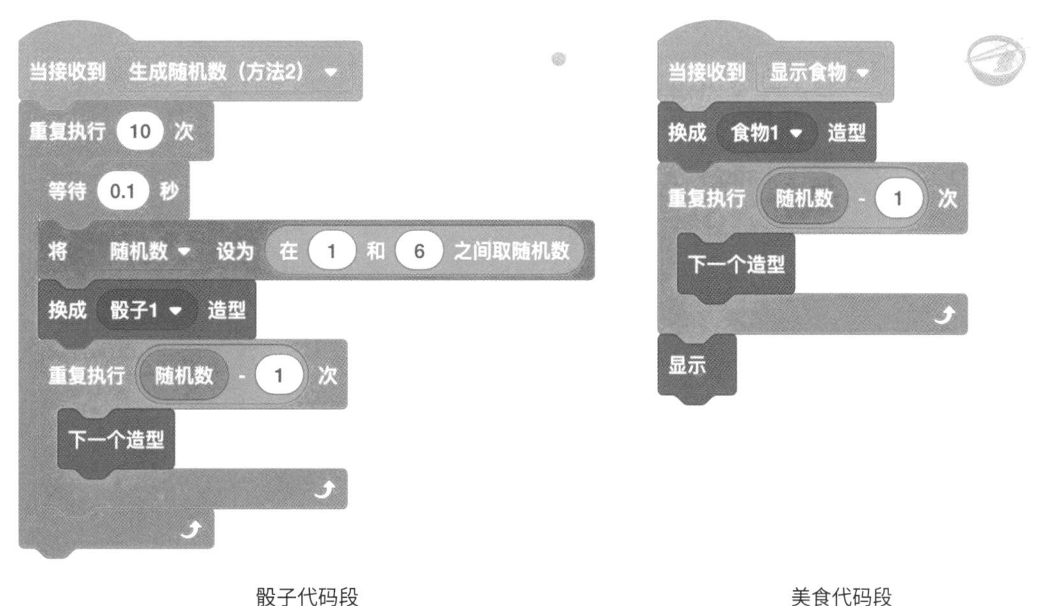

骰子代码段　　　　美食代码段

16 完成美食选择代码段后，将其添加到开始命令之后。

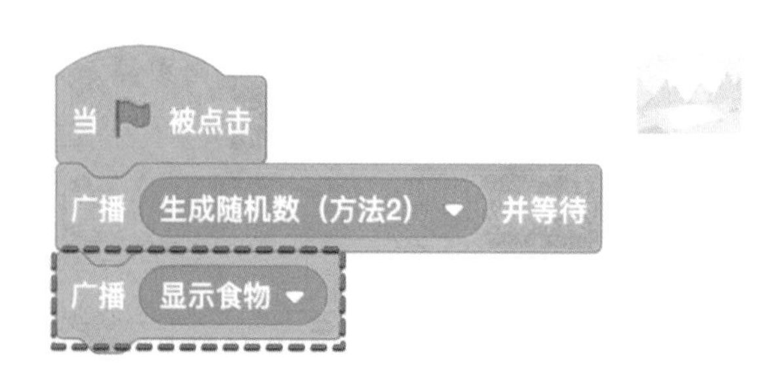

注意我们使用了“广播（）并等待”命令，控制程序在完成“掷骰子”的动作后，再切换相应的美食。

广播命令对比：

广播（）并等待：这个命令在发送消息之后，会暂停当前程序的运行，等待接收消息的程序执行完成后，才会继续执行后面的命令。

广播（）：消息发出后，立即继续执行后面的命令。

至此，我们成功地使用随机算法和随机数，制作了一个午餐选择小程序，来帮助大家选择午餐。你们也快快行动起来，用骰子选出自己喜欢的美食吧。

本章小结

- 掌握变量的概念和使用方法。
- 学习随机数与随机算法。
- 应用随机算法制作午餐选择小程序，帮助大家快速做出选择。

在下一章中，酷客项目经理将给大家展示，在编程世界中进行项目管理与时间管理的方法。

第 6 章 编程中的项目管理

6.1 项目管理并不神秘

通过前面几章的练习，我们已经完成了一些自己的作品，但是这些作品与我们通常所说的“项目”又有什么区别呢？

确定目标到解决问题

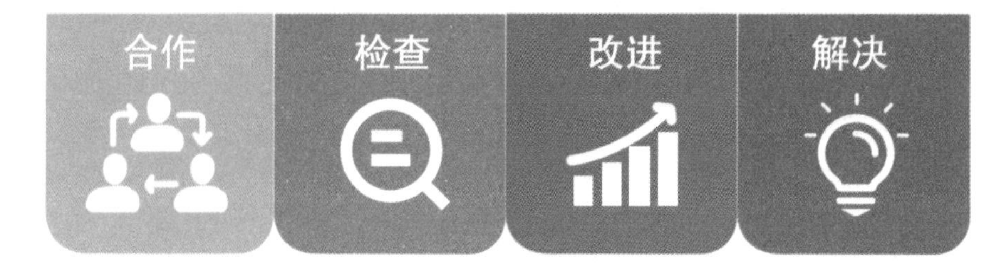

项目是为创造某个独特的产品或服务所做的临时性工作。

项目的内容可以非常广泛，大到北斗卫星导航系统这样的国家级重点项目，小到校园运动会、科技创意大赛、我们亲手完成的一件作品，这些都可以称为项目。

项目管理是什么

为了保证项目能够按照原计划顺利完成，人们做了很多相关的管理工作，这些工作就称为“项目管理”。

项目管理中最重要的就是对项目时间、项目质量和项目成本三方面的控制和管理，这三方面共同构成了项目管理的三要素。

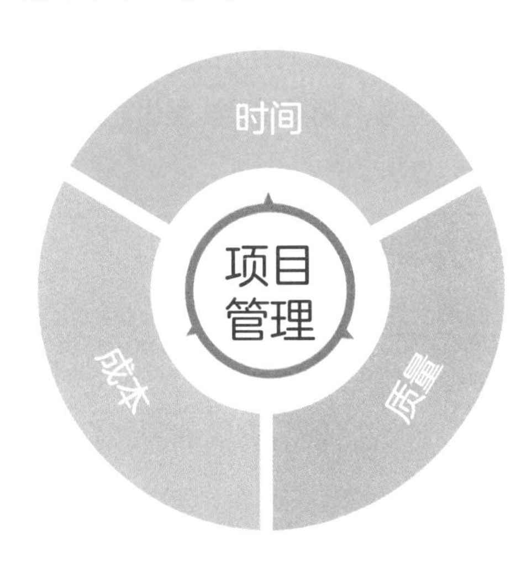

开展一个项目的基本流程如下图所示。

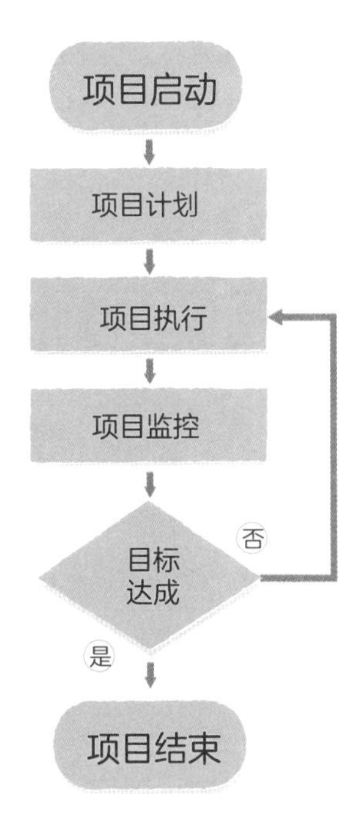

现在，大家是不是对项目管理有了一些初步的认识呢？为了能够让大家更快更好地完成项目管理工作，酷客项目经理给大家介绍一个非常优秀的项目管理工具——甘特图。

甘特图也称为条状图，由亨利·甘特在 1917 年提出，其基本思想是使用线条图来表示整个项目期间任务的计划和实际的完成情况。其中，横轴表示时间，纵轴表示项目中的各项任务。

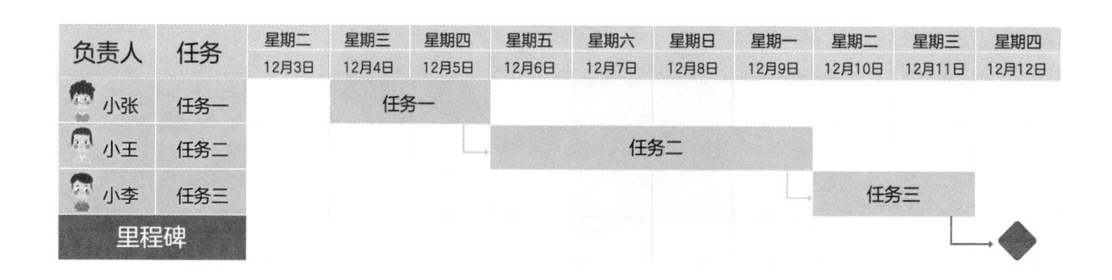

甘特图可以帮助我们直观地看到，项目中每一项任务的开展时间、执行的先后顺序，以及计划与实际进展之间的对比情况。这使得我们可以集中精力思考项目中的重要要素和关键部分。

6.2 时间管理与番茄工作法

通过学习项目管理和甘特图，我们知道时间管理在一个项目中会起到至关重要的作用，那么如何才能有效地管理时间呢？

在传统观念中，时间管理追求的是完成一件事情的速度，似乎谁能越快完成任务，就意味着时间管理得越好。

但酷客项目经理要告诉大家，除了关注完成任务的数量和速度外，更重要的是在完成任务的过程中，我们能够找到适合自己的节奏，感受到其中的快乐与喜悦。

面对时间，我们需要更多的耐心，要学会用心去感受时间、理解时间，进而慢慢学习掌握时间的规律和方法。

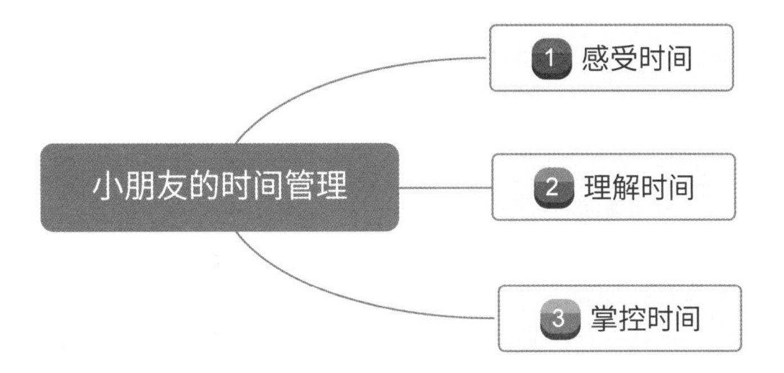

为了帮助大家更好地管理时间，弗朗西斯科·西里洛在 1992 年创立了一种全新的时间管理方法——番茄工作法。

番茄工作法

1. 将时间划分成时长为 25 分钟的时间段，我们称之为“1 个番茄钟”。
2. 在 1 个番茄钟内，只专注地做好一件事情。
3. 每完成 1 个番茄钟的工作后，休息 5 分钟。
4. 每完成 3~4 个番茄钟后，休息 10~15 分钟。

我们现在就试一下吧！

任务：学习一首诗，如《长歌行》。

目标：大声朗读并背诵下来。

时间：2 个番茄钟。

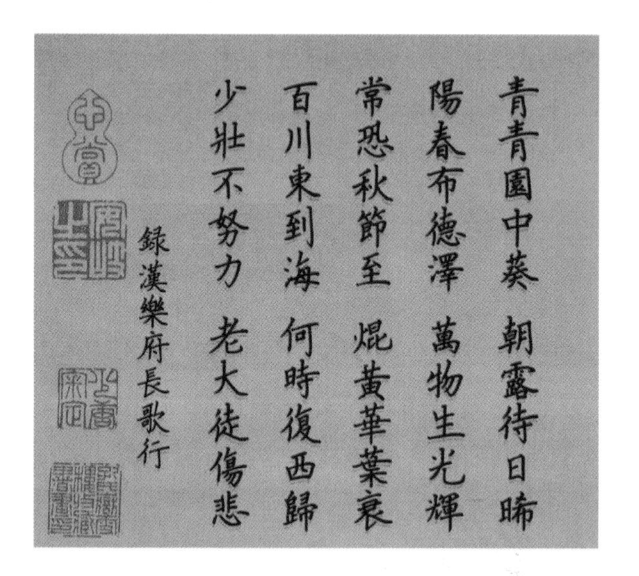

6.3 时间管理神器——会计时的番茄钟

体验了番茄工作法，今天酷客项目经理就跟大家一起制作一个“会计时的番茄钟”，来帮助大家记录番茄钟，相信在以后的日子里它能帮助我们更好地管理和使用时间。

会计时的番茄钟

微信扫码
运行程序

1　这次我们使用 Scratch 自带的图形编辑工具来创建一个纯色的舞台背景。

在选项卡中选中“背景”，可以看到图形编辑器左侧的绘图工具栏，选择“正方形”图标。

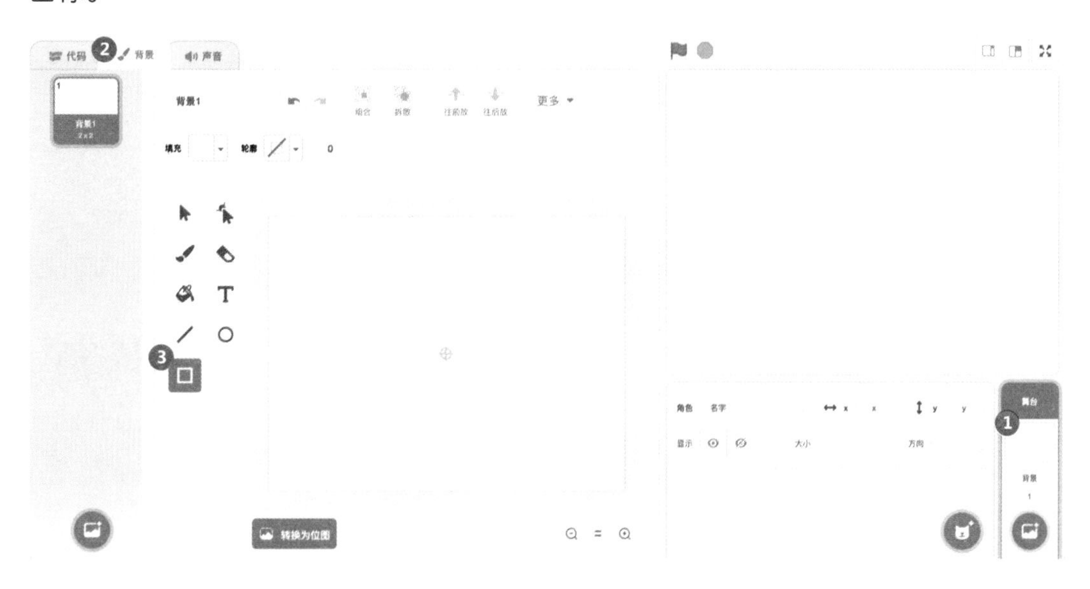

在绘图选项板的“填充”菜单中，我们选择一个自己喜欢的颜色（通过调整颜色、饱和度和亮度）。

在“轮廓”菜单中选择左下角的红色斜线按钮，表示设置“无边框”，这样画出来的矩形就没有四周的黑色边框了。

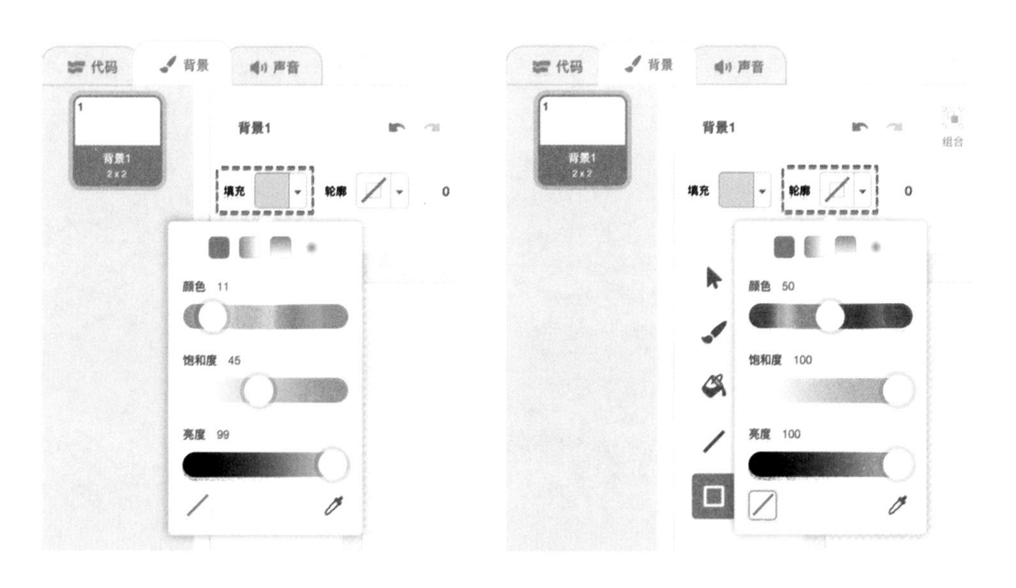

2 设置好颜色后，我们可以在“画布”区按住鼠标左键，拖动鼠标就可以绘制出一个矩形了。

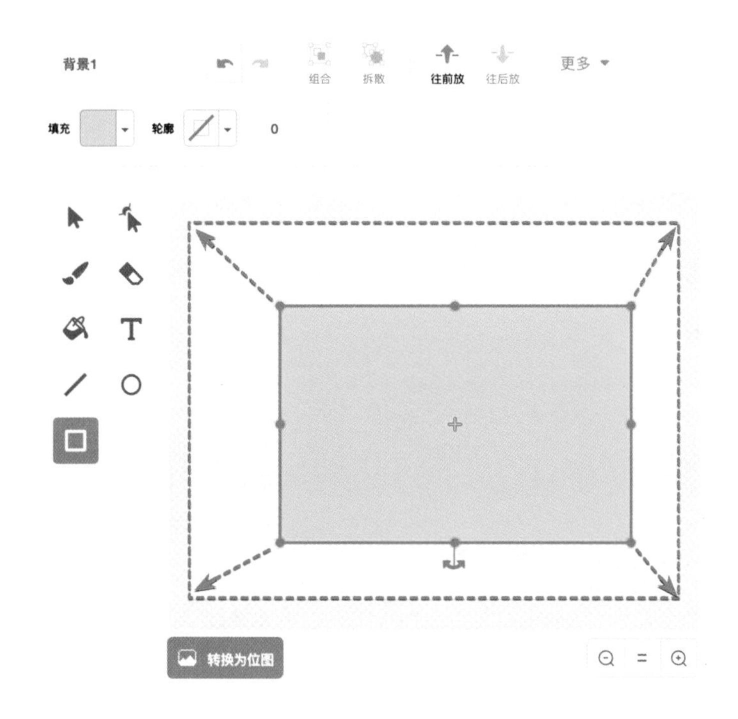

拖动矩形框四角的小圆点，可以将矩形充满整个画布。

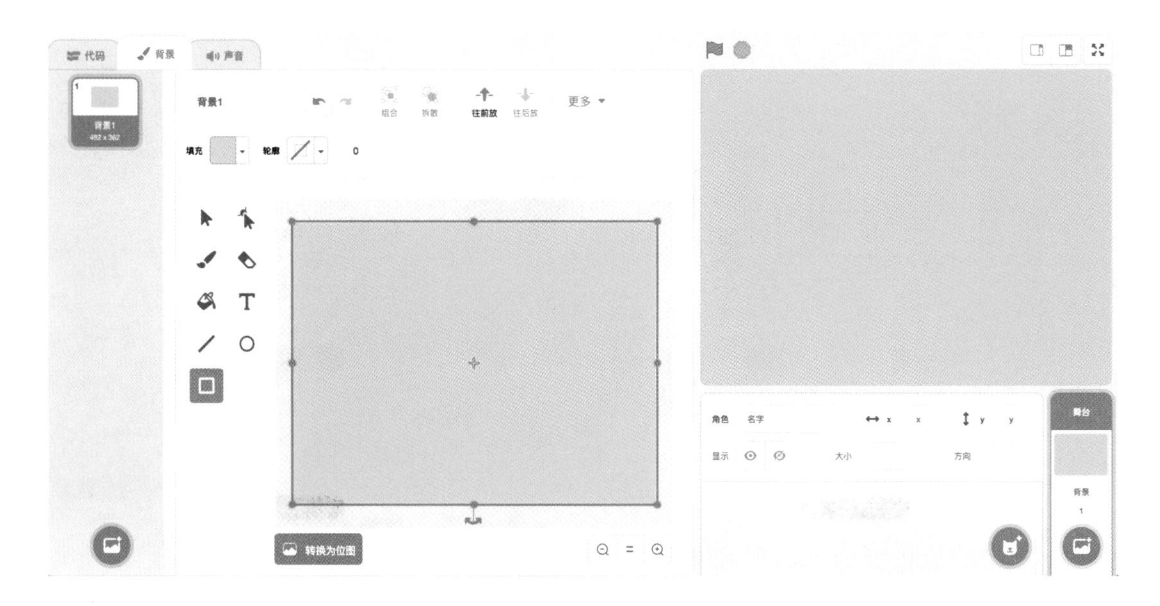

3 设置完背景，导入“表盘”和“表针”角色，放置到舞台中的合适位置，完成时钟的布局。最后别忘记放置“开始”按钮哦。

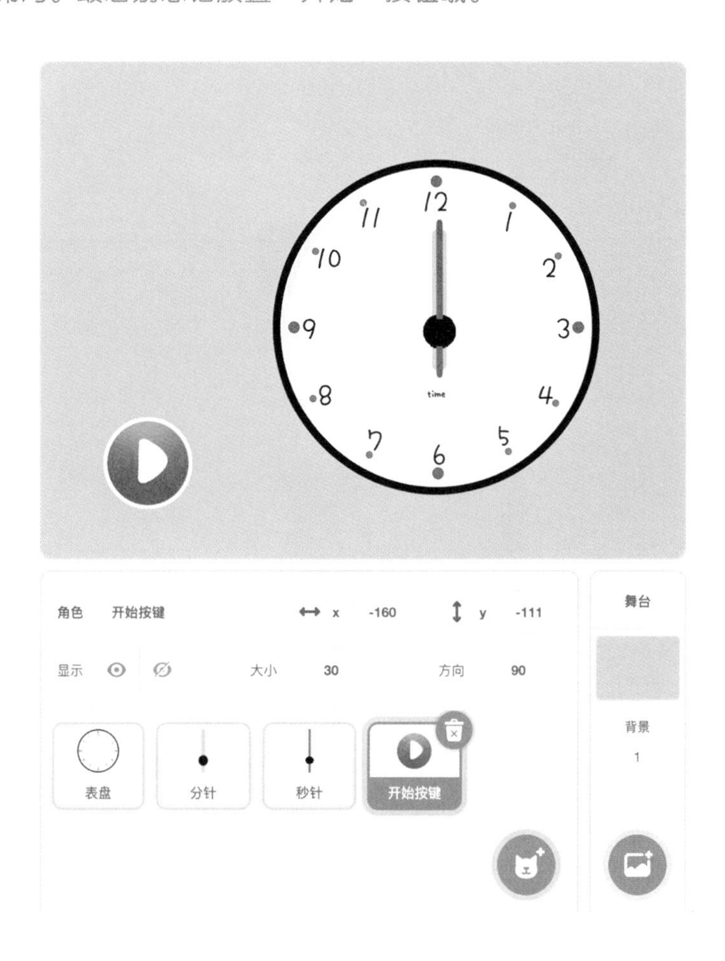

4 接下来开始进入编码阶段。

“开始”按钮的代码非常简洁。作为程序的起点，当我们点击“开始”按钮时，发送“开始计时”消息，通知其他角色计时任务开始。

5 【秒针】。

我们添加了两个指针角色，一个是稍短一些的黄色“分针”，另一个是稍长一些的红色“秒针”。

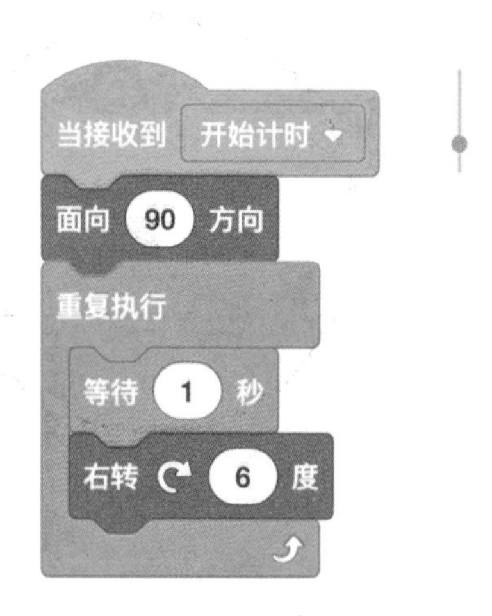

当接收到“开始计时”的消息后，将秒针的朝向调整到初始方向（面向 90° 方向）。这样可以保证每次运行程序时，秒针都能指向 12 点方向。

在“重复执行”命令中控制秒针的转动：每隔一秒将秒针“右转 6 度”。

6 为什么要让指针每次旋转 6°，而不是 10° 或者 20° 呢?

这是因为圆的一周是 360°，而 1 分钟有 60 秒。那么，要让指针在 1 分钟内旋转完一周，每秒钟需要旋转多少度呢?

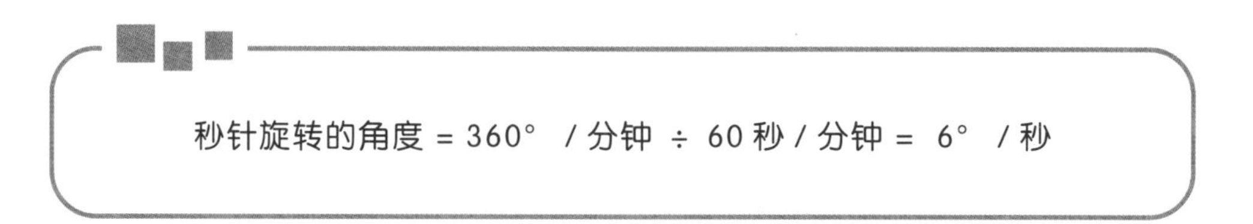

秒针旋转的角度 = 360° / 分钟 ÷ 60 秒 / 分钟 = 6° / 秒

7 但当我们点击“开始”按钮来启动番茄钟时，却发现秒针旋转到了一个奇怪的角度。

“这是为什么呢，是我们把旋转角度算错了吗？”

大家不要着急，我们来检查一下秒针的造型，看看有没有问题。

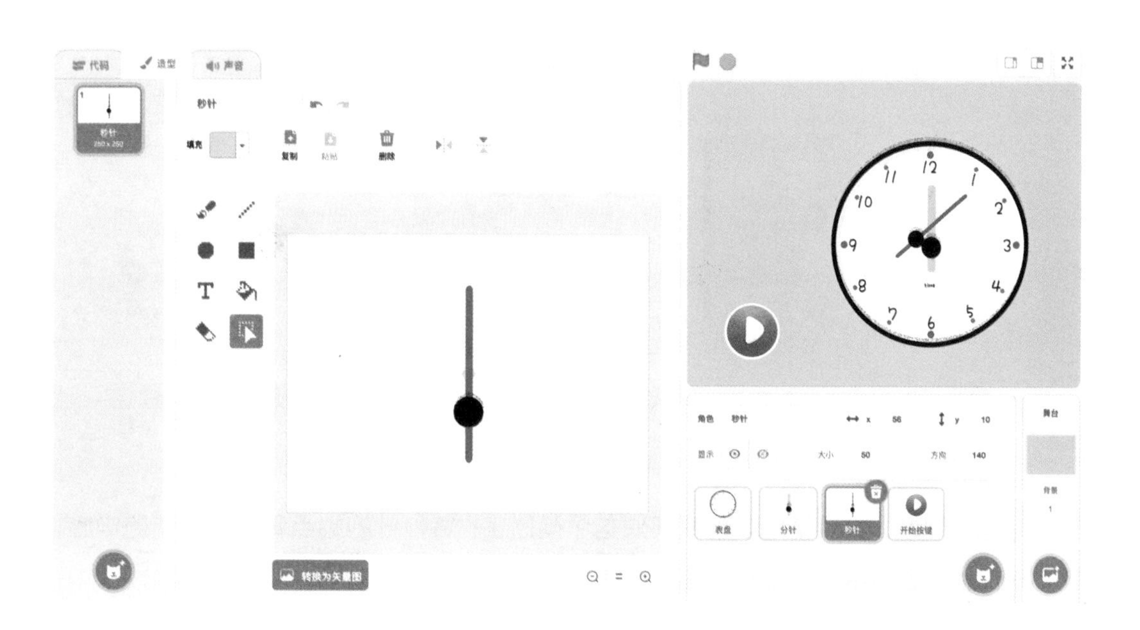

“看起来很正常呀。”

我们把秒针的造型拖动一下，看看会不会有什么发现。

8 点击图形编辑器中的“转换为矢量图”按钮（下图中①处），工具栏中就会出现“移动”工具（图中②处），点击“移动”工具后，就可以用鼠标将秒针移开了。

此时可以看到在画布的中心位置有一个灰色的小十字（图中③处），它表示当前图形的锚点（也称为中心点），当我们执行“左转（ ）度”或“右转（ ）度”命令时，角色就是以这个锚点为中心旋转的（图中④处）。

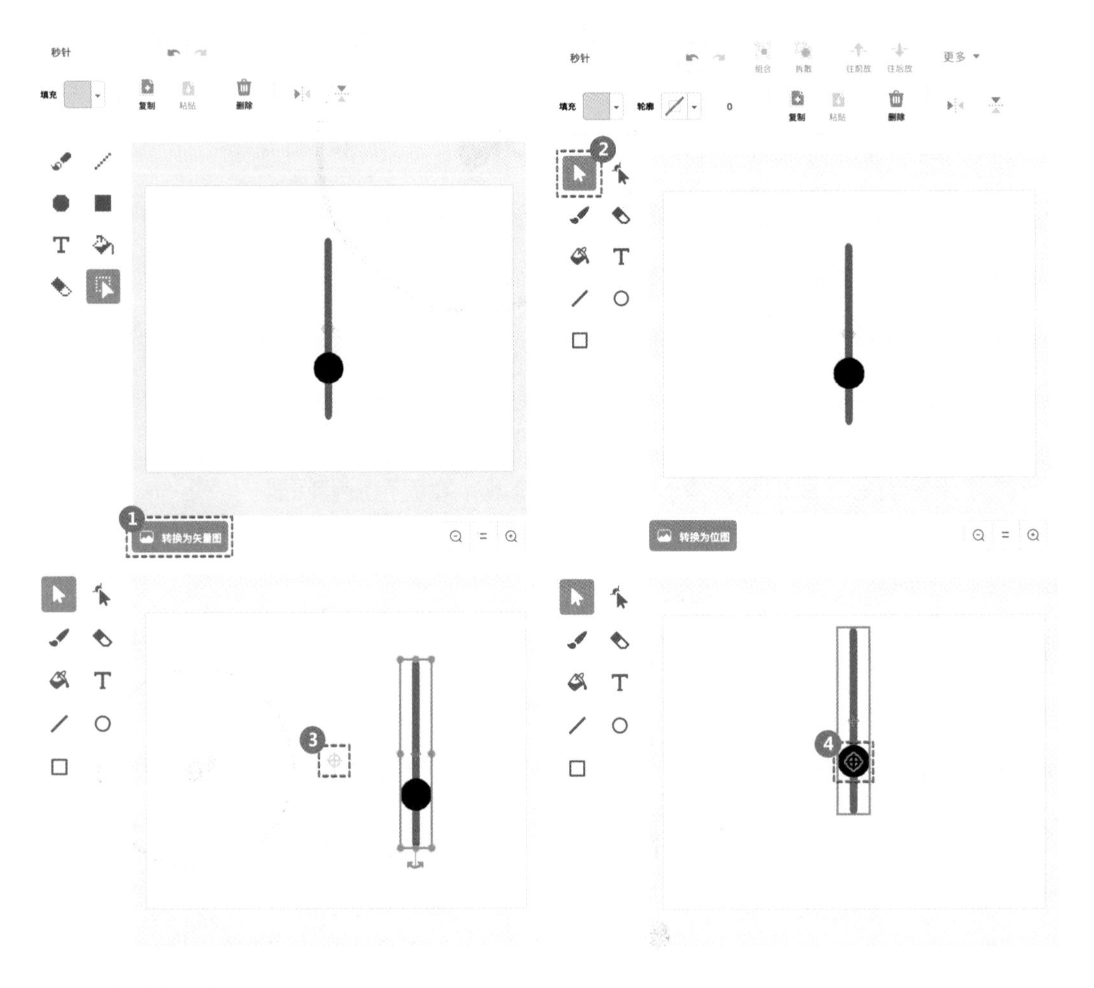

“原来如此啊。”

知道了原理，我们就可以轻松解决这个问题了：将秒针的端点移动到画布的中心，并将其设置为秒针的锚点。

现在我们再来启动时钟，看看秒针的运转正常了吗？

“秒针可以正常旋转啦！”

那么我们就用同样的方法，把分针的锚点也设置好吧。

9 【分针】。

参考“秒针”的代码，现在我们可以独立完成“分针”的代码了吗？

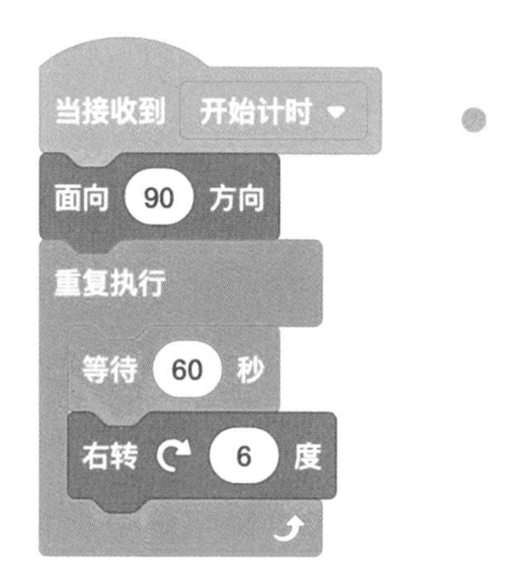

因为分针每小时才旋转一周（360°），一个小时有 60 分钟，那么每分钟分针需要旋转的角度是多少呢？

> 分针旋转的角度 = 360° / 小时 ÷ 60 分钟 / 小时 = 6° / 分钟

10 现在我们让秒针和分针都工作起来了。

但是作为一名杰出的工程师，探索最佳的解决方案才是我们追求的方向。大家找找看，现在的番茄钟有什么不足和可以改进的地方呢？

“我觉得表针不太容易读，要是有数字显示就好了。”

“有没有定时提醒的功能呢？”

大家提出的问题非常好！接下来我们就逐一解决这些问题。

11 我们先为“秒针 ”和“分针”角色分别添加一个变量，用来显示指针读数，并给这两个变量打上勾，这样就可以在舞台区看到当前番茄钟的读数了。

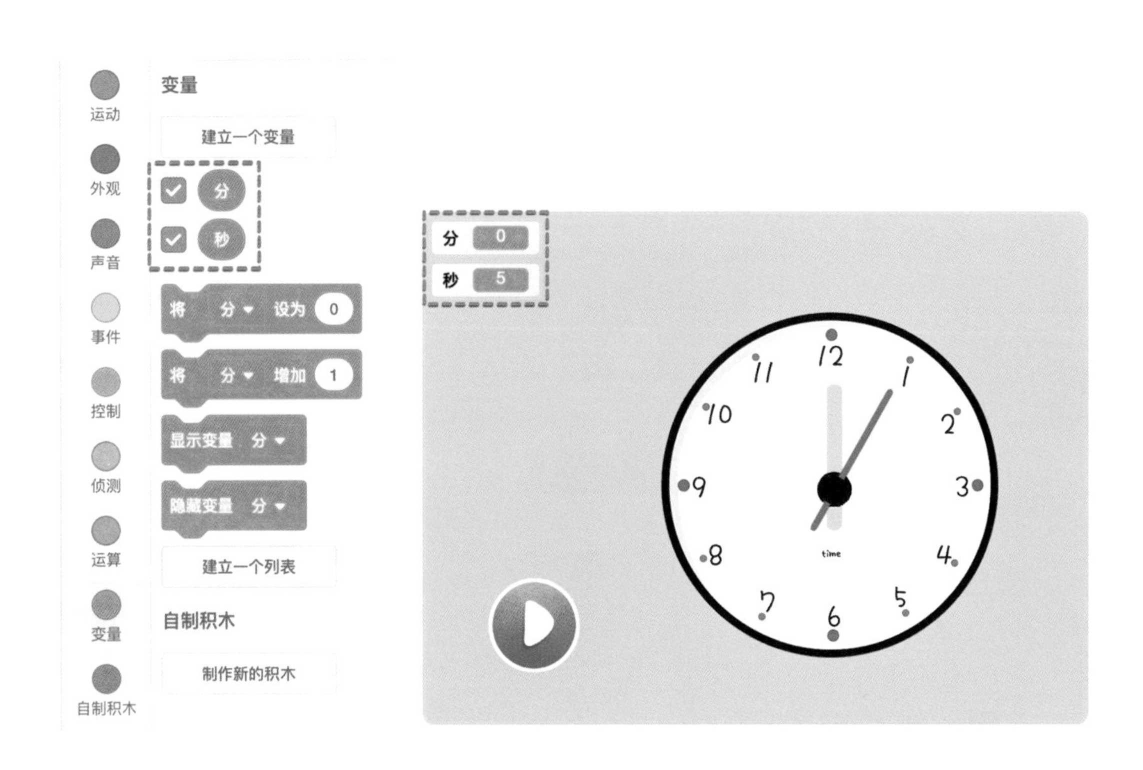

12 有了变量的支持，就可以使用更精细的方式来实现时针的管理了。

如下图中①所示，当“秒针”角色开始运行时，我们先将变量“秒”设为 0，作为初始状态值。

之后每经过 1 秒钟，就将其增加 1，见图中②。

大家想一想，我们应当如何使用“秒”这个变量来计算分钟数呢?

见图中③，因为 1 分钟等于 60 秒，当我们通过“如果( )那么”命令检测到变量“秒”累计到 60 时，就说明程序运行了 1 分钟。此时，我们将变量“秒”的值置为 0，重新开始计数，并发送“到达一分钟”的广播消息，通知“分针”角色。

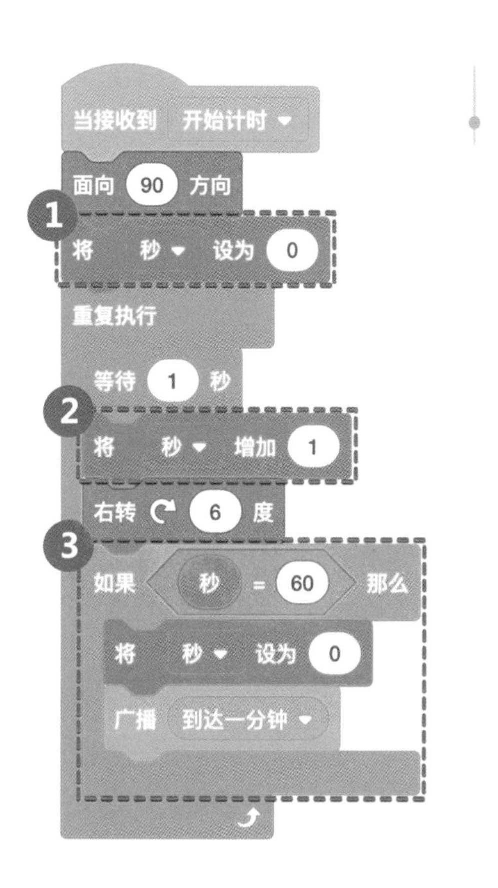

13 “分针”角色接收到“到达一分钟”的消息后，将指针旋转 6°，并将变量“分”增加 1。

这样我们就可以通过调整“分”“秒”这两个变量的值来控制时钟的旋转了。

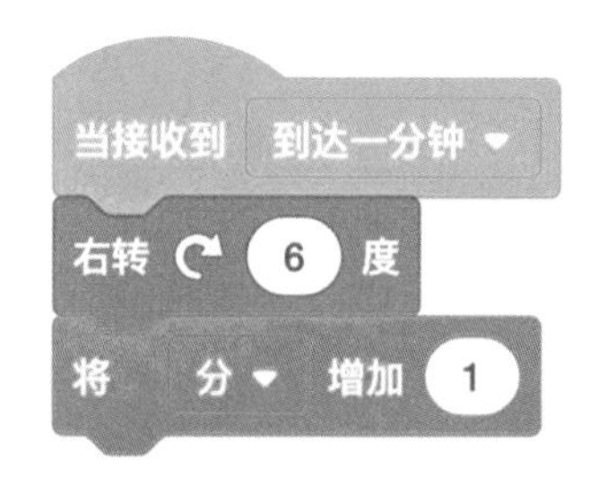

14 接下来，我们为时钟添加 5 分钟定时提醒的功能。

如何才能判断时钟运行了 5 分钟呢?

最好的办法还是通过变量来判断！我们在“分针”角色代码后添加判断逻辑。

使用“如果（ ）那么”命令检测到变量“分”累计到 5 时，发送广播消息“时间到啦”。

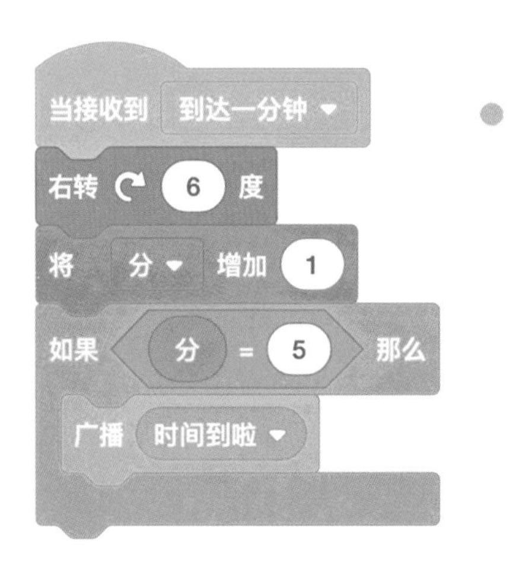

15 添加“时间到啦”角色，作为 5 分钟定时提醒的消息提示。

现在，当番茄钟运行到第 5 分钟时，就可以在舞台上看到“时间到啦”的消息提示了。

“如果恰好我们正在处理其他事情，而没有看到番茄钟的提示信息，怎么办呢？”

可以给番茄钟增加一些声音和动画提醒！

16 选中“时间到啦”角色，选择左上角的“声音”选项卡。

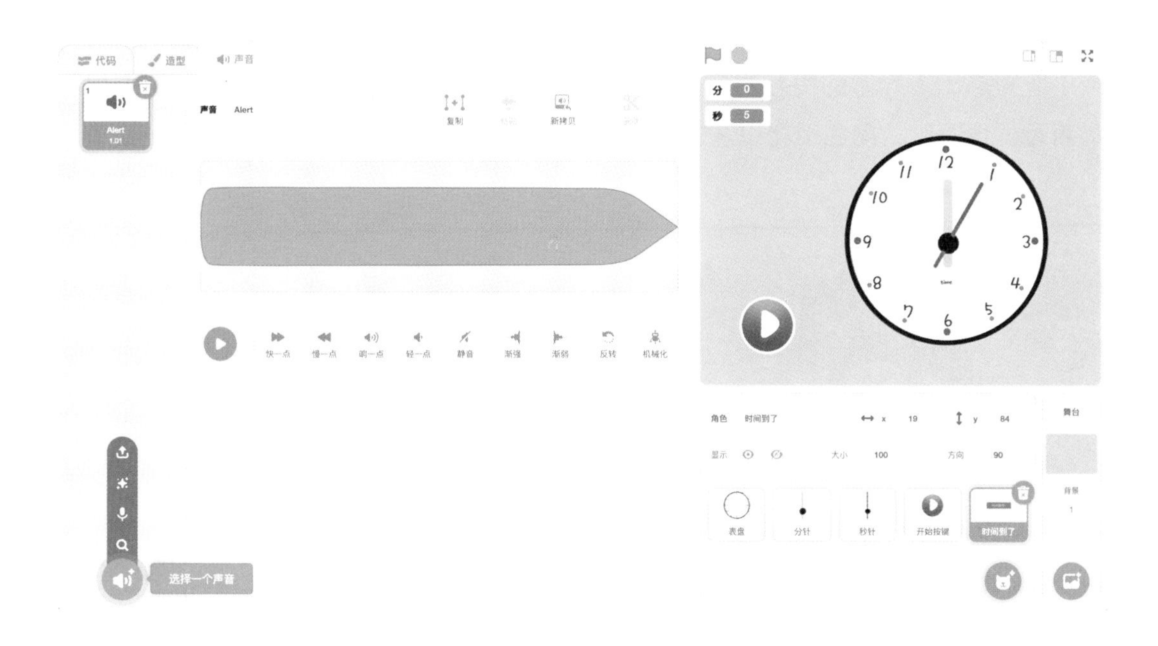

点击选项卡左下角的“添加声音”按钮，为“时间到啦”角色添加一个警报声（Alert）作为提示音。

声音添加完成之后，就可以在代码中使用“播放声音（）”命令发出警报声了。

为了让提示更加明显，我们让“时间到啦”角色先向右再向左转动，并“重复执行（20）次”，这样角色就“摆动”起来了。

17 至此，我们就完成了番茄钟的主体程序。

作为杰出工程师的良好习惯，我们为程序中的角色补全初始状态，以确保每次重新运行程序时，角色都可以从初始状态开始运行。

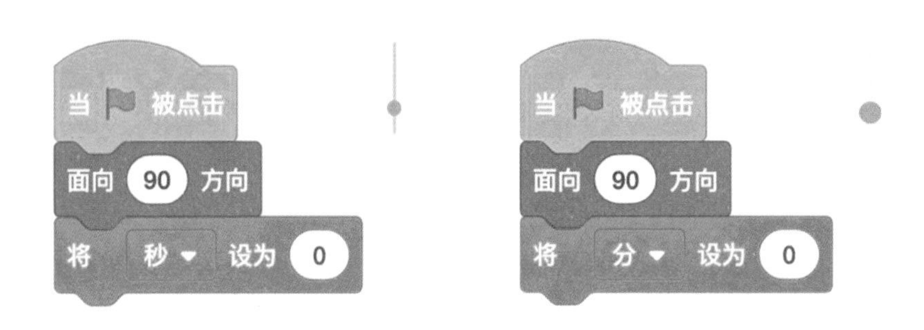

18 现在我们就完成了“会计时的番茄钟”。

为了让番茄钟运行的效果更加逼真，还可以为它添加指针转动的“嘀嗒嘀嗒”声，以及“停止”和“暂停”按钮。

这些就作为课后思考题，留给大家自己去探索啦。

本章小结

- 了解项目管理三要素与甘特图。
- 学会时间管理。
- 制作了“会计时的番茄钟”，作为我们每日完成番茄工作法的计时器。

在下一章中，酷客艺术家将带大家体验如何在编程世界中作画。

第7章
程序“美学”

7.1 计算机中的图片是怎么画出来的

在计算机世界里，所有东西都是由 0 和 1 组成的。但是大家知道这些 0 和 1 是如何变成文字和图片的吗？今天酷客艺术家就给大家演示一下这个奇妙的过程。

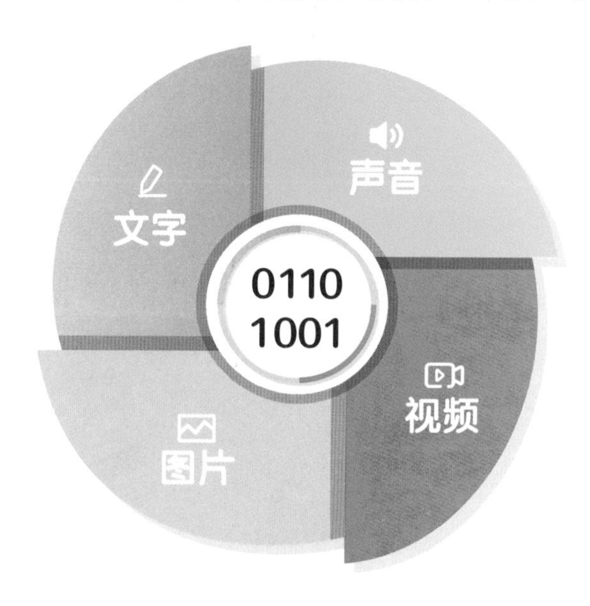

打开一张黑白图片，当我们把它放大后，就可以看到一个个像下面这样的小方格，这些小方格就是我们平时所说的“像素点”。

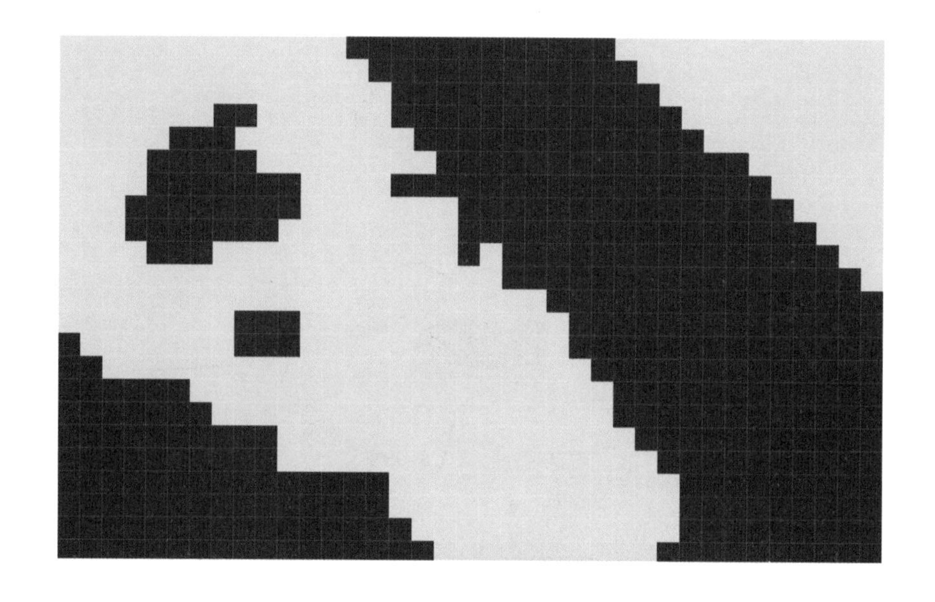

在计算机中，每个像素点都是由一个二进制数表示的，这个二进制数位数的多少决定了像素点的色彩丰富程度。

在数学和计算机科学中指以 2 为基数的记数系统，进位规则是"逢二进一"。二进制数通常用 0 和 1 来表示，每个数字称为一个比特（bit）或一位。

十进制	0	1	2	3	4	5	6	7
二进制	0	1	10	11	100	101	110	111
十进制	8	9	10	11	12	13	14	15
二进制	1000	1001	1010	1011	1100	1101	1110	1111

十进制数与二进制数对比

假如用于存储图片像素点的二进制数只有一位，那么这个像素点就只有 0 和 1 两种状态（分别对应黑与白），也就是说这是一幅黑白照片。

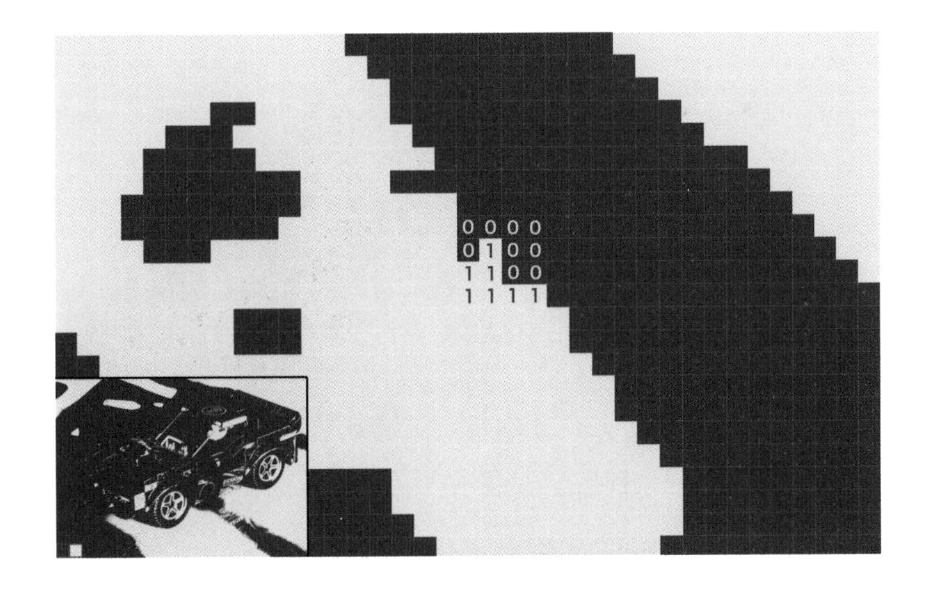

随着二进制数的位数增多，像素点可以表现的颜色就会愈加丰富。例如像素点具有 2 个二进制位时，就可以表示 00、01、10、11 四种状态，对应可以显示四种颜色。

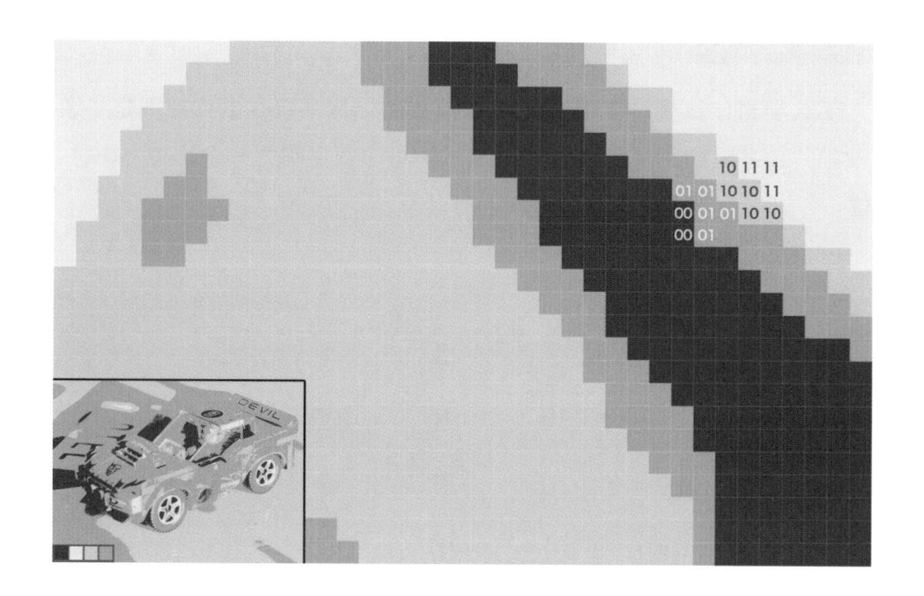

以此类推，当像素点具有 8 个二进制位时，可以表示的颜色种类就是 2 的 8 次方，即 256 种不同的颜色，这样的图片看起来就漂亮多了。这就是计算机存储和显示图片的基本原理啦。

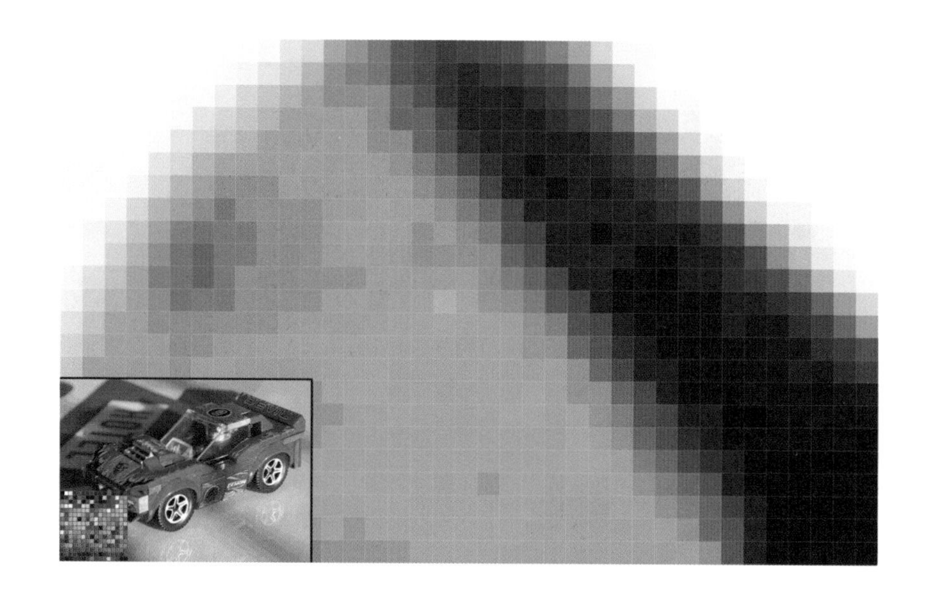

7.2 程序世界中的神笔马良

下面我们以 Scratch 画图命令为例，看看如何在计算机中绘制图片。

1 Scratch 的画图命令隐藏在代码区左下角的“扩展”按钮中，我们点击这个按钮，就可以看到 Scratch 的扩展命令模块了。

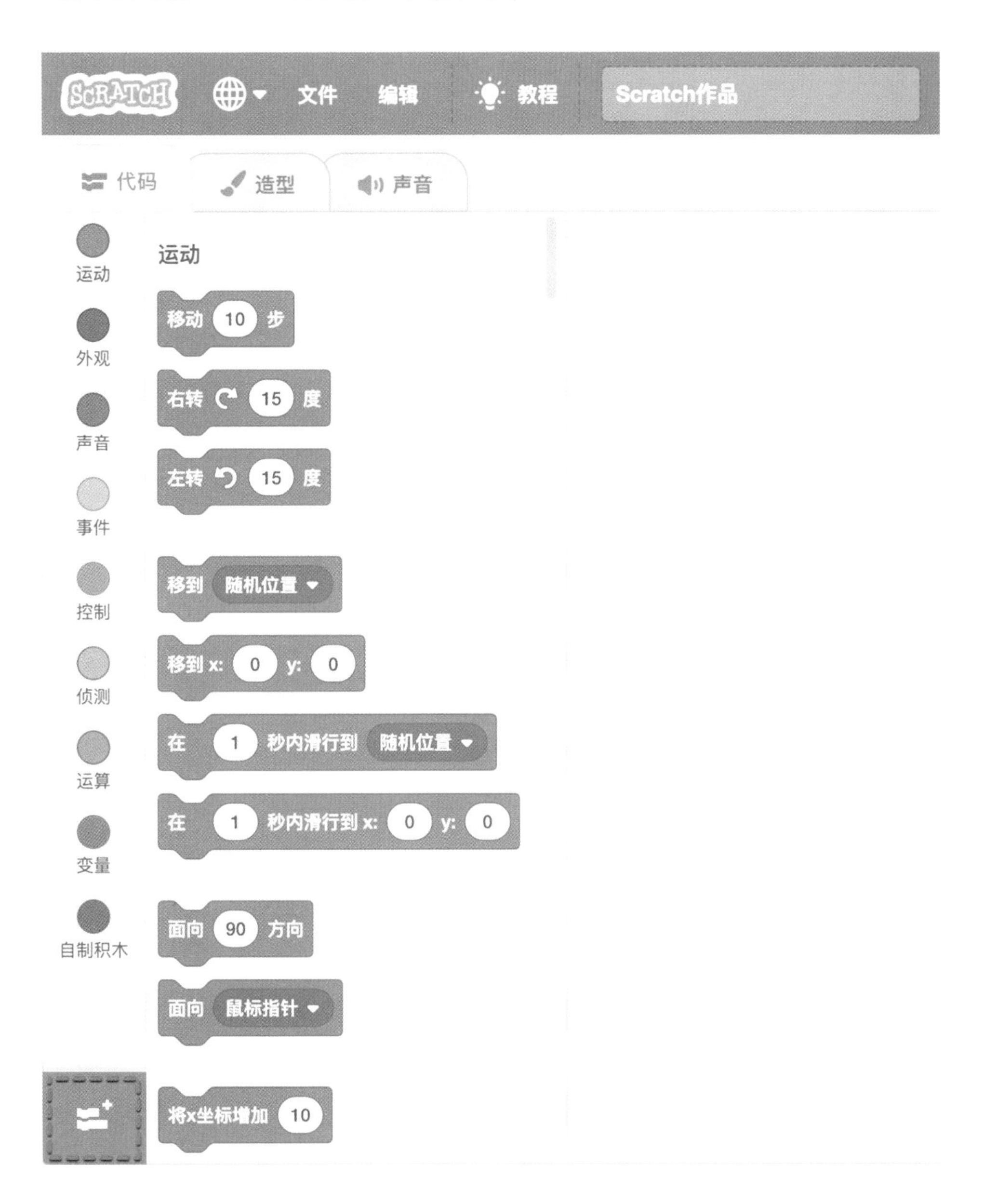

选择其中的“画笔”模块，就可以将与画图相关的命令添加到代码区了。

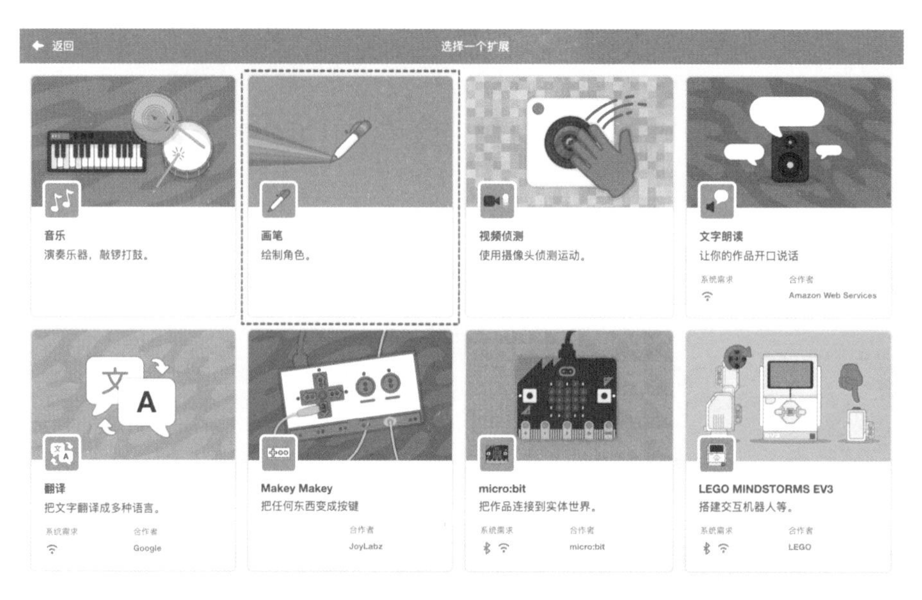

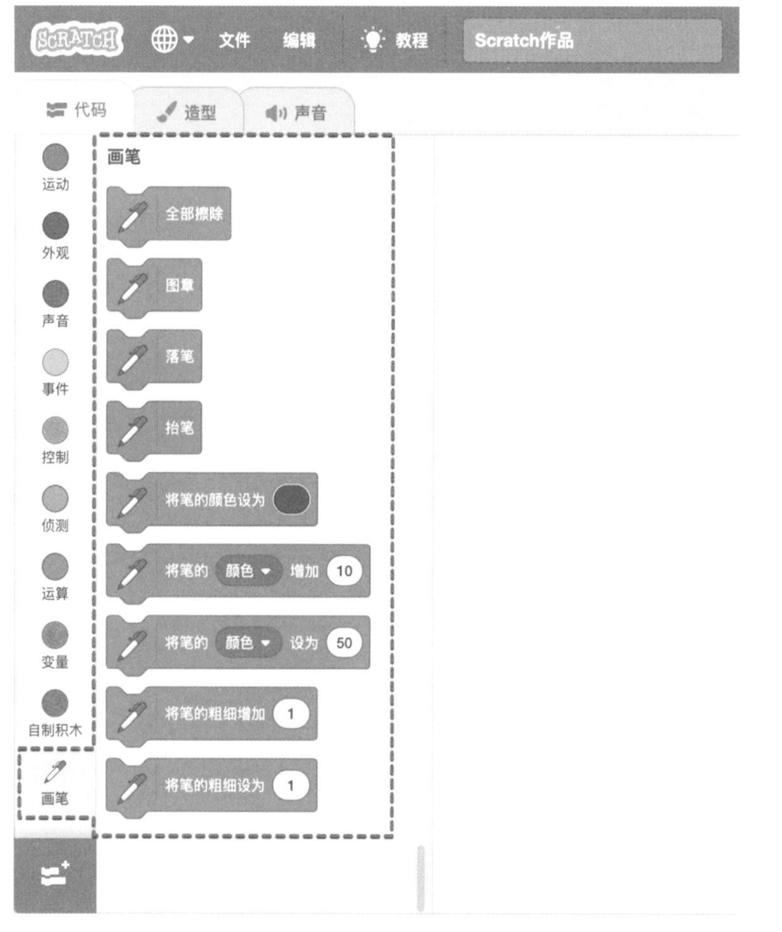

2 在Scratch中，画笔的功能是通过记录角色在舞台中的移动轨迹来实现的，所以使用画笔命令前，我们需要先在舞台区添加一个“画笔”角色。

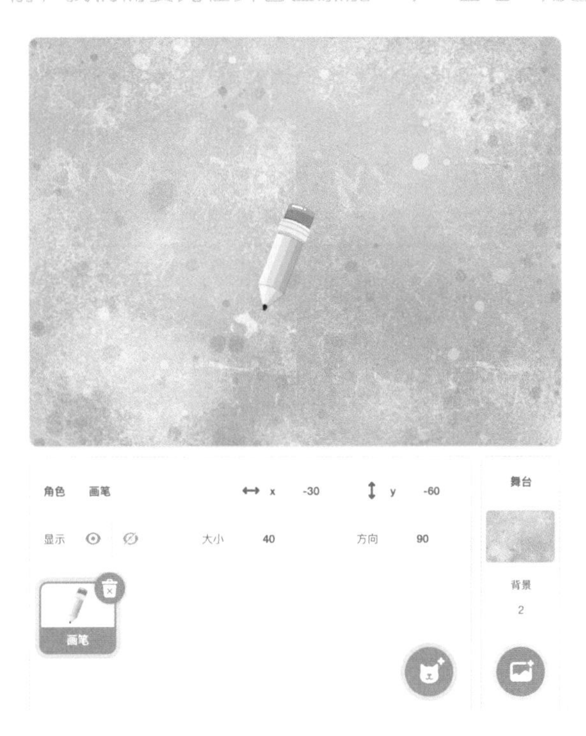

3 现在我们来学习一下如何使用画笔命令来画一条直线。

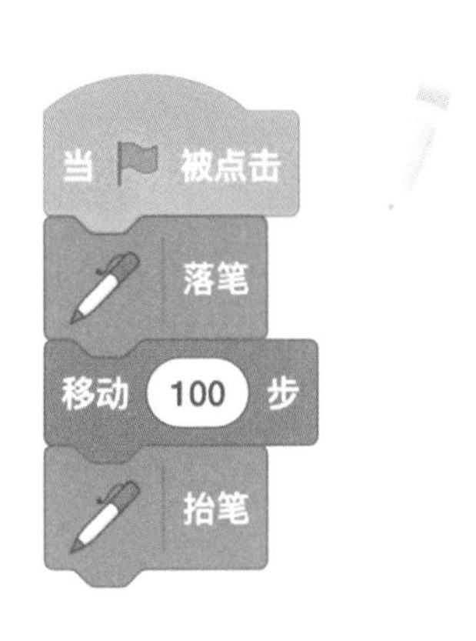

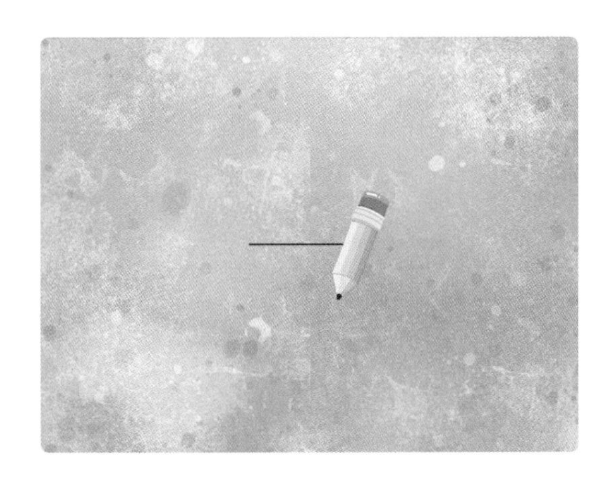

使用“落笔”“抬笔”命令，可以启动或结束画笔的绘制。

在使用“落笔”命令开启画笔后，就可以通过使用“移动（ ）步”命令控制角色移动来绘制直线了。

4 但是我们发现直线是从“画笔”的中心位置画出的，而不是在笔尖位置，这是为什么呢？

大家还记得在“会计时的番茄钟”里讲过的“锚点”吗？

在画笔中也同样存在“锚点”的概念，当画笔开启后，角色绘制线条的位置就在角色的锚点（中心点）上。所以只需要在“造型”中将角色的锚点调整到笔尖的位置，就可以使“画笔”自然地画出线条了。

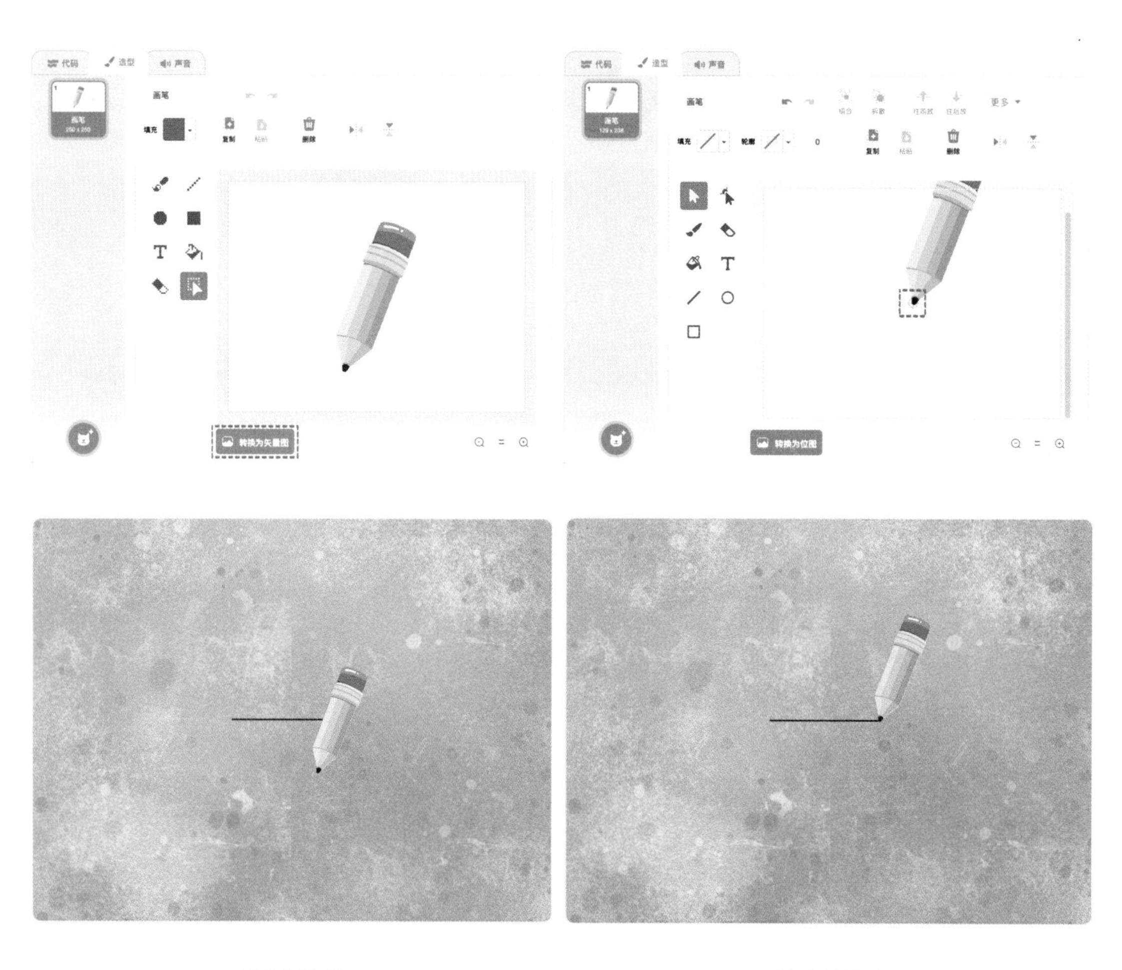

锚点调整前　　　　锚点调整后

5 现在我们画出了直线，但是这些线都是黑颜色的，一点儿都不好看，怎样才能画出五颜六色的线条呢？

我们先来看一下 Scratch 中色彩的显示方式。

Scratch 使用 HSB 色彩模式进行色彩的显示，HSB 分别表示色相、饱和度和亮度，它们的取值范围都是从 0 到 100，我们可以通过调整它们的数值来调整最终的显示颜色。

HSB 色彩模式

色相（hue）：即色彩的 " 相貌 "，也就是我们平常所说的色彩的颜色，如红、橙、黄、绿、青、蓝、紫等。在 Scratch 中文版中，直接被翻译为“颜色”。

饱和度（saturation）：指色光的纯度或强度，简单点理解就是颜色中彩色含量的高低。

亮度（brightness）：指的是颜色中混合了多少白色或黑色。

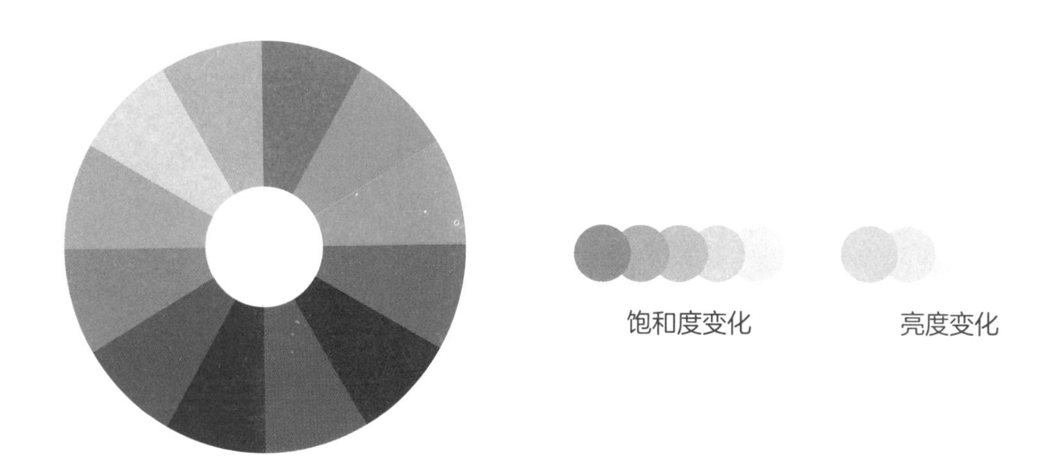

6 使用“将笔的颜色设为（ ）”命令可以设置画笔的颜色。

“将笔的颜色设为（ ）”命令有两个版本，对应两种设置方式。

在命令块的“颜色”面板中设置画笔的颜色：

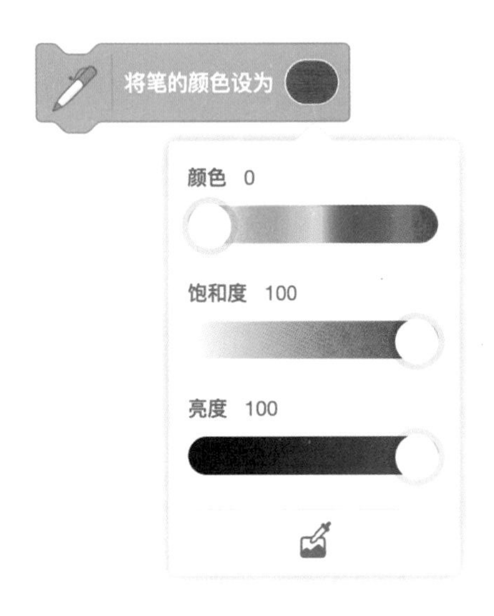

在命令中直接指定颜色、饱和度、亮度的数值：

7 使用“将笔的粗细设为（ ）”“将笔的粗细增加（ ）”命令可以调整画笔的粗细。

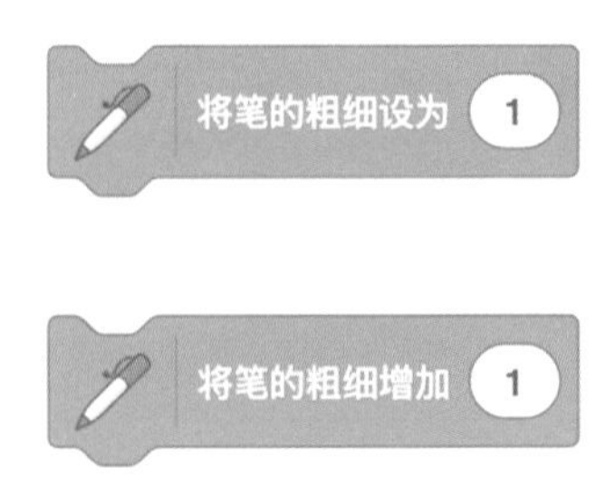

8 综合使用上面几个命令，就可以自由地控制画笔，画出五彩缤纷和不同粗细的线条了。

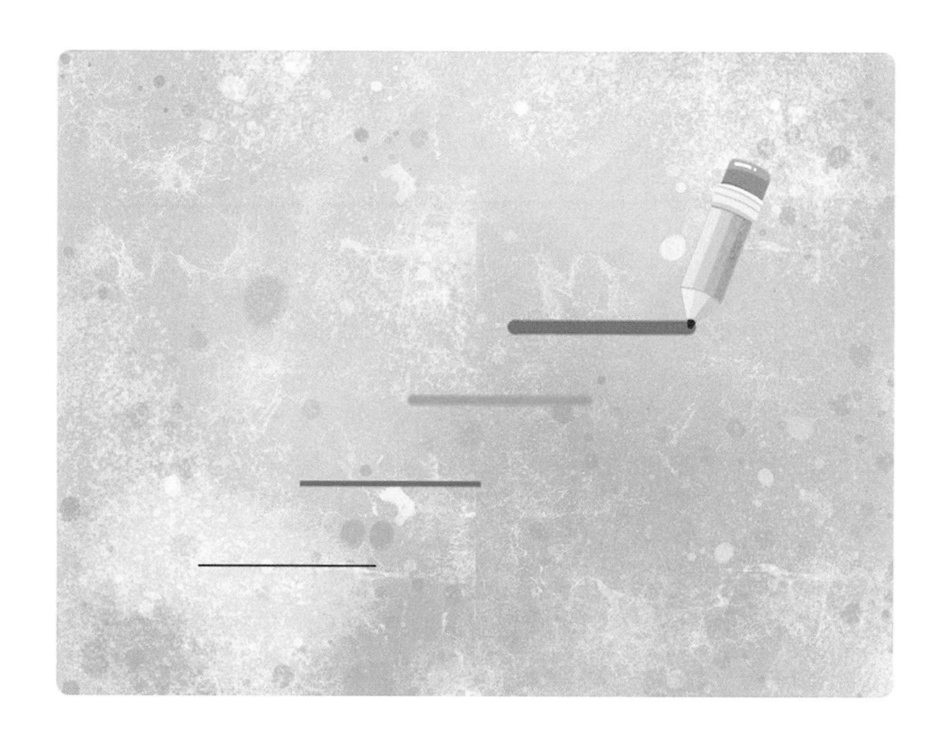

9 但是随着线条越画越多，画布变得杂乱起来，怎样才能把画布清理干净呢？

可以在每次开始绘制图形前，先用“全部擦除”命令把画布中的线条全部清理干净，这样就可以重新使用画布，绘制美丽的图案啦！

7.3 美丽的分形——怪兽曲线

学会了如何在计算机中画出美丽的线条，今天酷客工程师就带大家来绘制一个非常神奇的图案——怪兽曲线（科赫曲线）。我们先看一下它的样子吧。

上面就是一到四级“怪兽曲线”的变化过程，看起来是不是很像一朵雪花呢?

要画出怪兽曲线，需要先将正三角形每条边正中间三分之一的线段，以一对等长的线段替代，形成一个凸角。然后再对新生成的每一条边，不断重复这一过程。

上述以自身形状为基础，不断重复扩展的特性，在数学中还有一个好听的名字，叫“分形”。

分形（Fractal）

一个可以被分成多个部分的几何形状，且每一部分都是（或近似于）整体缩小后的形状，即具有自相似的性质。

了解了怪兽曲线的来历，我们现在能不能自己动手，使用画笔命令在舞台上画出怪兽曲线呢?

“能！”

那就让我们行动起来吧！

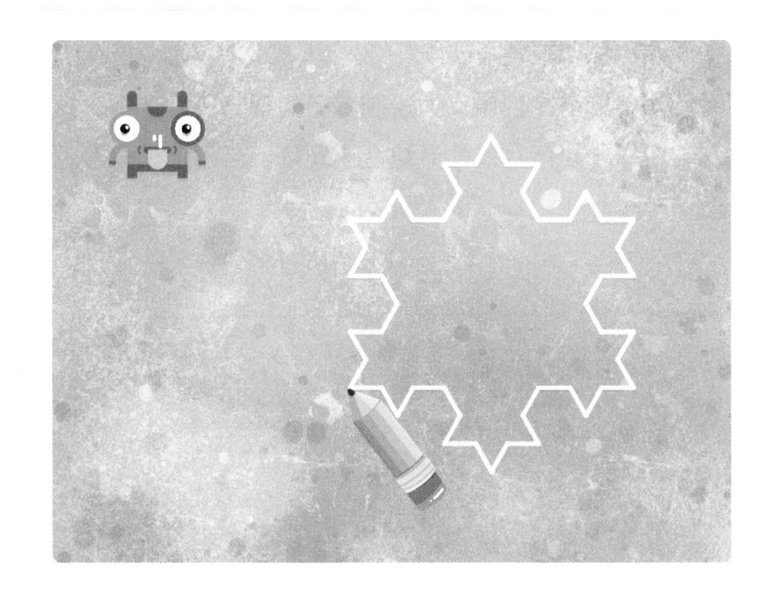

怪兽曲线

微信扫码
运行程序

1 为舞台添加冰雪背景和一支“神奇的画笔”。

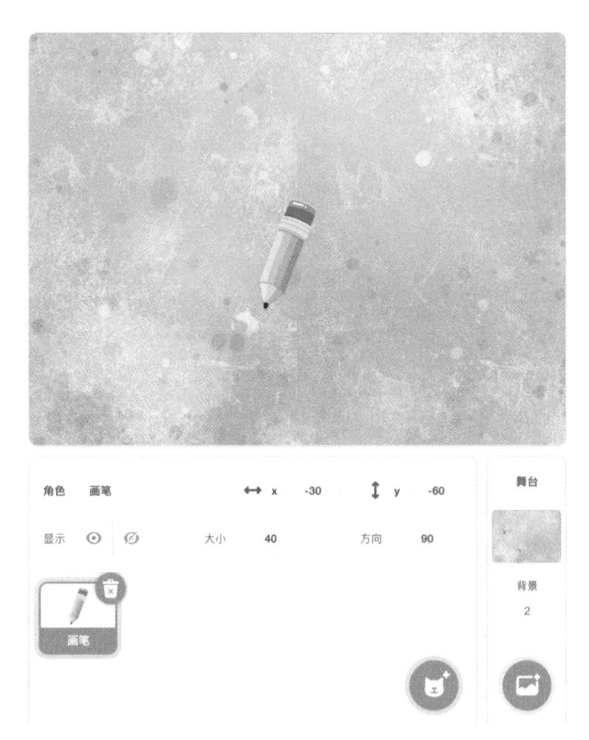

在上一小节中，我们已经讲解了 Scratch 画笔的用法，现在我们先把画笔的颜色调整为白色，这样就可以在蓝色冰晶背景上创作我们自己的雪花图形了。

2 从前面怪兽曲线的演变过程可知，一级的怪兽曲线就是一个正三角形。

首先清理画布，将画笔的颜色调整为白色，为绘制美丽的雪花做好准备。通过“移动（ ）步”和“左转（ ）度”的命令组合，即可绘制出正三角形。

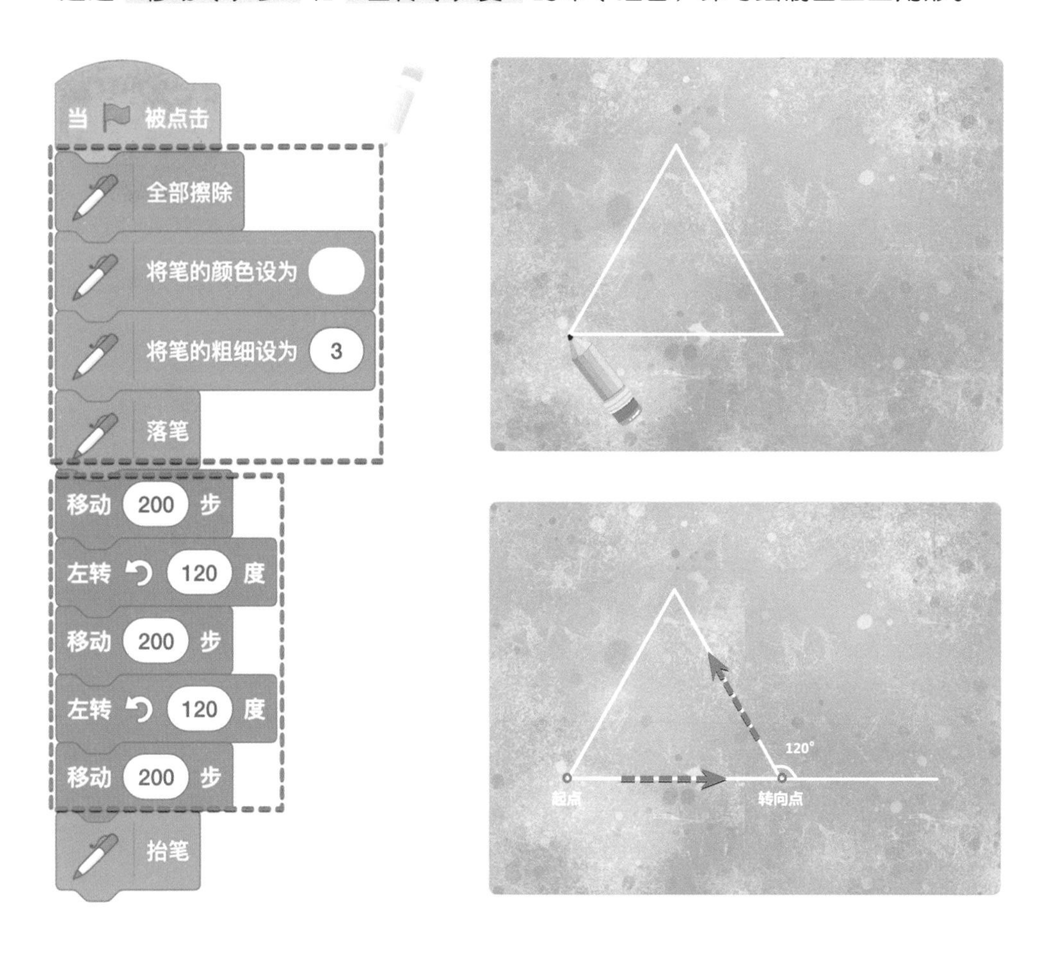

3 但是当我们多次运行程序时，却发现每次画出三角形的位置和方向都不相同，这是为什么呢？

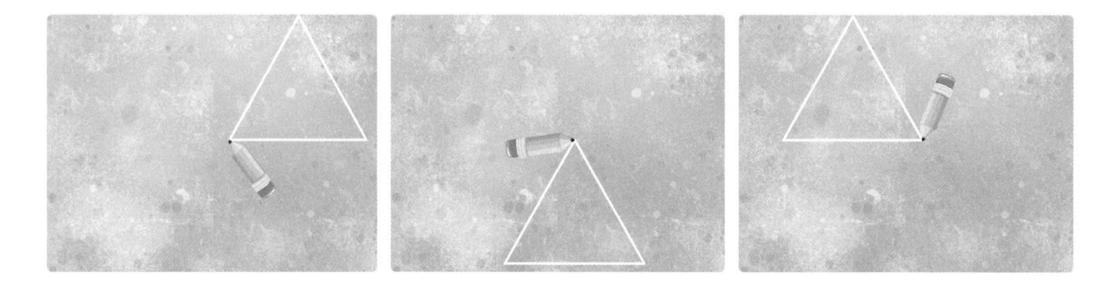

这是因为再次运行程序时，画笔角色还处于上次运行结束时的位置和方向，所以画出的图案也随之改变了方向。

为了能够让程序每次运行后的结果一致，需要在程序开始时，为角色设置好明确的位置和方向，使程序可控，如下图中①所示。

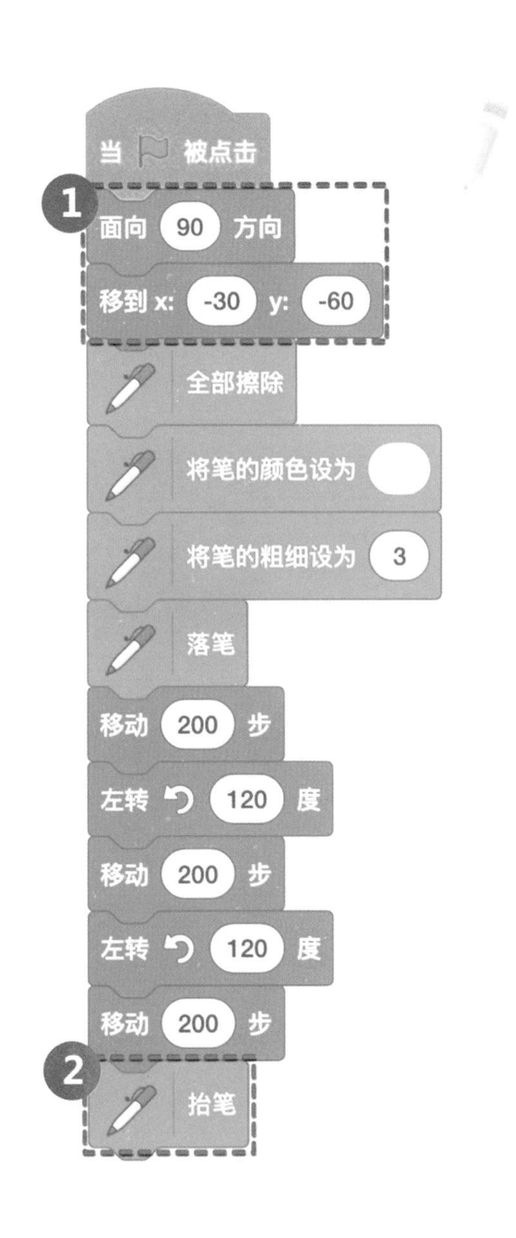

4 代码的最后使用了“抬笔”命令（上图中②）。我们思考一下，这个命令的作用是什么？动手试一试，如果删掉这个命令，运行结果会发生变化吗？

“咦？运行结果与刚才一样，这是怎么回事呢？”

这是因为在上面的程序中，“抬笔”命令位于程序的最后，命令执行完成后，程序也就随之停止了。所以，抬笔的效果就没有显示出来。

5 但是当绘制“虚线”时，需要让画笔反复抬起、落下，才能形成一段一段的虚线，这时“抬笔”命令的威力就显示出来啦！

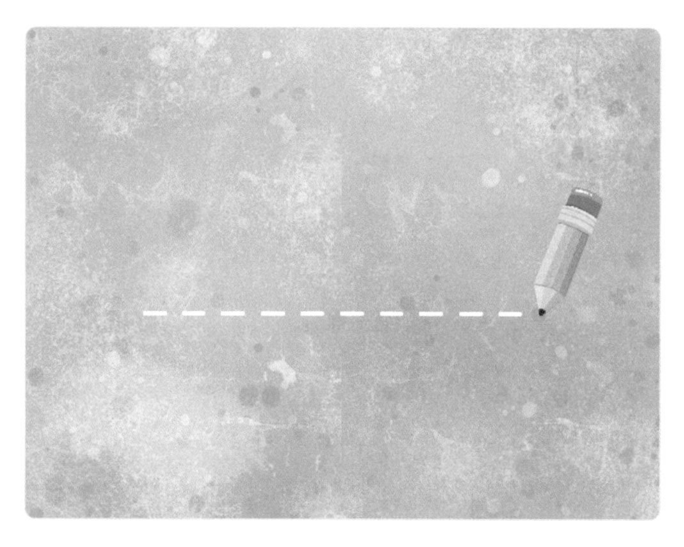

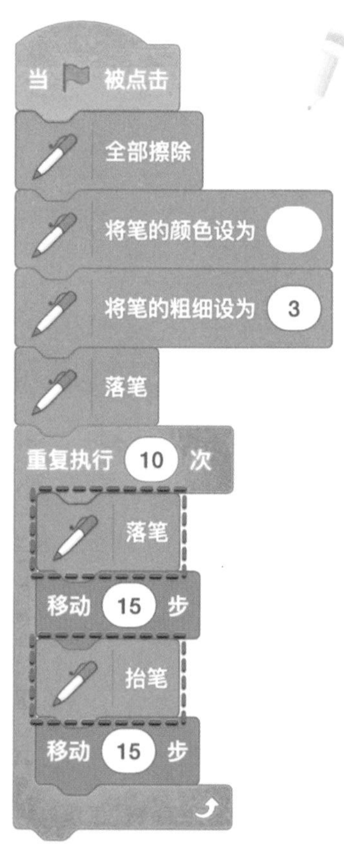

6 现在我们来看看如何实现二级怪兽曲线吧。

从怪兽曲线定义可知，二级曲线是将正三角形每条边正中间三分之一的线段，以一对等长的线段替代，形成一个“凸角”。

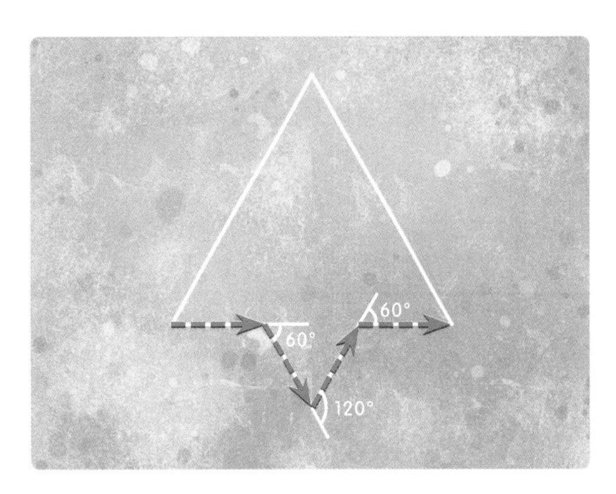

那么就可以从“凸角”入手，将其分为四条线段进行绘制。如上图所示，每画好一条线段后，分别将画笔向右旋转 60°、向左旋转 120°、向右旋转 60°，即可完成二级曲线的一条边。

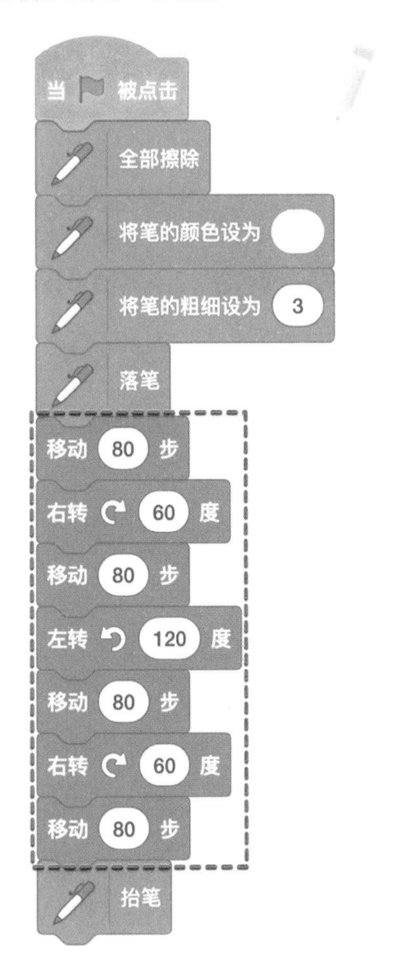

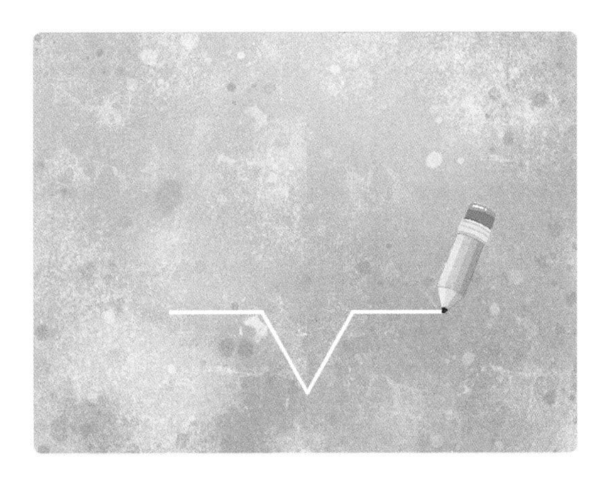

有了绘制第一条边的基础，大家可以画出另外的两条边吗?

“可以！”

7 如下图中所示的三个代码段，分别对应怪兽曲线的三条边。

“但是，代码好像太长了吧？”

有没有办法可以缩短代码的长度呢？

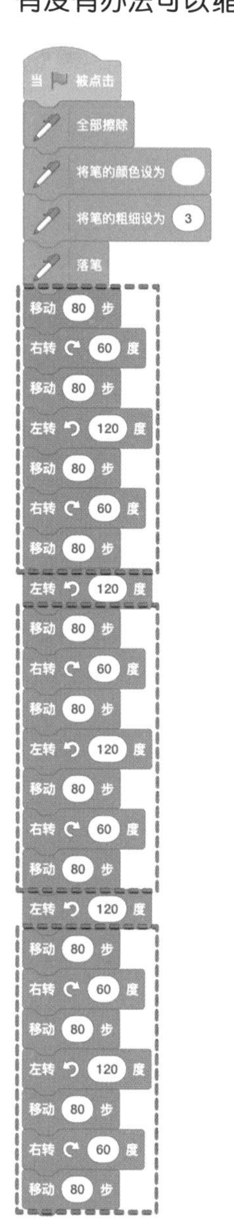

其实在日常编写代码的过程中，我们经常会遇到一些问题，它们可以使用相同或相似的代码段来解决。我们为这些代码段添加统一的入口，这个入口称为“函数”，并给它取一个好记的名字，方便以后重复使用。

8 Scratch 中的函数被称为“自制积木”。

在代码区中选择“自制积木”，并点击“制作新的积木”就可以创建一个新的“函数”。这里我们将名称修改为“绘制怪兽曲线边”，待稍后使用。

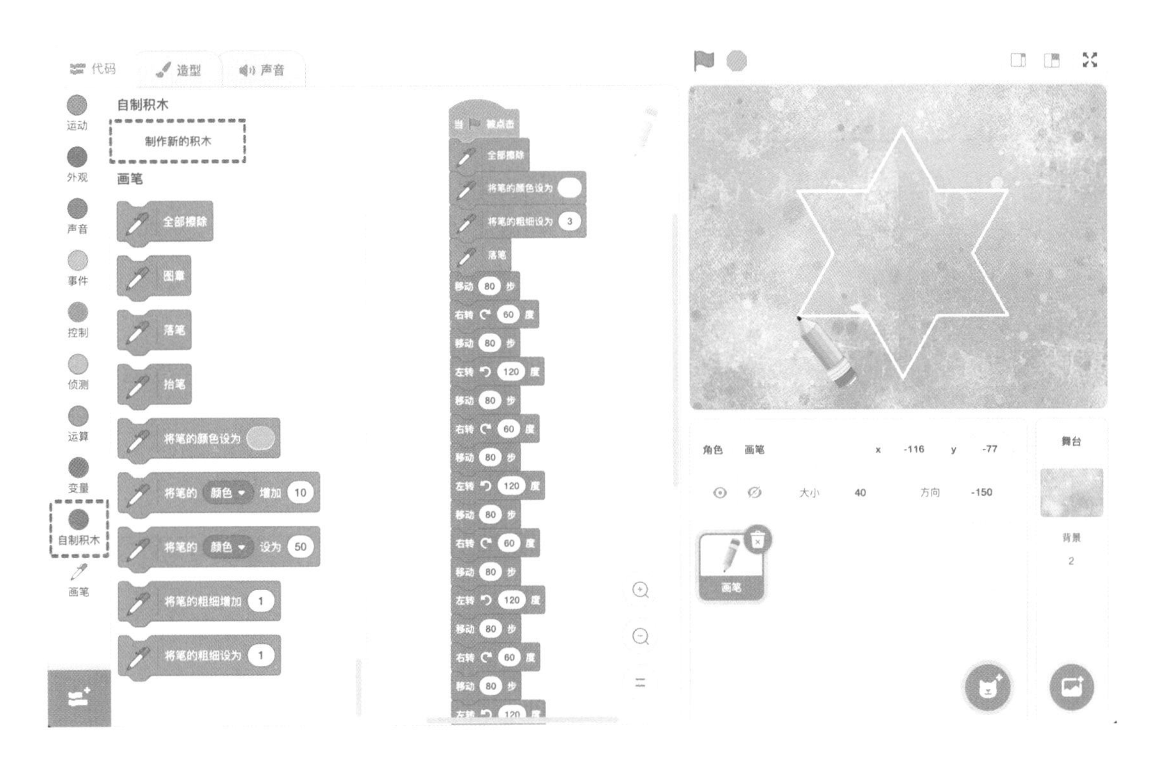

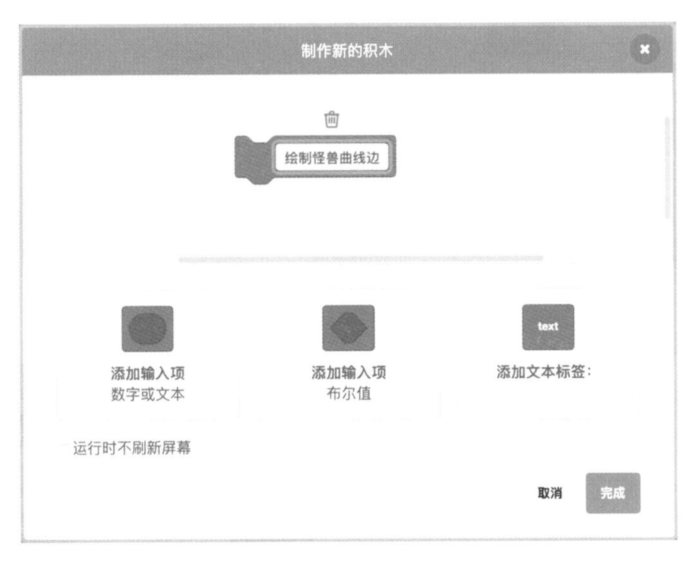

9 创建好新的积木块（函数）后，就可以在积木区的“自制积木”模块下看到新增了一个叫做“绘制怪兽曲线边”的命令块。

同时，在代码区中新增了一个叫做“定义（绘制怪兽曲线边）”的命令块，我们将绘制怪兽曲线其中一条边的代码添加到它下面，就完成了“绘制怪兽曲线边”函数的创建（如下图中①、②所示）。

当需要绘制怪兽曲线边时，只需要将“绘制怪兽曲线边”命令块放入代码段中的适当位置，即可实现相应功能（如下图中③、④所示）。

现在，我们的代码看起来是不是清晰多了呢?

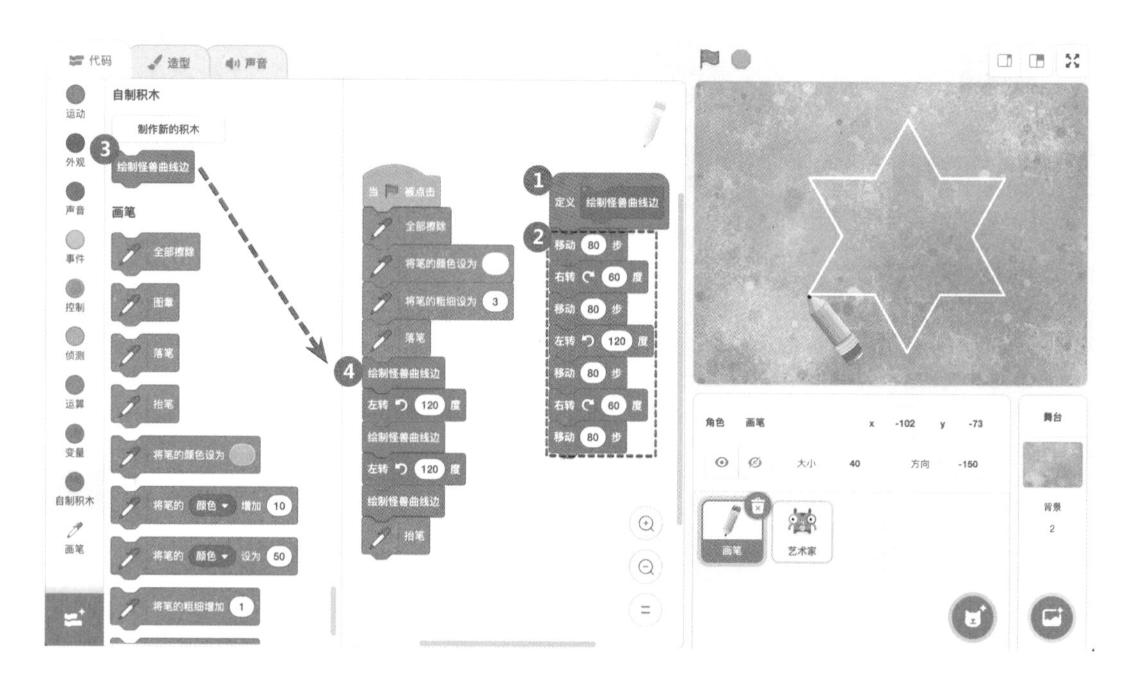

10 “如果想要控制怪兽曲线的大小，应该怎么做呢?”

在创建“绘制怪兽曲线边”函数时，大家有没有发现三个“添加输入项”的选项呢?

我们将其称为函数的“参数”，这些参数构成了函数外部和内部沟通的桥梁，使得我们可以通过调整参数值来影响函数的运行状态。

我们为“绘制怪兽曲线边”函数添加一个叫做“边长”的参数，用来调整曲线的大小。

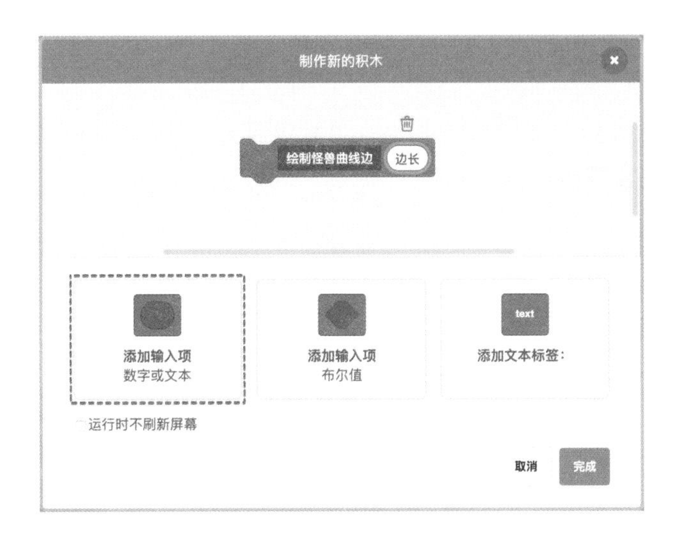

具有参数的函数，会在函数的定义中显示相关参数，如下图中①所示。

在函数中可以自由使用这个参数，如下图中②所示。

在使用函数时，输入的参数值可以在函数内部获取，从而影响函数运行后的结果，如下图中③所示，获取边长为 80。

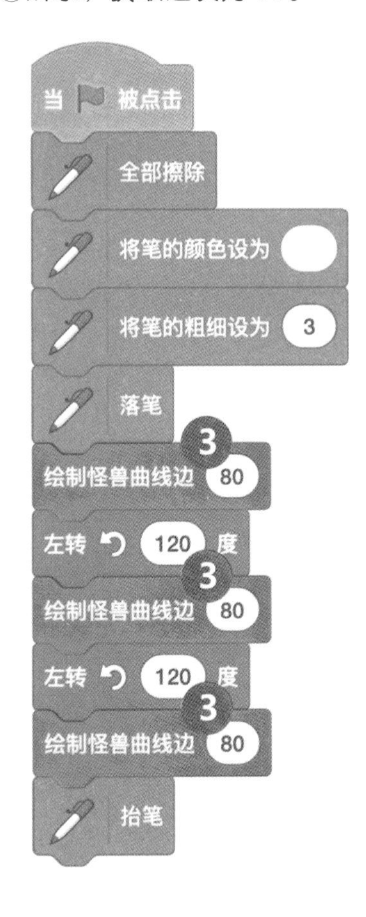

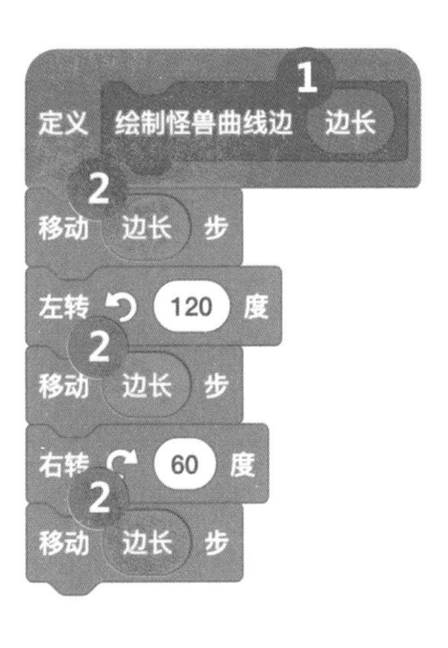

11 实现更多级的怪兽曲线。

从分形的定义可知，自相似性是分形的核心特点，也是实现怪兽曲线的关键，那么如何使用程序来实现自相似性呢？

我们将一到四级怪兽曲线的边放在一起进行对比，从中可以发现什么规律呢？

“每一级的怪兽曲线，都是下一级曲线的一部分，而且恰好是1/3。”

“太棒了！”

通过在“绘制曲线边（）”函数内部调用自己的方式，我们在程序中实现了分形的自相似性，我们将其称为“递归”。

递归指在函数的定义中使用函数自身的方法。

下面的流程图可以帮助大家理解递归的过程。

如下图所示，在三个层级上，“绘制曲线边”函数分别被调用了1次、3次、9次。同时每增加一个层级，边长就会减少到之前的1/3。

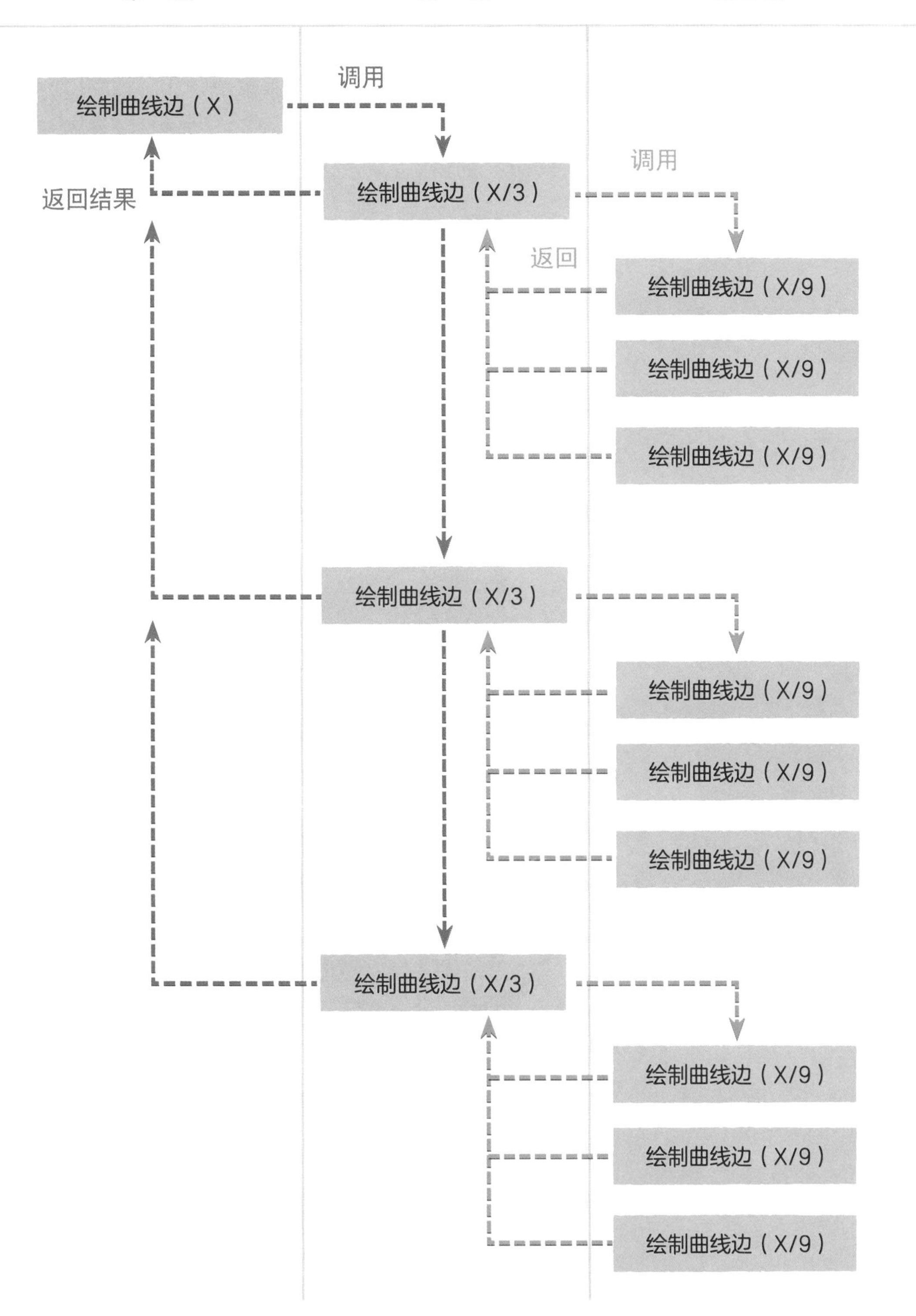

第一级
第二级
第三级
调用
绘制曲线边（X）
返回结果
绘制曲线边（X/3）
调用
返回
绘制曲线边（X/9）
绘制曲线边（X/9）
绘制曲线边（X/9）
绘制曲线边（X/3）
绘制曲线边（X/9）
绘制曲线边（X/9）
绘制曲线边（X/9）
绘制曲线边（X/3）
绘制曲线边（X/9）
绘制曲线边（X/9）
绘制曲线边（X/9）

12 为了实现递归，我们重新定义“绘制怪兽曲线边”函数。

新增“级数”参数，用来表示当前正在绘制第几级怪兽曲线。

当级数为1时，“绘制怪兽曲线边”函数会简化为绘制一条直线，如下图中①所示。

将之前版本中，用于绘制怪兽曲线边的“移动（ ）步”命令，换成了“绘制怪兽曲线边”函数，如下图中②所示。在每次调用函数时，将“级数”参数减小1，“边长”参数变为之前的1/3。

通过递归的方式，我们用很简短的代码就可以画出指定级数的怪兽曲线的一条边。

注意

“停止（这个脚本）”命令仅仅停止当前函数的运行，程序的其他部分继续运行，不受影响。

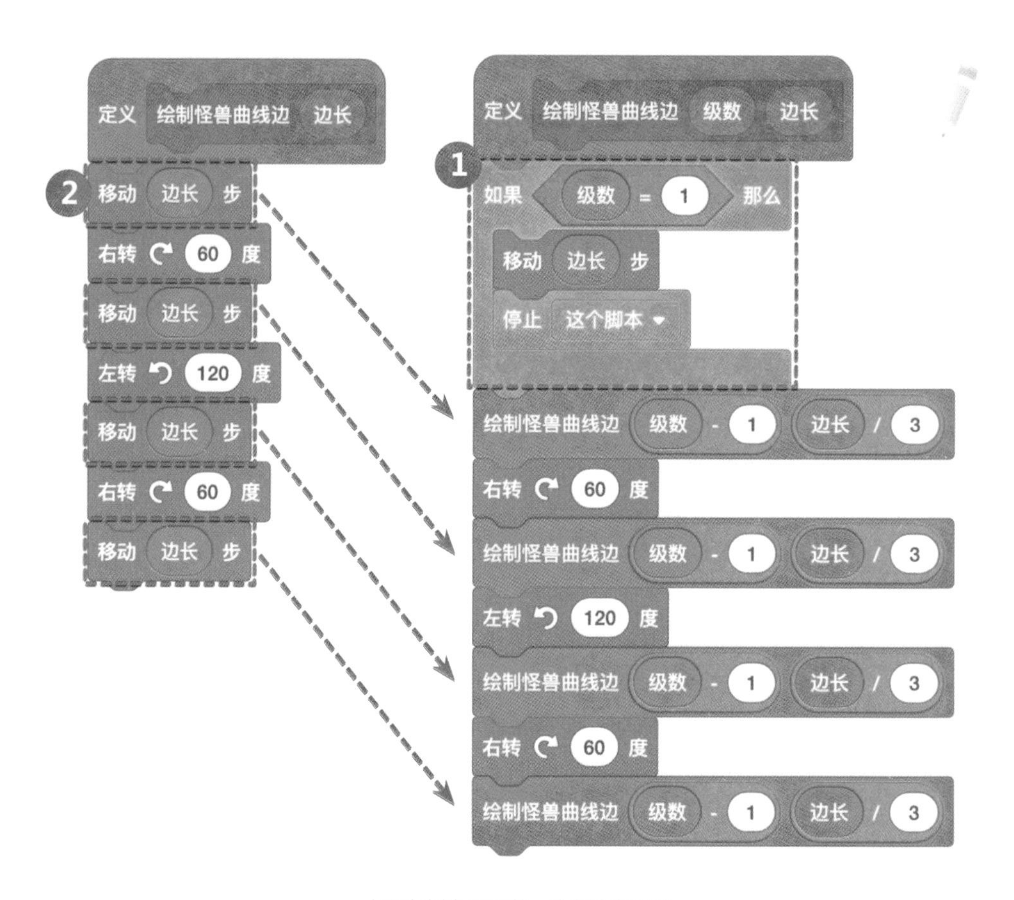

上图左侧为旧函数，右侧为新函数

13 下面我们来绘制一条完整的怪兽曲线。

当接收到“开始绘制”消息后，通过调用“绘制怪兽曲线边（级数）（边长）”函数，并给“级数”和“边长”两个参数赋予适当的数值，我们就可以绘制出自己的“怪兽曲线”了。

其中，我们使用“回答”命令给参数“级数”赋值，表示需要绘制第几级怪兽曲线。

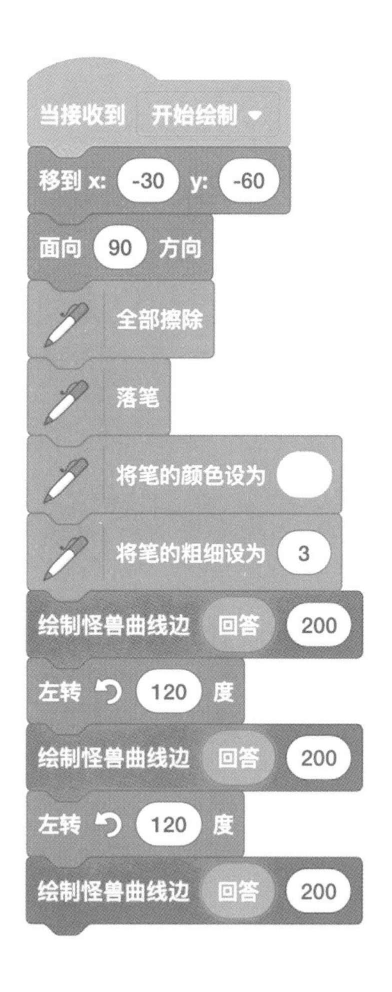

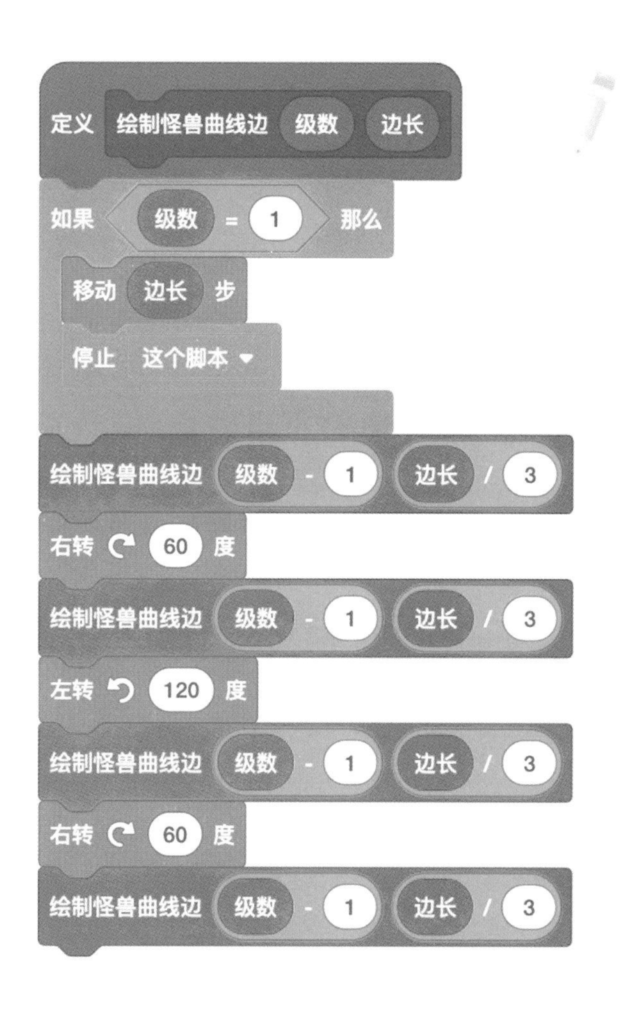

14 最后，我们叫来酷客艺术家，在程序开始时，询问绘制怪兽曲线的级数，当我们输入1、2、3、4、5等数字时，就可以绘制出相应级数的怪兽曲线了。

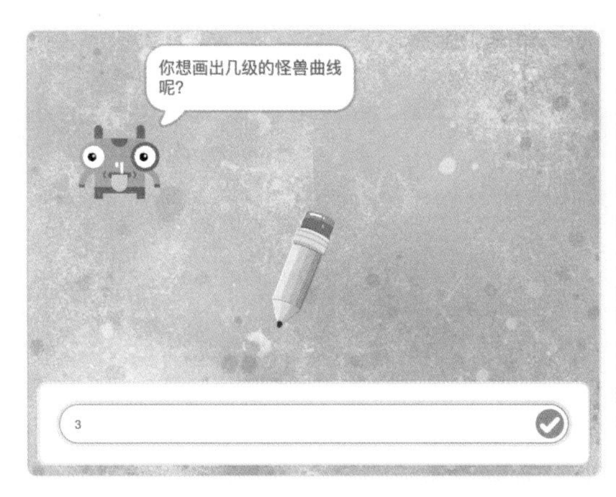

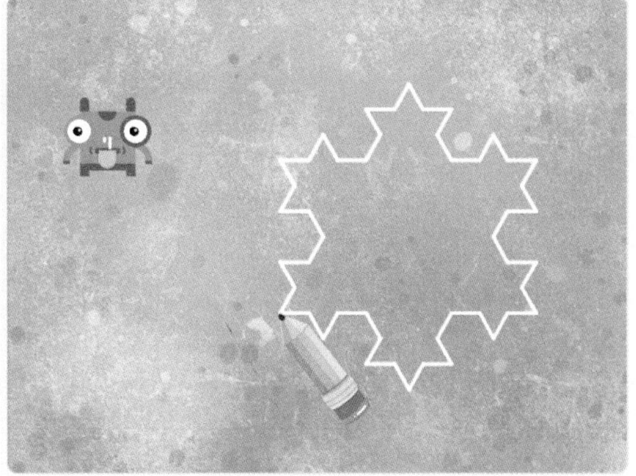

询问与回答

“询问（ ）并等待”命令：在舞台中显示一个输入框，获取用户输入的内容。

“回答”命令：将用户输入的内容取出来使用。

本章小结

- 了解计算机世界中图片的显示原理。
- 学会在编程世界中使用画笔工具。
- 体验了奇妙的分形，并画出了美丽的怪兽曲线。

在下一章中，将由酷客艺术家给大家讲述计算机世界中的动画。

第8章 让图片“动”起来

8.1 动画的前世今生

大家一定都看过动画片吧，但是你们知道动画是怎么制作出来的吗？酷客艺术家今天就带大家体验一下动画的制作过程。

动画（Animation）

动画是一种综合艺术，通常指采用逐帧拍摄并连续播放而形成运动画面的影像技术。

从动画制作技术的角度来看，动画可以分为传统动画、定格动画和电脑动画。

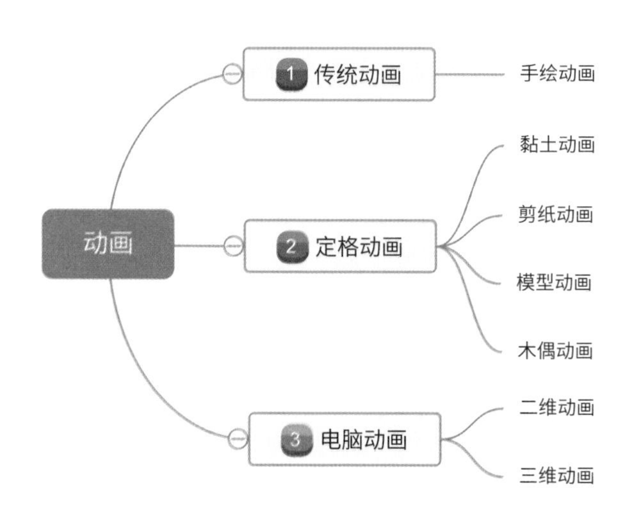

传统动画：传统动画也称为手绘动画或赛璐珞动画，是一种较为流行的动画形式和制作手段。在 20 世纪，大部分的电影动画都是以传统动画的形式制作的。

定格动画：一种以现实的物品为对象，应用摄影技术来制作的动画形式。根据使用物品的材质可以分为黏土动画、剪纸动画、模型动画、木偶动画等。

定格动画具有非常真实的材质效果和非常高的艺术表现性。制作时，先对拍摄对象进行拍照，然后改变拍摄对象的形状和位置再进行摄影，反复重复这一步骤直到这一场景结束。最后将这些照片连在一起，形成动画。

电脑动画：电脑动画大致可分为二维动画和三维动画，是一种使用电脑技术制作动画的方式。这种方式只需制作动画的关键帧，电脑即可辅助我们完成补全中间帧的工作，这样可使动画制作效率得到极大的提升。

8.2 逐帧动画与关键帧动画

在动画制作中，怎样才能让一张张图片根据剧本的设定“动”起来呢？这就涉及“帧”的概念。

动画和视频都可以看作由许多个画面连接在一起，随时间不断变换而产生的，而“帧”可以简单地理解为其中的一个画面。

逐帧动画：一种动画制作技术，原理是将每帧不同的图像连续播放，从而产生动画效果。定格动画就是逐帧动画的一种。

逐帧动画需要在每一帧中绘制不同的内容，才能在连续播放时生成动画，这样制作动画的工作量巨大。为了提高动画制作的效率，人们发明了关键帧动画。

关键帧动画：先根据动画角色的关键动作来绘制关键帧画面（也称为原画），之后再由助手画师补充中间画。

随着计算机技术的发展，绘制中间画的工作慢慢由计算机程序自动完成，这进一步提高了动画制作的效率。

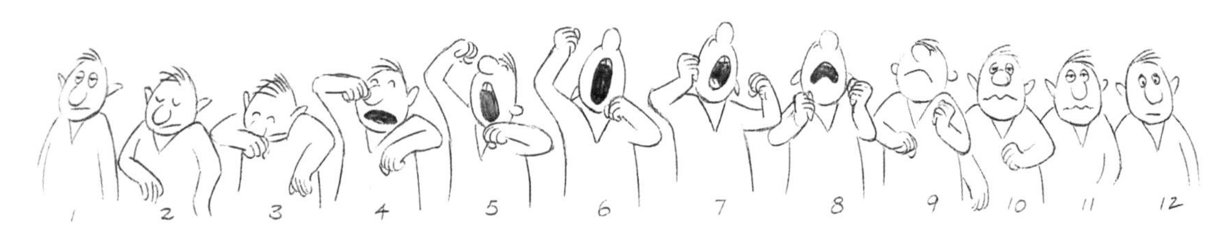

华纳动画师 Ben Washam 著名的 12 个打哈欠图（12 个关键帧画面）

图形化编程中的逐帧动画

在 Scratch 中编写程序时，使用“下一个造型”命令来切换角色造型的操作，就是采用了逐帧动画的思想，让角色在不同造型之间不断切换，从而实现角色“动起来”的效果。

以 Scratch 中经典的小猫走路动画为例。

在舞台中添加小猫角色后，即可在“造型”选项卡中看到多个造型，通过“换成（ ）造型”“下一个造型”等命令可以控制造型的切换，实现小猫走路的动画效果。

但是我们发现，这种通过造型切换实现的动画效果十分生硬，如果想让角色的动作更加连贯，就只能添加更多的造型。

而我们希望能够实现只设定有限的几个关键帧动作，就可以让角色动起来，从而实现关键帧动画的效果，这可怎么办呢？

酷客艺术家沉思了一会儿，眼睛突然亮了起来——皮影戏。

8.3 如何合理地组织“资源”——皮影戏动起来了

大家看过皮影戏吗？如果没有，你们心中的皮影戏又是什么样子的呢？今天我们就与酷客艺术家一起，让皮影戏动起来吧。

先来看一下皮影戏中最常出场的主角，是不是像个正要出门的秀才呢？

皮影戏

微信扫码
运行程序

1 为了让秀才动起来，我们先分析一下在皮影戏中秀才的常见动作有哪些，给秀才摆出几个漂亮的造型。

现在秀才有了 3 个造型。按照通常的做法，使用“造型切换”命令来实现动画，需要先画出这 3 个造型。如果想让秀才做出更多的动作，就需要绘制更多的造型。

2 通过仔细观察我们发现：秀才的动作都集中在双臂和双腿，只要能够控制四肢的位置，就可以让秀才做出不同的动作了。

“这个发现真是太棒了！”

现在我们可以将秀才角色看成几个独立的部分，并将它们拆分开，每个部分作为独立的角色处理。这样就可以针对每一个独立的子角色编程，从而精准地控制秀才的动作了。

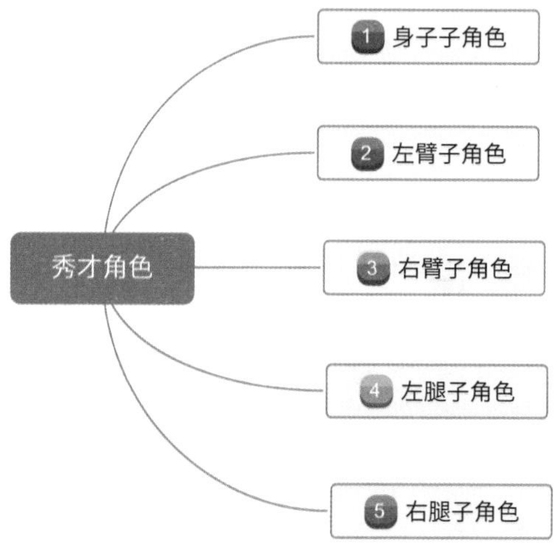

将各个子角色添加到舞台中，调整大小和位置，组成完整的秀才形象。

3 我们从秀才的左臂开始定义关键帧。

“左臂”的初始方向是 90°，可以点击“方向”输入框，在弹出的面板中调整角色的方向，当调整到合适位置后，记录下当前方向的数值（如图中为“-58”），将其作为“左臂”的第一个关键帧位置。

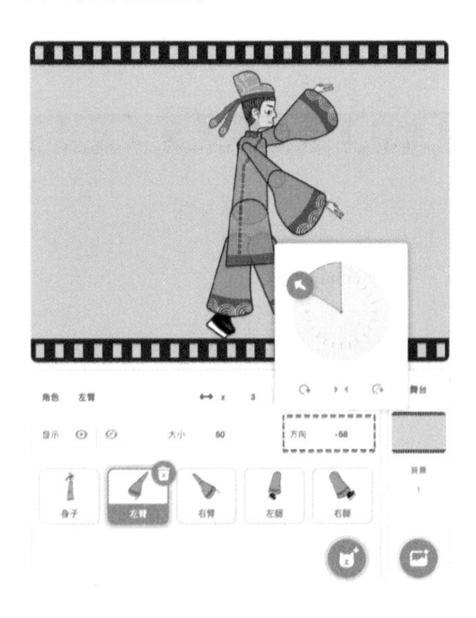

4 那么左臂是如何运动的呢？

我们可以举起手臂来试一下，看看手臂是如何转动的。

“是以肩膀为中心转动的！”

“很好！”大家还记得角色中的锚点吗？左臂的锚点就在肩膀的位置。

设置好锚点后，左臂就可以以肩膀的位置为中心进行转动了。

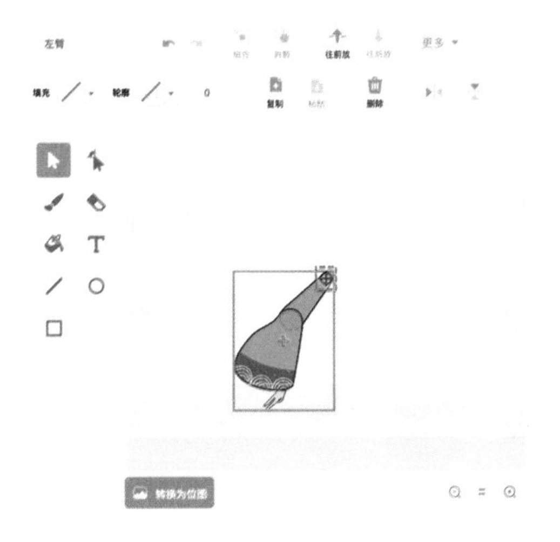

5 计算“旋转角度”，控制左臂转动。

在Scratch中，当角色的方向增大时，角色会沿着顺时针方向转动；当方向变小时，角色会沿着逆时针方向转动。

如下图所示，秀才左臂抬起的动作是从90°方向开始，沿着逆时针方向，转动到了–58°方向的位置，所经过的旋转角度是–148°。

6 用程序计算“旋转角度”。

定义“旋转角度”变量，用于存储角色从开始位置到目标位置所转过的角度。

注意：此处需要创建“仅适用于当前角色”的变量。

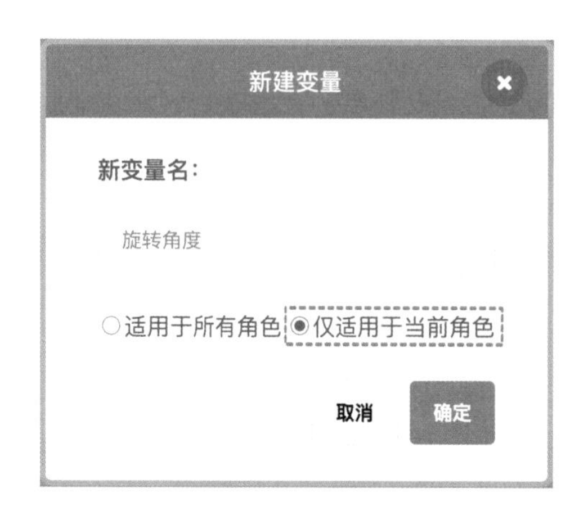

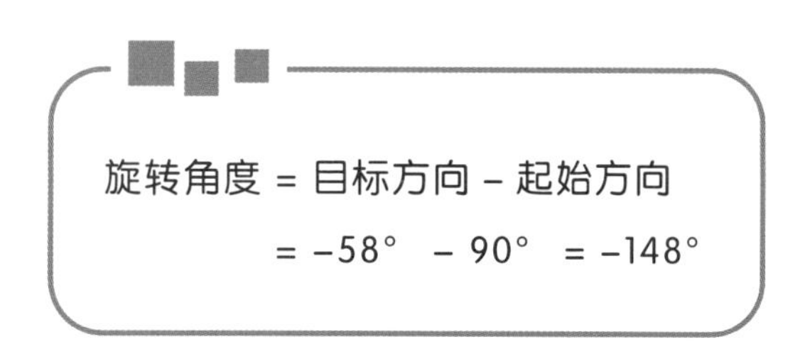

定义“关键帧动画（ ）”函数，它具有一个叫“方向”的参数，代表“左臂”角色最终的“目标方向”。

其中，“起始方向”由蓝色的“方向”命令获取。蓝色“方向”命令用于获取角色的当前方向值，此处用于获取“左臂”角色在旋转前的方向值。

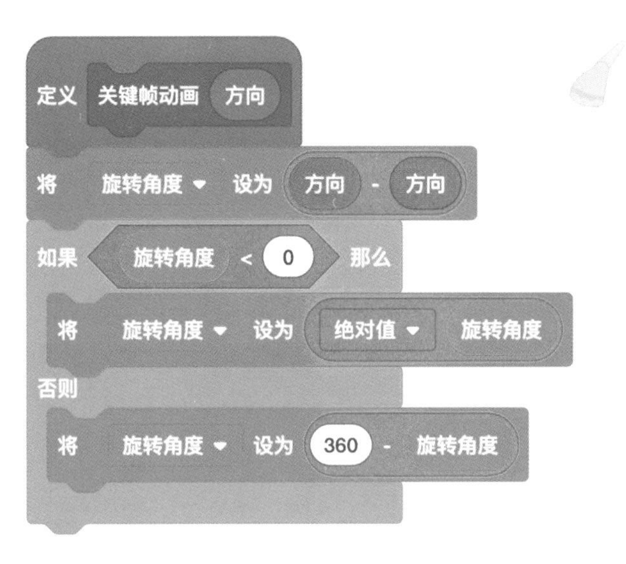

7 Scratch 中角色方向的定义。

“为什么旋转角度会小于 0 呢？”

这要从 Scratch 中“角色方向”的定义方式谈起。

从 Scratch 的方向面板中可以看到，面板的右侧表示从 0° 到 180°，左侧表示从 –1° 到 –179°。

当方向箭头从左侧最低点，沿顺时针方向旋转一周，到达右侧最低点时，方向值从 –179° 逐渐增大至 +180°，当通过最低点后又会变回 –179°。

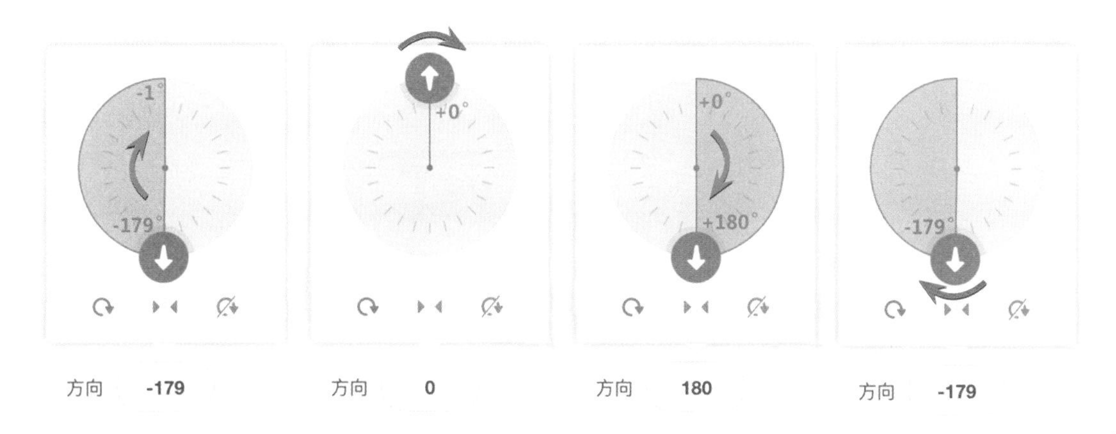

“如果方向值大于 180° 或者小于 –179° 会怎样呢？”

当系统检测到方向值大于 180° 时，就会将它减去 360° ；当系统检测到方向值小于 –179° 时，就会将它加上 360° 。

这样，角色的方向就永远处在 –179° 到 180° 之间了。

8 旋转角度可能出现几种不同的状态。

以左臂逆时针旋转为例。如下图，分别对应正数区、负数区和跨 180° 区，绿色箭头为起始位置，红色箭头为目标位置。

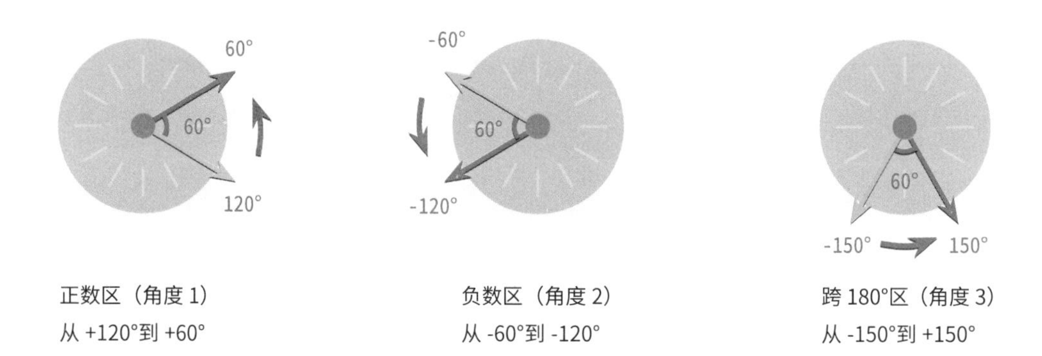

正数区（角度 1）从 +120°到 +60°

负数区（角度 2）从 -60°到 -120°

跨 180°区（角度 3）从 -150°到 +150°

在逆时针旋转情况下，旋转角度的计算结果如下：

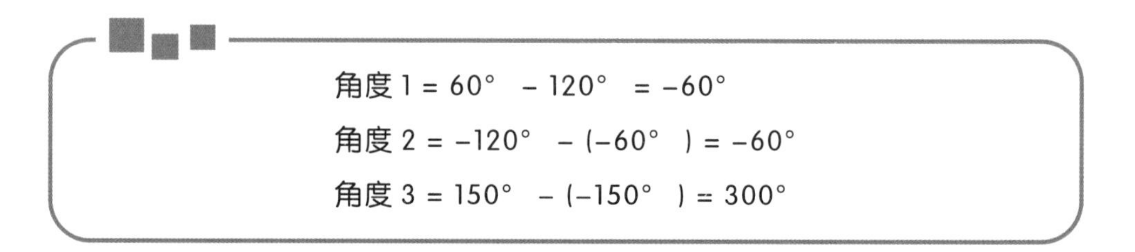

角度 1 = 60° – 120° = –60°

角度 2 = –120° – (–60°) = –60°

角度 3 = 150° – (–150°) = 300°

根据计算结果，我们针对旋转角度为正和为负两种情况分别进行处理：

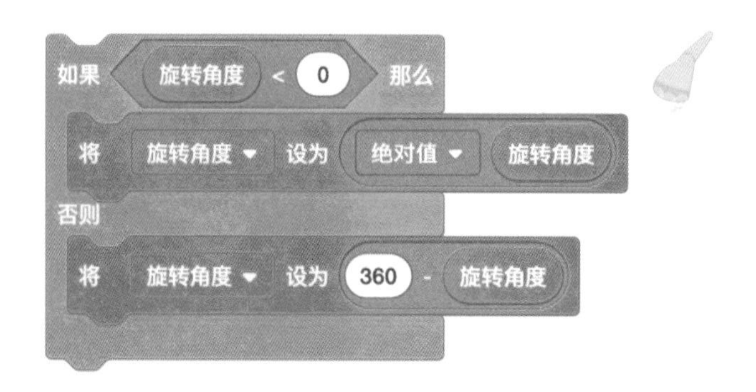

我们可以使用其他起始位置和终点位置来验证上面的公式，看看对于其他情况是否也成立。

9 “如果左臂顺时针旋转，计算结果还是一样的吗？”

我们还是用模拟图来说明旋转角度可能出现的几种不同状态。绿色箭头为起始位置，红色箭头为目标位置。

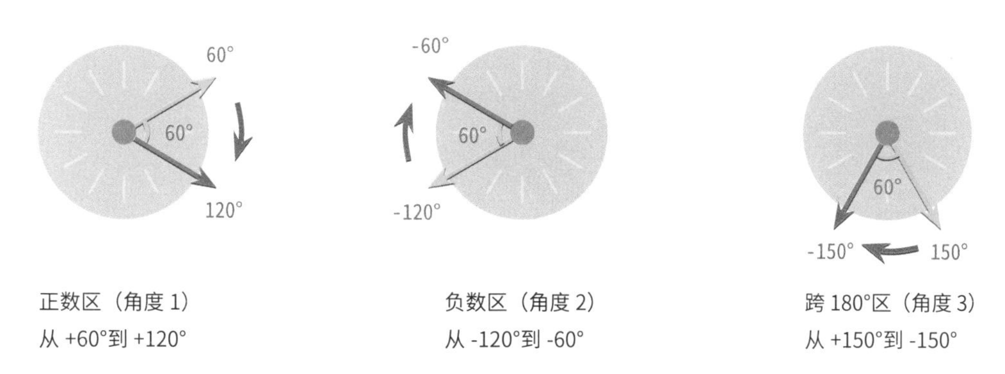

正数区（角度 1）
从 +60°到 +120°

负数区（角度 2）
从 -120°到 -60°

跨 180°区（角度 3）
从 +150°到 -150°

在顺时针旋转情况下，旋转角度的计算结果如下：

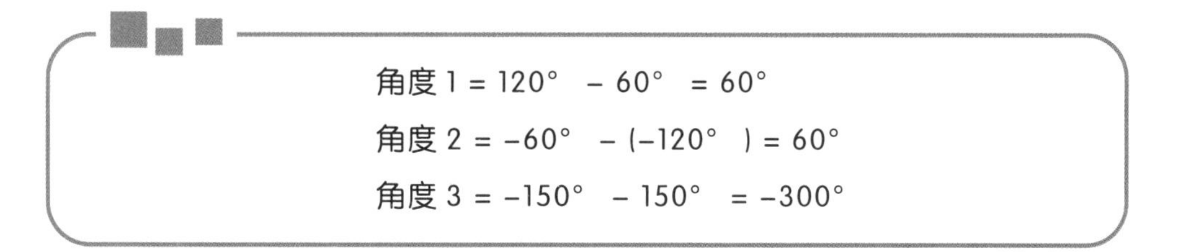

角度 1 = 120° − 60° = 60°

角度 2 = −60° − (−120°) = 60°

角度 3 = −150° − 150° = −300°

针对旋转角度为正和为负两种情况分别进行处理：

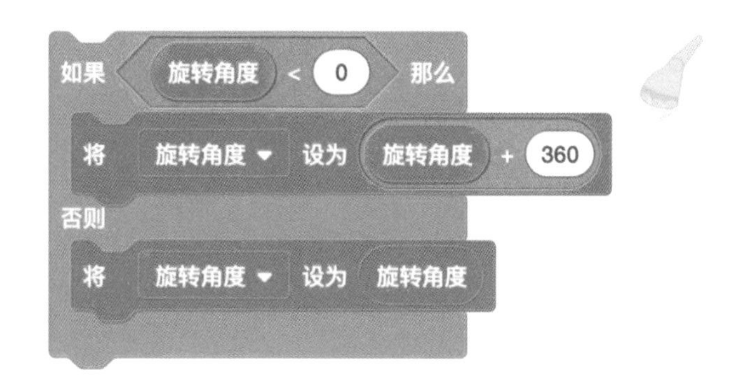

10 由上面的分析可以看到，角色顺时针转动和逆时针转动时，旋转角度的计算程序还是有一定差别的。

可以通过在“关键帧动画”函数中添加“是否顺时针”参数来加以区分。

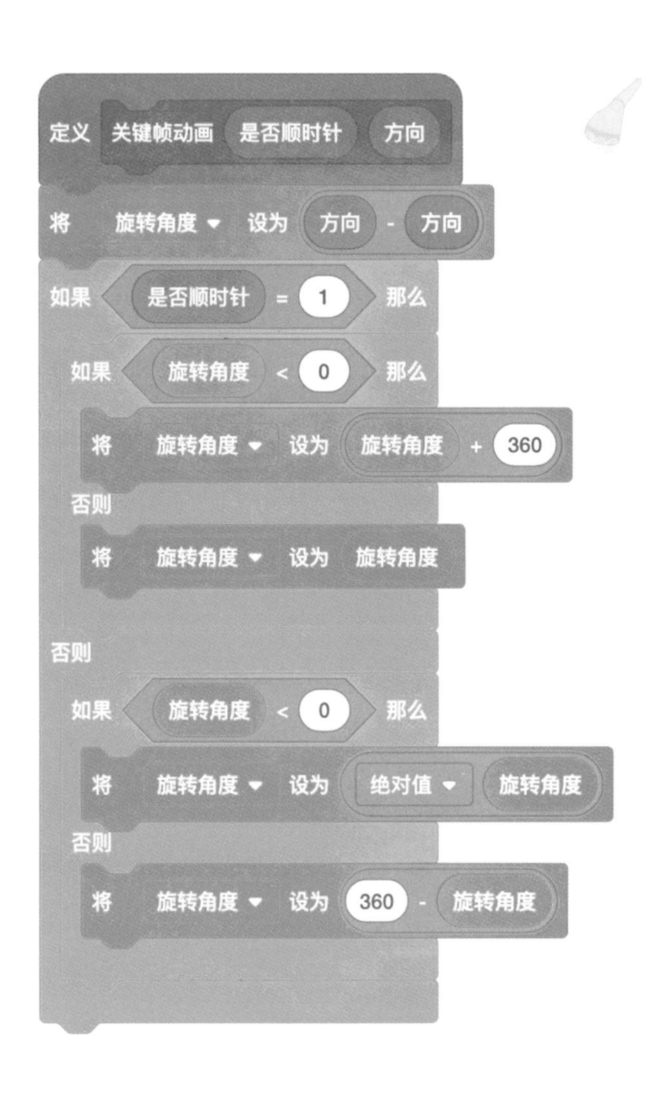

11 计算出“旋转角度”后，就可以使用“左 / 右转（ ）度”命令将“左臂”角色转动到关键帧的位置了。

但酷客工程师很快又发现了一个新的问题：“如果让手臂直接移动到关键帧位置，那么秀才仍然还是只能做出一个个静止造型。”

“这可怎么办呢？”

我们可以把“旋转角度”划分成很多个小份，每次只转动一个比较小的角度。这样当程序运行时，就可以看到手臂从起始位置慢慢地转动到关键帧位置，就像手臂真的动起来了一样。

12 将“旋转角度”平均分成 10 份，每一份对应的角度值用变量“步进角度”来表示。

每当角色进行顺时针或逆时针转动时，重复执行 10 次“左 / 右转（步进角度）度”命令。这样手臂的运动看起来就平滑多了。

大家可以自己调整切分数量的多少，看看切分成 5 份和切分成 20 份时，会有什么变化。

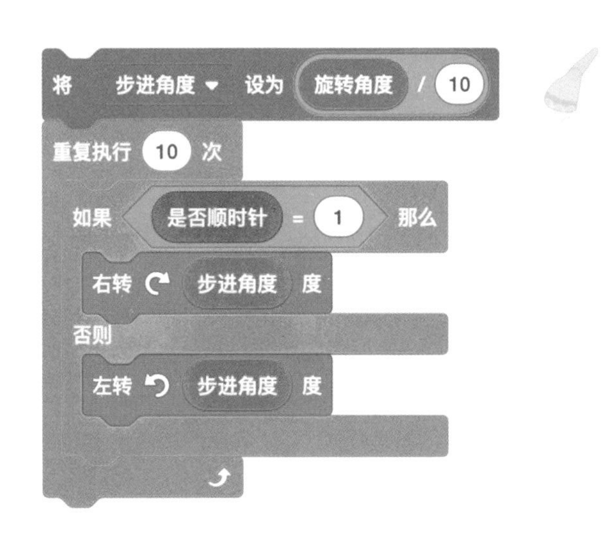

13 现在我们就可以使用“关键帧动画”函数来轻松地控制秀才四肢的运动了。

在双臂和双腿角色中，我们可以自由地添加关键帧，再设置好合适的动画间隔，就可以做出属于我们自己的关键帧动画了。

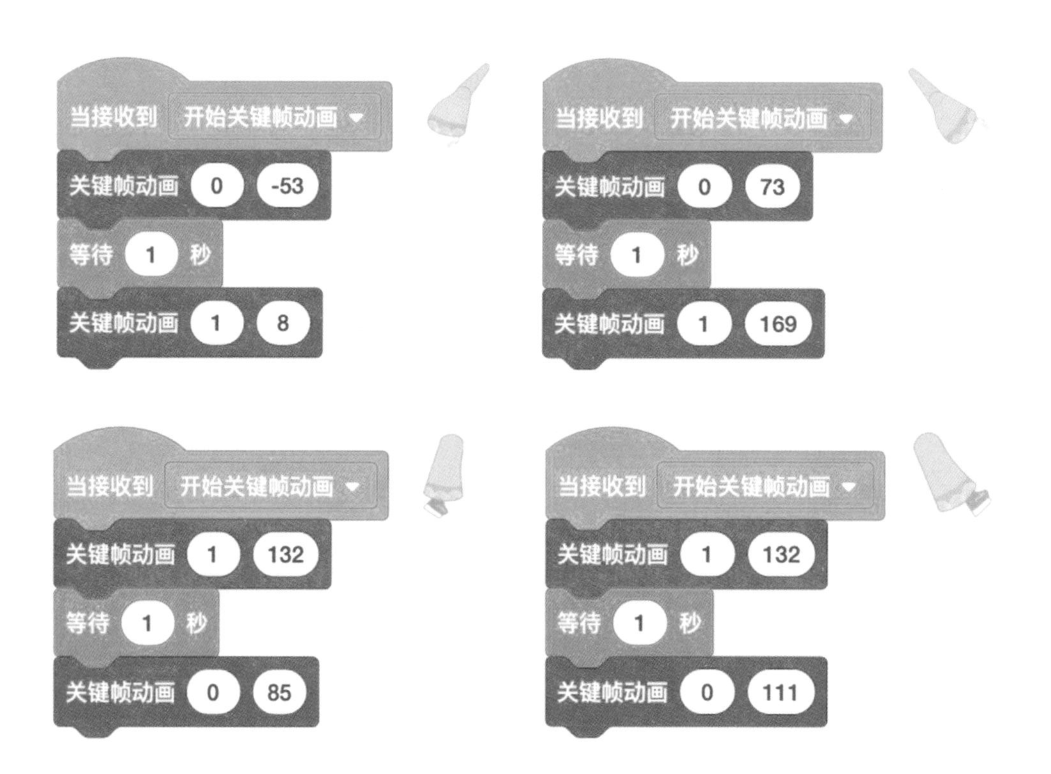

14 如何在不同角色中使用同一个函数呢?

由于 Scratch 工具的限制，我们只能在当前角色中使用自定义的函数。那么如何在双臂和双腿中同时使用“关键帧动画”函数呢?

将当前角色中创建好的函数直接拖动到其他需要该函数的角色上，就可以创建一个完全相同的函数体。

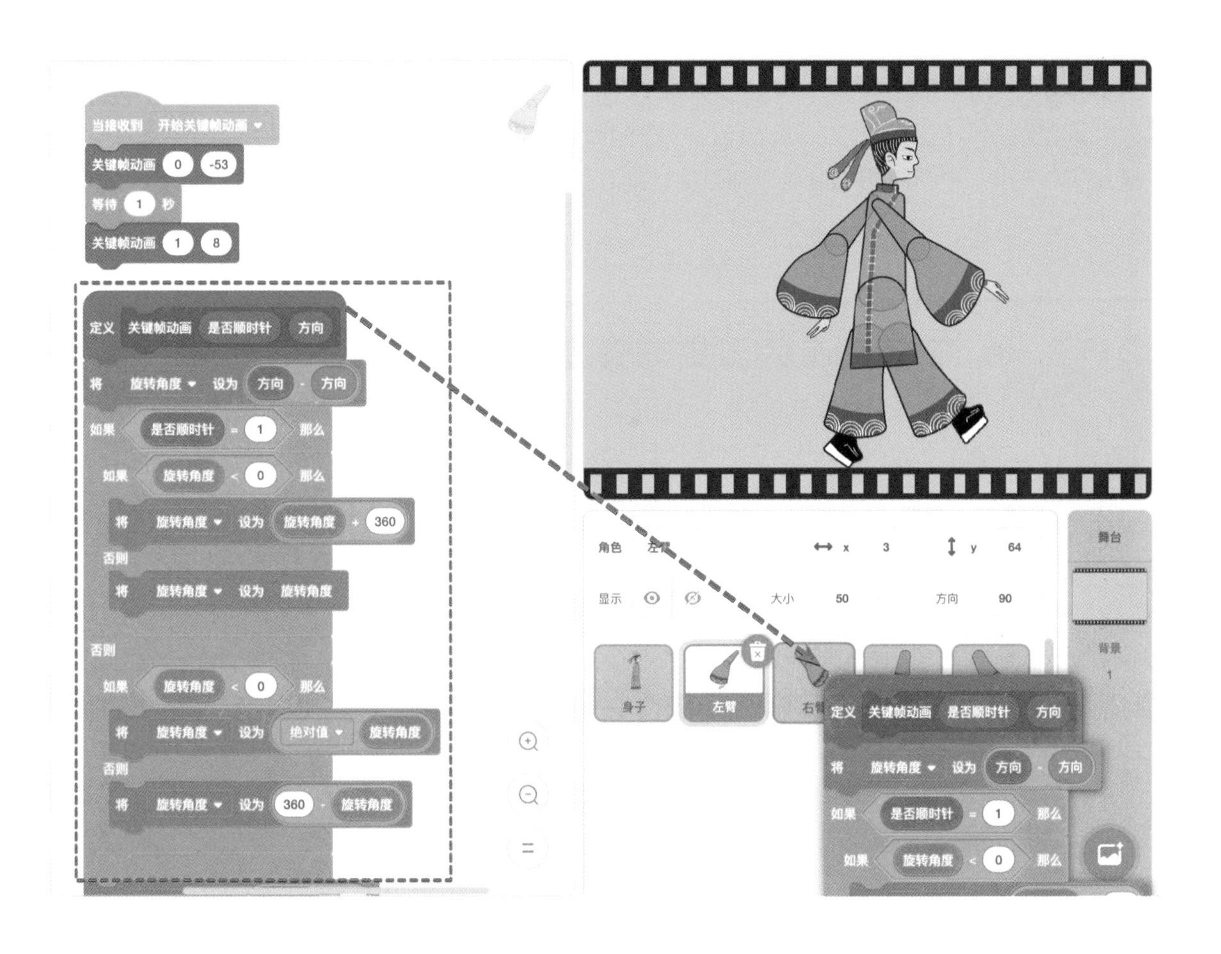

15 最后，在身子角色中发出“开始关键帧动画”的广播消息，作为控制整个角色运动的“大脑”，这样就完成了整个动画程序的制作。

现在，我们开始创作自己的皮影戏动画吧！

本章小结

- 了解动画的历史与分类。
- 学习逐帧动画与关键帧动画。
- 通过关键帧动画的方式制作了皮影戏小程序。

在下一章中，酷客工程师将带领大家学习如何制作一款真正的游戏。

第9章 如何设计一个好玩的游戏

9.1 游戏设计中的分工协作

相信大家都玩过游戏吧，从《俄罗斯方块》《弹珠台》，到《愤怒的小鸟》《王者荣耀》，从小到大在我们的身边有着数不清的游戏。

在这些游戏中，有的需要小伙伴们相互协作，有的需要发挥奇妙的想象力，有的需要制定高超的策略，才能取得最终的胜利。无穷无尽的奇思妙想在游戏中释放，带给我们无限的快乐。

游戏是现实世界的映射，它给予我们一个创造完美世界的机会。

“我要设计一个世界上最好玩的游戏！”

“真棒！”酷客工程师竖起大拇指，“但是设计并开发一款优秀的游戏可不是一件简单的工作哦。在设计自己的游戏之前，我们需要先了解一下，制作一款好玩的游戏都需要哪些工作。”

我们先来看看游戏设计中的分工。

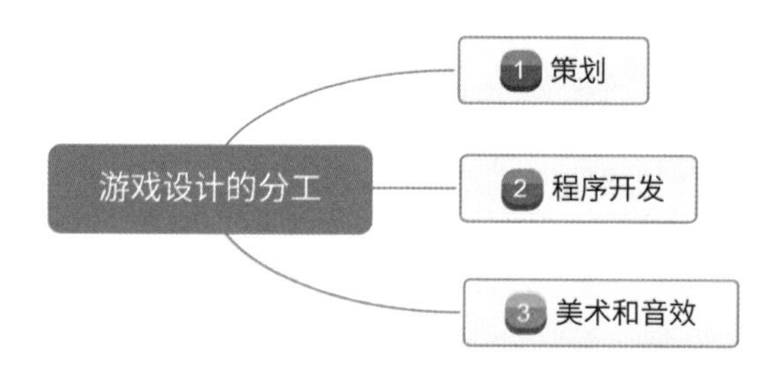

游戏策划：游戏策划可以说是整个游戏制作的灵魂人物，他需要对整个游戏的规划、流程和系统负责，并提出游戏的策划预案和制作过程规划。

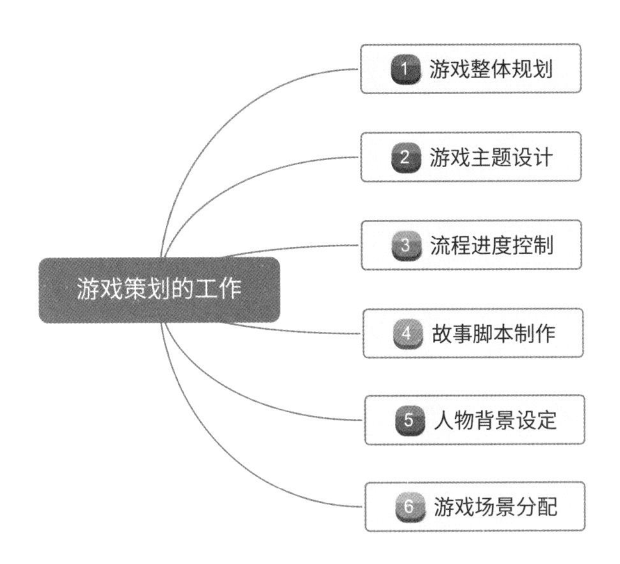

程序开发者：游戏最终是否能够流畅、稳定地运行，很大程度上取决于程序开发者的技术能力。他们承载着游戏中最重要的技术实现部分，让无数游戏策划和设计师的创意成为现实，让游戏成为可能。

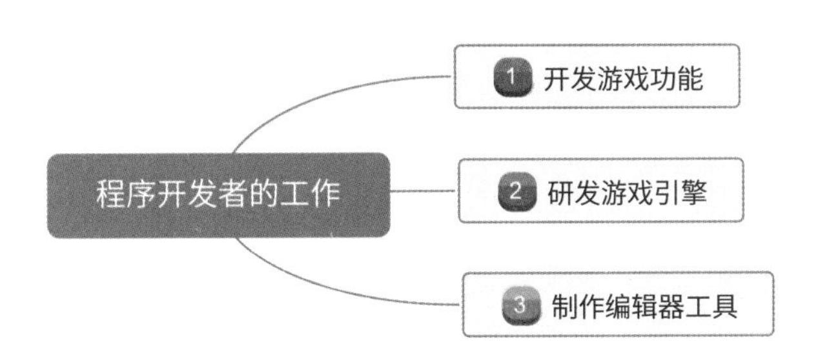

游戏美术师：每一位游戏美术师都是艺术家，他们具有无尽的想象力，他们的设计决定了游戏的最终样子。他们是游戏与玩家之间的一道桥梁。如何塑造生动酷炫的游戏场景？如何给玩家留下美好的第一印象？这些都由游戏美术师来掌握。

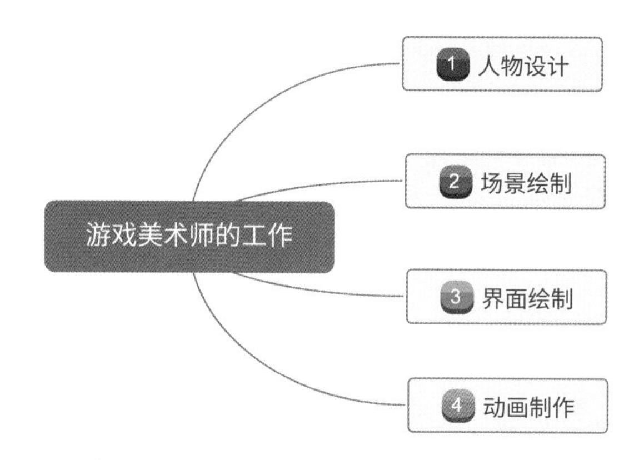

9.2 “好游戏”的三元素

现在我们是不是体会到，制作一款好游戏并不是一件简单的事情，它需要大量的团队成员一起协作才能完成。

同时，我们还要掌握制作游戏的三元素，才能最终设计出真正“好玩”的游戏。

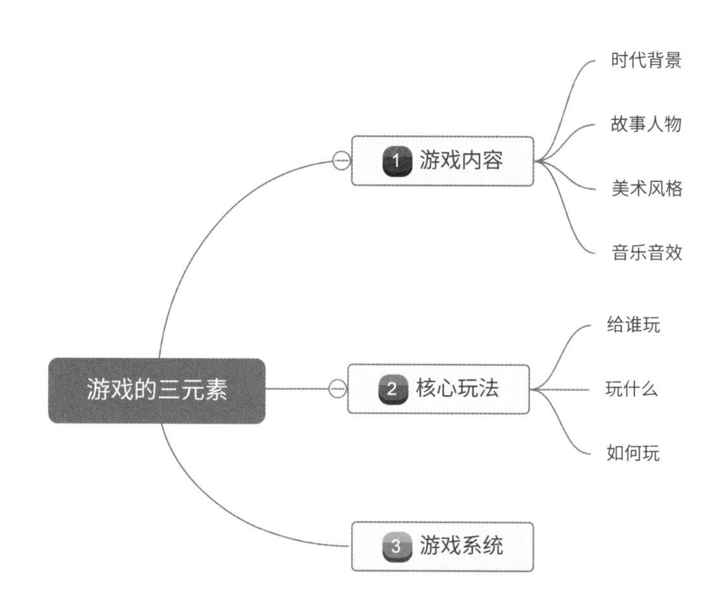

从游戏设计的角度来看，大部分游戏都可以分成游戏内容、核心玩法和游戏系统三个部分。

游戏内容（content）：包括游戏所讲述的时代背景、故事人物、美术风格、音乐音效，它们给予玩家对于游戏的第一印象。

核心玩法（core gameplay）：核心玩法是玩家判断一款游戏是否“好玩”的关键，也是游戏创作者对游戏理念最直观的表达方式。

核心玩法的设计需要考虑几项基本要素：给谁玩、玩什么以及如何玩。

通过对用户的划分，来制作符合用户喜好的游戏内容和规则，更容易让玩家对游戏产生好感，且百玩不厌。

游戏系统（game system）：一个完整的游戏是由多个子系统组成的，如图形用户界面子系统、碰撞检测子系统、游戏脚本子系统、输入输出子系统、音效子系统等。通过游戏系统可以将它们连接在一起，为核心玩法提供有力的支持，为玩家提供最好的游戏体验。

所以，一款好玩的游戏是由优秀的游戏内容、有吸引力的核心玩法和健壮的游戏系统共同组成，并呈现到我们面前的。

9.3 打败入侵者——游戏中的物理

酷客王国经过了多年的发展壮大，现在已经风调雨顺、国泰民安。但是天有不测风云，突然有一天入侵警报响起，外星入侵者从天而降，酷客王国面临重大危机，需要我们即刻启程予以支援。

“哈哈哈，不要担心，上面一段只是我们最新上线的‘打败入侵者’游戏的故事背景。”

大家想不想立即加入“打败入侵者”游戏制作团队，成为守护酷客王国的一员呢？那就马上开始吧。

打败入侵者

微信扫码
运行程序

1 我们先来盘点一下“打败入侵者”游戏中所涉及的角色：

- 【开始按钮】：控制游戏的开始。
- 【入侵生物】：入侵的敌人。
- 【工程师】：化身为抵抗外敌的正义战士。
- 【弹　弓】：帮助酷客工程师接近敌人（为什么要使用弹弓？或许可以从《愤怒的小鸟》游戏中寻找答案）。
- 【底　座】：让弹弓弹射器看起来更逼真。
- 【瞄准镜】：瞄准目标，定位敌人的位置。

将上面涉及的角色添加到舞台当中，并调整好各个角色的大小。

2 添加弹弓角色，并进行初始设置。

需要在造型选项卡中，将弹弓角色的“锚点”设置到底部位置，这样才能保证弹弓以这个点进行旋转。

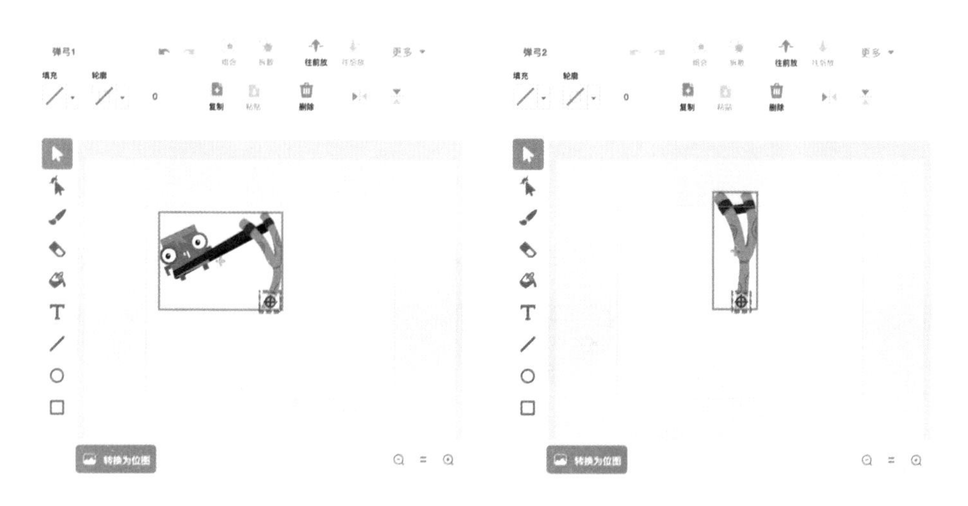

3 添加“开始”按钮。

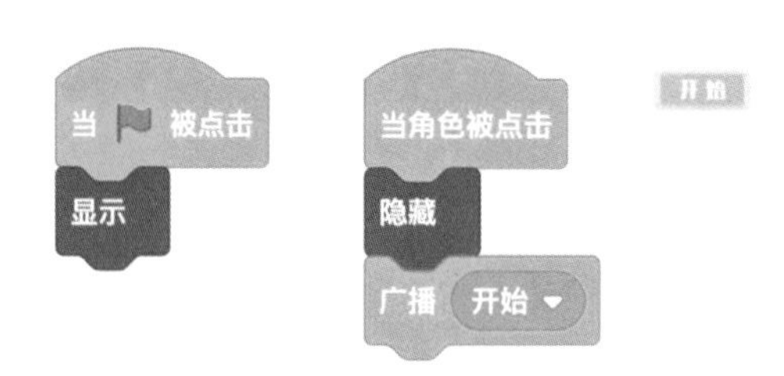

“当绿旗被点击”命令设置角色的起始状态。

“当角色被点击”命令将游戏切换到“开始”状态中，并触发舞台中其他角色开始运行。

4 外星入侵者。

当程序开始运行时，我们将“外星入侵者”调整到合适的位置，并将其血量设置为 100。

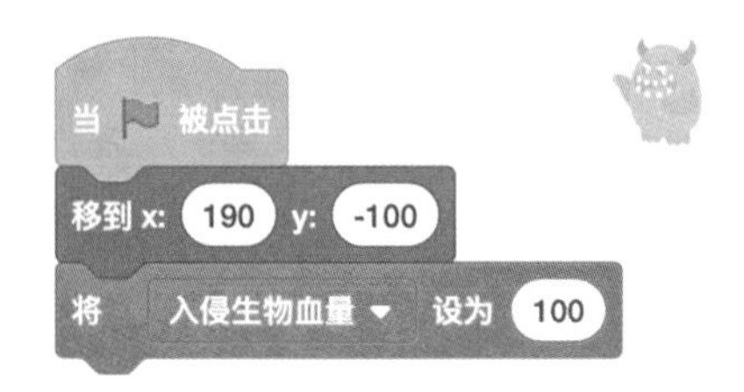

在游戏开始之后，入侵者将在横坐标为（+50，+200）的区间中横向循环移动。

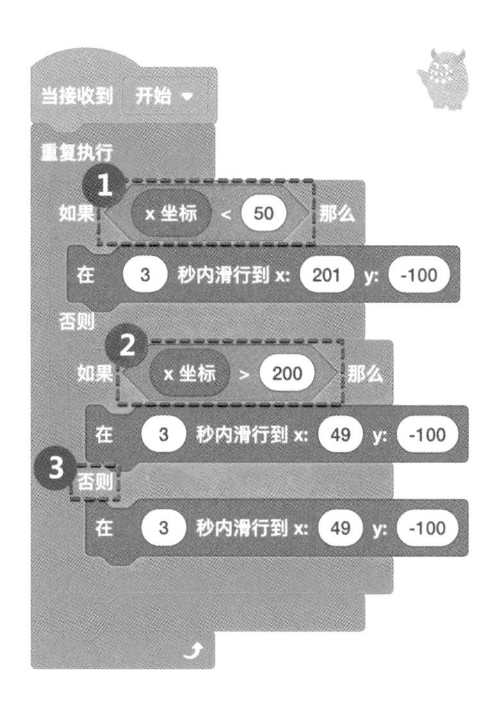

通过入侵者的 x 坐标可以判断它当前所在的位置：

1. 如果 x 坐标小于 50，说明入侵者距离酷客王国的家园已经很近了，在酷客工程师的英勇抵抗下，入侵者被我们成功击退（开始向舞台右侧滑行）。
2. 如果 x 坐标大于 200，说明入侵者退回到了舞台的右侧边缘，不甘心就此失败的入侵者会重新组织进攻，冲向酷客王国（开始向舞台左侧滑行）。
3. 如果上面两个条件都不满足，程序将会进入上图中③处的“否则”分支，作为默认的处理动作。

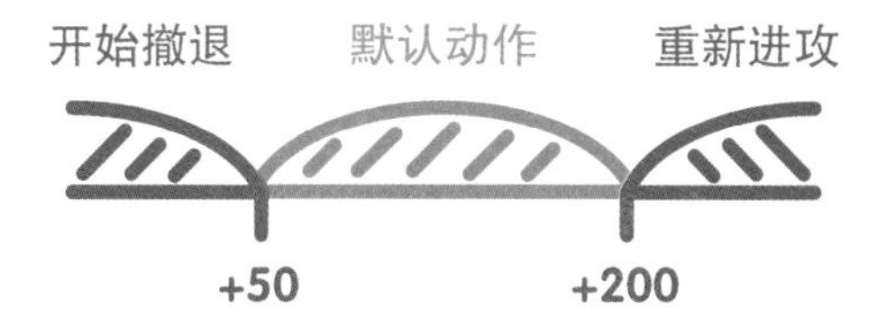

这样无论游戏开始时入侵者在舞台中哪个位置出现，都可以有相应的程序逻辑来控制它的移动方向。

5 瞄准镜。

瞄准镜的代码非常简单，只需要设置好初始位置，当游戏开始后跟随鼠标移动即可。“重复执行”命令可以保证瞄准镜角色在舞台区域内一直跟随鼠标指针移动。

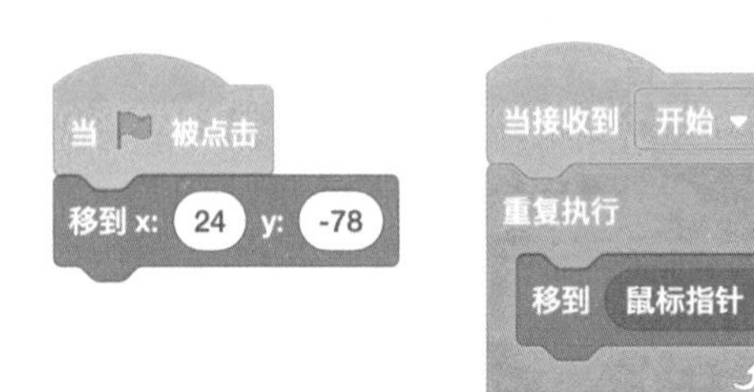

6 弹弓。

弹弓角色由两个造型组成，分别为准备发射状态（拉开的弹弓）和已发射状态（空弹弓）。

使用空格键来触发弹弓弹射，通过两个造型的切换，来模拟弹弓发射时的弹射效果。

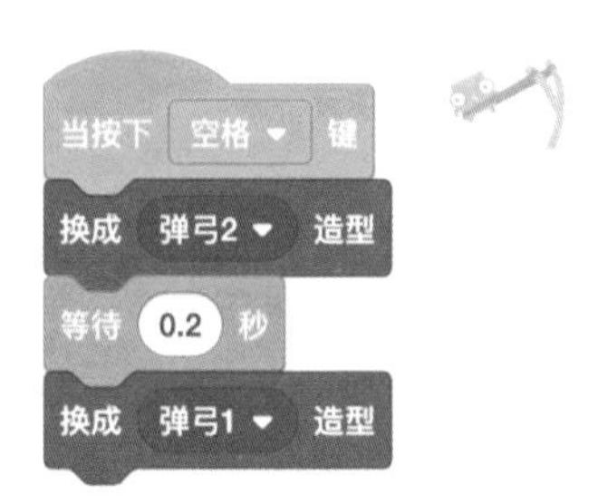

如何控制弹弓的方向

与瞄准镜类似，在“重复执行”命令中，使用“面向”命令调整弹弓的朝向，使其能够一直面向瞄准镜的位置（也是鼠标指针在舞台中的位置）。

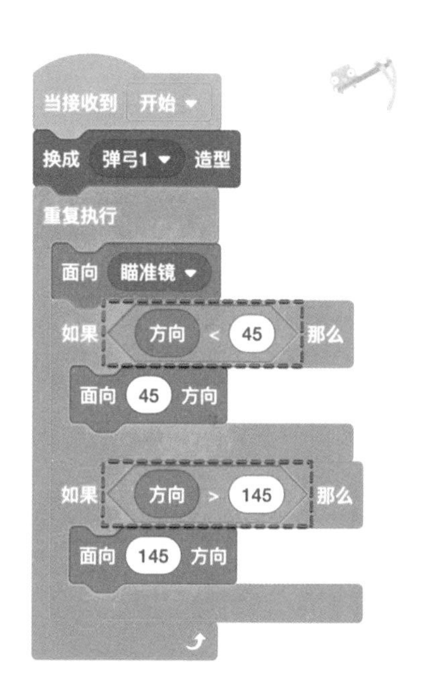

为了避免弹弓在旋转过程中“倒”过来，我们对弹弓角色的朝向增加了一些限制，当角度过大或过小时，会设定一个固定值（将朝向限定在 45° 到 145° 之间）。

7 工程师。终于轮到我们的主角——正义战士酷客工程师上场了。

将工程师放置在弹弓所在的位置，作为后续工程师的出发点，并将其初始状态设置为“不显示”，使其隐藏起来。

8 我们将使用“克隆”命令创建无数个勇敢的克隆工程师去迎战入侵者。

克隆命令（Clone）

Scratch 语言特有的命令，克隆命令会复制原角色当前的造型、属性（如大小、位置）、状态（如是否显示）。

“克隆”命令通常与“当作为克隆体启动时”命令一起使用。当角色作为克隆体启动后，会在当前位置立即开始执行我们在“当作为克隆体启动时”命令后为其添加的程序逻辑。

9 当游戏开始后，按下“空格键”发射弹弓，触发“克隆”命令。

当酷客工程师作为克隆体启动后，使用“显示”命令将其显示出来，克隆工程师就会朝着当前鼠标所在方向飞出，勇敢地冲向入侵者。

10 在克隆酷客工程师的代码中，需要完成三个子任务：控制飞行轨迹、判断是否命中敌人、显示爆炸效果。我们将逐一进行讲解。

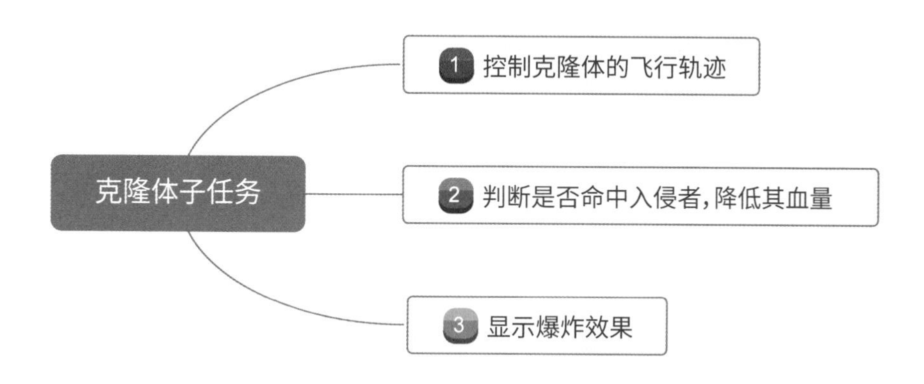

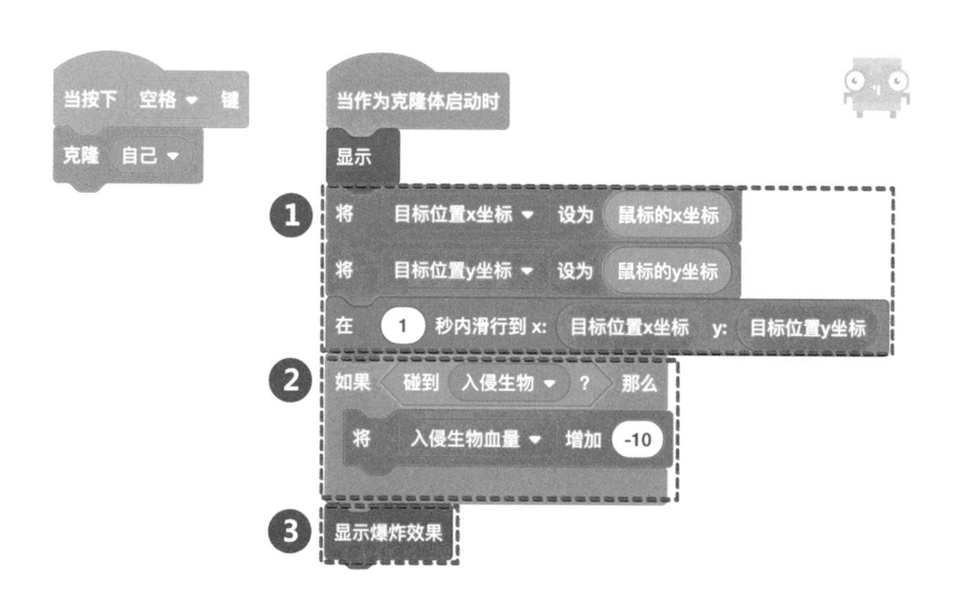

11 控制克隆工程师的飞行轨迹。

由于 Scratch 工具的限制，我们无法直接获取瞄准镜的坐标值，但是我们在前面设置了让瞄准镜一直跟随鼠标移动，所以此处用“鼠标的 x（y）坐标”来替代瞄准镜的当前位置。

如上图中①所示，我们创建两个变量“目标位置 x 坐标”和“目标位置 y 坐标”，用于保存鼠标的当前位置。

这样可以在发射时锁定目标位置，在克隆工程师飞行的过程中，可以自由移动鼠标而不会影响克隆工程师的飞行轨迹。

当锁定目标位置后，就可以使用“在（ ）秒内滑行到 x:（ ）y:（ ）”命令来控制克隆工程师移动到目标位置了。

12 如果击中入侵者，降低入侵者的血量。

如上图中②所示，使用“碰到（ ）？”命令来检测当前角色是否碰到了目标角色。

用于判断当前角色与用户指定的角色所在位置是否重叠。

如果判断结果为“真”，说明命中目标，则减少“入侵生物血量”。

说明

因为 Scratch 工具中只有“将（变量）增加（ ）”的命令，所以当我们需要减小某个变量值的时候，使用“负数”来模拟减法运算。

13 显示爆炸效果。

如上图中③所示，当克隆工程师到达目标位置后，会引爆随身携带的炸弹攻击入侵者，之后克隆工程师就会结束本次任务，隐身并重新回到大本营。

14 定义“显示爆炸效果”函数。

通过切换工程师的造型来实现爆炸效果。最后的“删除此克隆体”命令用来清理并回收当前完成任务的克隆体，召唤回克隆工程师。

至此，我们就实现了“打败入侵者”游戏的 1.0 版本。大家快来试试看谁能最快地击败入侵者吧。

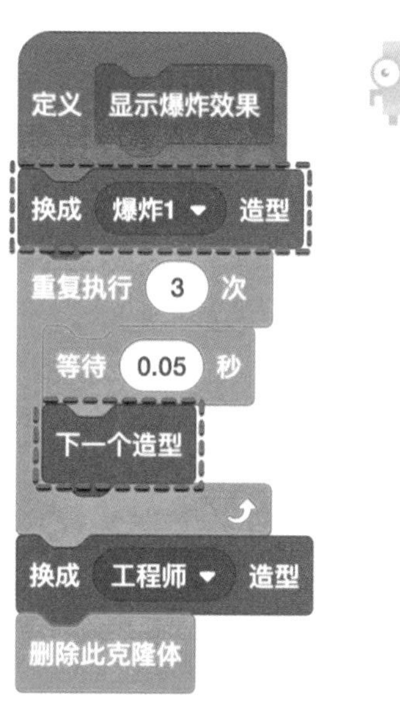

15 在体验 1.0 版本的过程中，你们有没有发现什么问题呢？

“克隆工程师的飞行轨迹有点奇怪。”

“我的舞台上同时出现了三个克隆工程师！”

大家都很善于发现问题的嘛。

16 我们先来分析一下，舞台上是如何同时出现三个克隆工程师的。

在上图所示的场景中，我们先后做了两次“发射”操作，分别朝向“目标 1”和“目标 2”，当❶号工程师飞向目标 1 但是还没有到达目标的时候，我们调整瞄准镜，朝目标 2 进行了第二次发射。

预期效果：❶号工程师飞向目标 1，❷号工程师飞向目标 2。

实际效果：舞台上出现了❸号工程师，并且飞向与❷号工程师相同的目标。

我们思考一下，为什么会出现这个现象呢？

17 通过阅读工程师角色的代码，我们很快发现问题出在了“克隆”命令上。

从前面章节的讲解中我们知道，“克隆”命令会将舞台中的角色“完整”地复制一份，这其中不但包括角色的名称、造型、位置、大小，还包括用于控制角色逻辑的代码。

“没错，问题就出在新复制出来的代码上！”

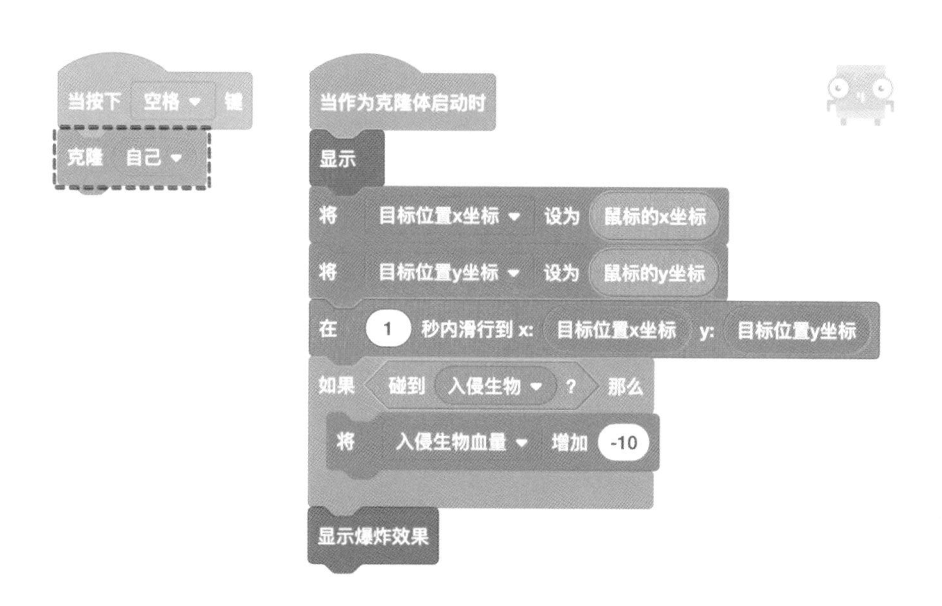

当按下“空格键”时，每一个处在舞台中的工程师都会收到“克隆”命令并克隆出一个新的自己。

而❸号工程师正是❶号工程师在飞向“目标 1”的过程中，被克隆出来的（到达位置❹的时候）！

18 我们思考一下，用什么方法可以解决这个问题呢？

问题的原因：当舞台中同时存在多个工程师时，不容易控制克隆体的状态。

我们的方案：增加一个限制条件，同一时间内舞台中只能出现一个工程师。

为了实现这个方案，我们为程序添加一个“发射中”变量，用来标识当前工程师的弹射状态。

每当弹弓弹射出一个克隆工程师，就将“发射中”变量设置为1。当克隆工程师完成了爆炸任务后，将“发射中”变量设置为0。

只有当“发射中”变量为0时，才允许弹弓启动弹射，这样就可以避免舞台中出现多个工程师的问题了。

我们通常将这里的“发射中”变量称为“标志位”。

19 优化控制工程师发射的代码。

在“当按下(空格)键”代码段中，添加对“发射中”变量的判断，只有当其为0时，才允许进行“克隆”操作。

当作为克隆体启动时，将“发射中”变量设为1，避免同时克隆多个工程师。

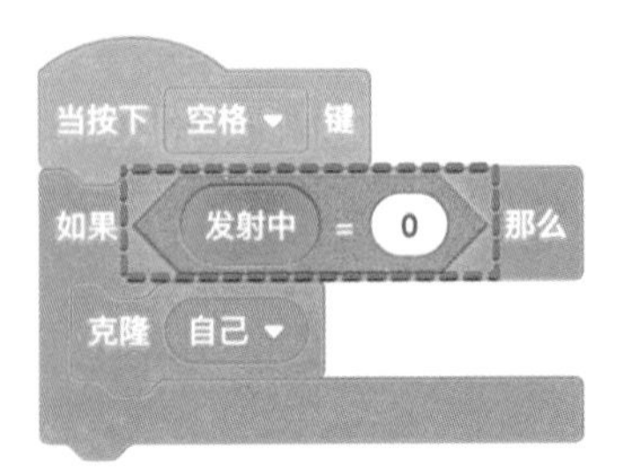

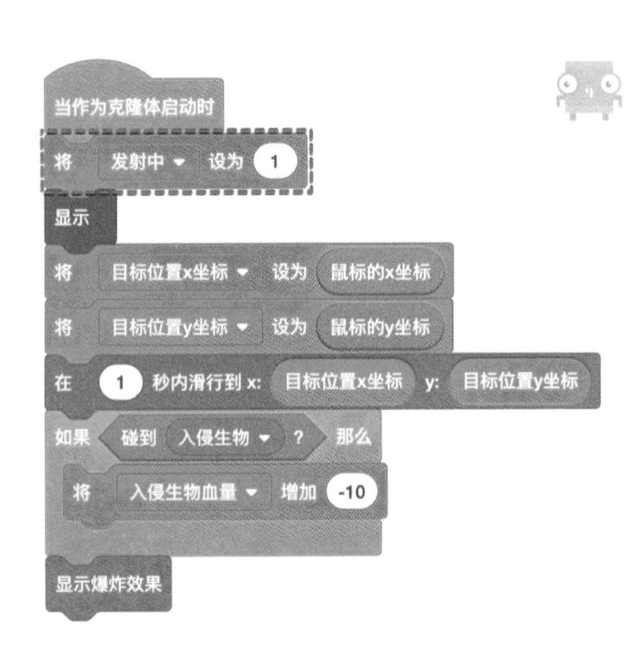

20 优化控制工程师初始化和完成任务的代码。

在程序启动、克隆工程师完成爆炸任务时，将“发射中”变量设置为0，恢复弹射功能。

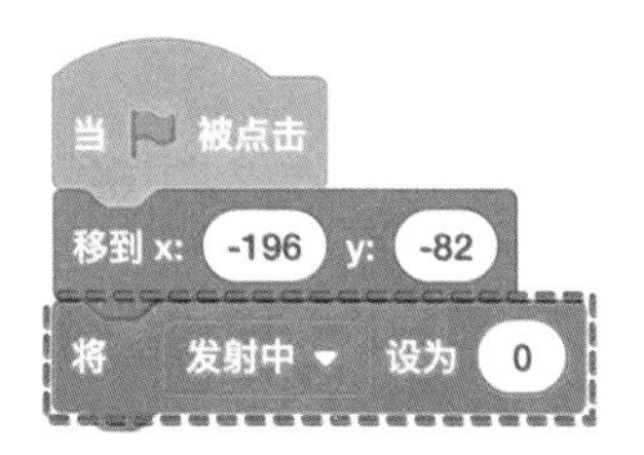

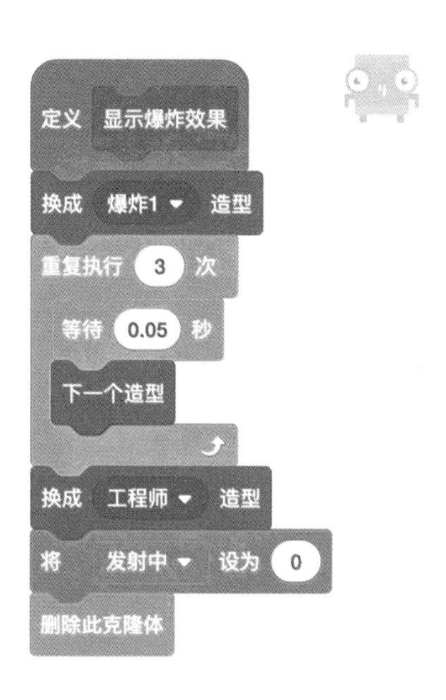

21 解决了克隆的相关问题，我们来观察一下工程师的飞行轨迹。

你们有没有发现，在1.0版本中，工程师的弹射轨迹呈一条直线。而玩过“丢沙包”的小朋友都知道，在现实世界中我们向前丢出去的东西，在空中会沿着一条逐渐向下弯曲的曲线前进，并最终掉到地上。

这是因为现实世界中存在着重力，它会不断把空中的物体拉向地面，对于此类问题，我们通常将其称为：**游戏中的物理问题。**

22 分析一下克隆工程师在重力作用下的受力情况，以及运动轨迹。

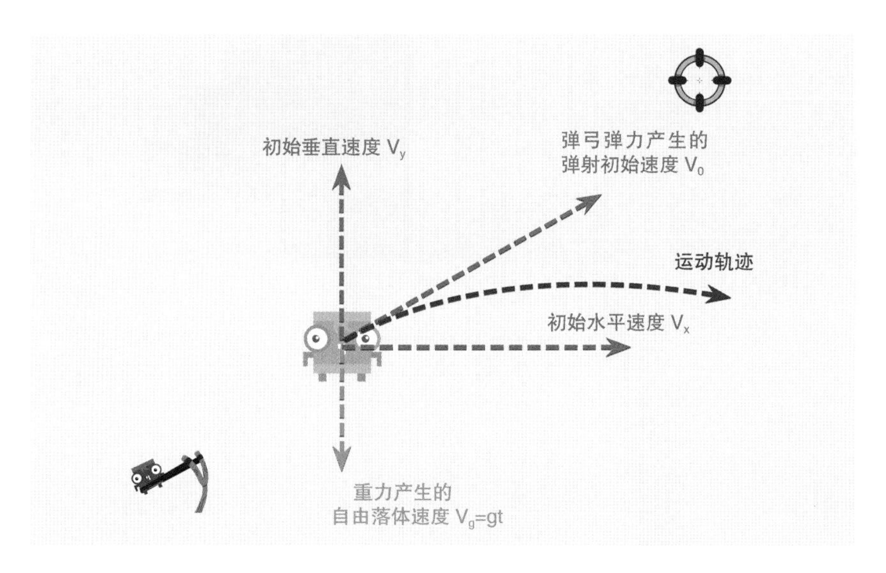

根据物理学中物体速度公式和自由落体公式，可计算出克隆工程师在弹射后的实时位置变化情况：

工程师水平移动距离：$S_x = V_x t$

工程师垂直移动距离：$S_y = V_y t - \frac{1}{2} g t^2$

其中 V 表示弹射产生的初始速度，V_x、V_y 分别对应由初始速度分解出来的水平初速度和垂直初速度，t 表示弹射后所经过的时间，g 表示重力加速度（约等于 9.8）。

23 为了简化程序，我们对水平初速度和垂直初速度做了简化的定义：

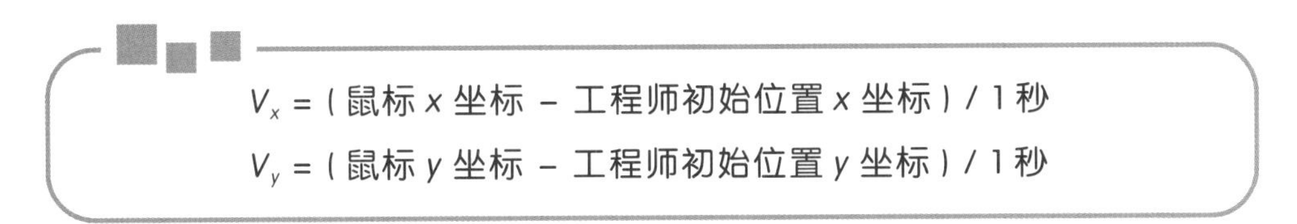

这样即可实现如下效果：当瞄准镜距离弹弓越近，弹射的速度越小；当瞄准镜距离弹弓越远，弹射的速度越大。

说明：瞄准镜所在位置与鼠标位置相同，弹弓位置与工程师初始位置相同。

24 有了上面的公式，就可以计算出克隆工程师飞行的实时位置，并使用“移到 x:() y:()”命令显示飞行轨迹。更新“工程师角色”代码如下：

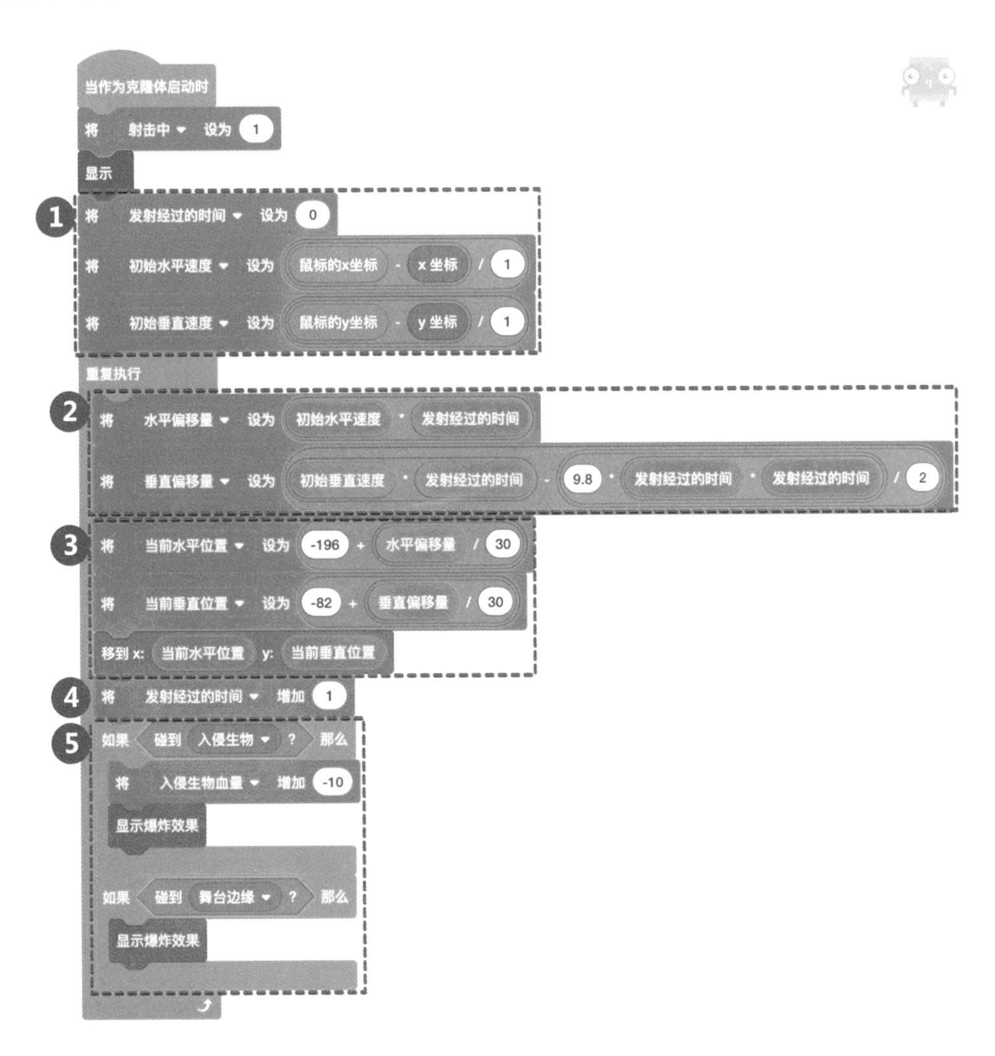

代码说明如下。

1. 设置水平和垂直的初始速度。
2. 计算随“发射经过的时间”，水平和垂直方向上移动的距离。
3. 将克隆工程师在水平或垂直方向上移动的距离，加上其原始坐标位置（-196，-82），得到工程师在舞台中的实时位置（此处将移动距离除以 30，是为了获得更加平滑自然的显示效果，不影响程序逻辑）。
4. 将“发射经过的时间”变量加 1，表示时间经过了 1 秒钟。
5. 使用“碰到（）？”命令判断是否命中入侵者：如果命中，将入侵者血量减少 10，并“显示爆炸效果”；如果没有命中，当触碰到舞台边缘时，同样触发爆炸效果。

至此，我们就完成了“打败入侵者”游戏的 2.0 升级版。

在程序世界中，还有很多与物理相关的有趣内容，比如物体之间的碰撞与反弹，这些问题都等着我们进一步探索与发现。

本章小结

- 一款优秀的游戏需要制作团队通力协作才能完成。
- 学习如何设计一款好玩的游戏。
- 结合物理知识做出“打败入侵者”小游戏。

在下一章中，酷客工程师将给大家演示什么是真正的计算机“算法”。

第 10 章
啊哈！算法！

10.1 你用过"算法"吗

大家听说过"算法"吗？我们先来设想一个场景。

小聪钓到了一条大鱼，他兴奋地跑回家，准备做一个红烧鱼，给爸爸妈妈一个大大的惊喜。

可是等他把鱼放到锅里，却忘记上次妈妈是如何做出好吃的红烧鱼了。是先用油炸一炸，还是直接用水煮呢？盐又该什么时候放呢？好像中间还少了一个什么环节。

吸取第一次的失败经验后，小聪认真地向妈妈学习并记录下了制作红烧鱼的步骤。当小聪第二次钓到鱼后，他找出记录下来的菜谱，一步步地操作，果然做出了美味的红烧鱼，获得了爸爸妈妈的称赞。

上面制作红烧鱼的过程，其实就是算法的执行过程，而小聪记录下来的菜谱就是日常生活中的"算法"。

在数学和计算机科学中，算法是对解题方法准确而完整的描述，是解决问题的一系列清晰指令。

如何描述算法

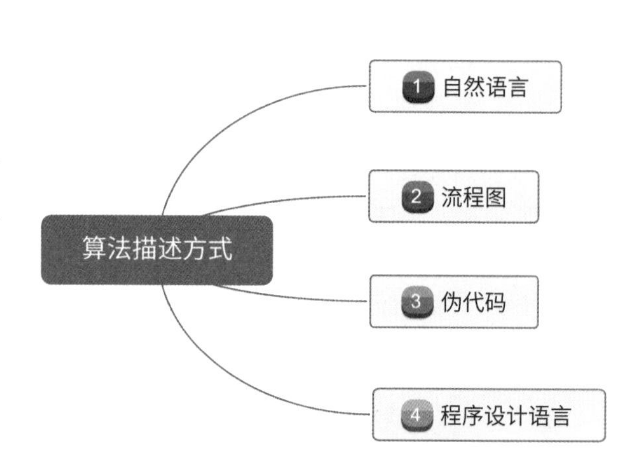

其实在日常生活中，很多地方都有算法的身影，但我们首先要解决的一个问题是：如何描述算法？

常用的算法描述方式有自然语言、流程图、伪代码、程序设计语言。

自然语言（Natural Language）：也就是人们日常生活中所使用的语言，如中文、英文、法文等。优点是通俗易懂；缺点是表达不够清楚，容易出现歧义，且难以描述算法中如分支、循环等复杂结构。所以我们一般不建议使用自然语言来描述算法。

使用自然语言描述的例子：“求从 1 加到 10 的总和，并显示结果。”

流程图（Flow Chart）：它是最常见的用图形来表达算法的方式，我们已经在第 4 章中介绍过流程图的基本形式和使用方法。同样的“求从 1 加到 10 的总和”算法，使用流程图描述如右图所示。

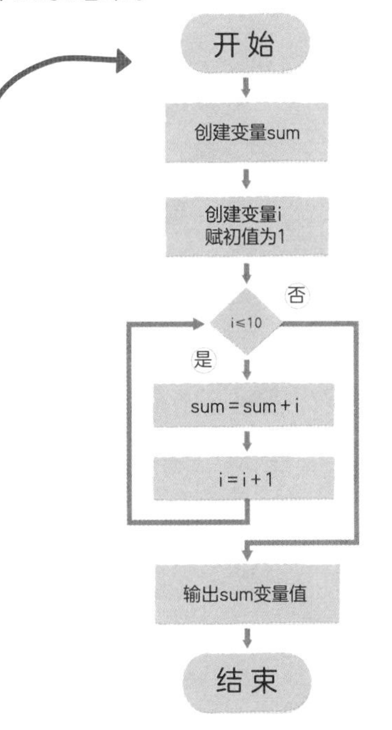

伪代码（Pseudo Code）：一种与程序设计语言（下面会介绍）相似，但更简单的描述方式。其介于自然语言和程序设计语言之间，结构清晰且简单易读。使用伪代码描述“求从 1 加到 10 的总和”算法如下。

```
创建变量sum，赋初值0
for i ← 1 to 10
  sum ← sum + i
输出sum变量值
```

程序设计语言（Programming Language）：最直接的算法描述方式，其目的是在计算机上执行。但是因为现有计算机程序设计语言多达几千种，不同的语言在设计思想、语法功能和适用范围等方面都有所区别，所以由不同程序语言描述的算法看起来可能会有很大差异。

```
当 🏴 被点击
将 sum ▾ 设为 0
将 i ▾ 设为 1
重复执行 10 次
  将 sum ▾ 增加 i
  将 i ▾ 增加 1
说 sum
```

```
#include <stdio.h>

int main()
{
    int sum = 0;
    for (int i = 1; i <= 10; i++) {
        sum += i;
    }
    printf("sum: %d", sum);

    return 0;
}
```

分别使用 Scratch 语言和 C 语言实现“求从 1 加到 10 的总和”的算法

10.2 列表与排序

现在看一项我们每天都会做的活动——排队。在排队的过程中，我们要注意什么呢？

“要按顺序排队。”

非常好！那么按照什么顺序来排队呢？

“按照身高顺序依次排队。”

在计算机中也需要排队吗？

没错！要想让计算机来帮助我们完成排队功能，首先需要了解计算机是如何描述“排队”的。

不同的编程语言对于队列有着多种不同的表示方式，如数组、列表、链表等。在 Scratch 中，我们将其称为“列表”，它的使用方式如下。

1 在代码区“变量”模块中，点击“建立一个列表”按钮，可以创建一个新列表，我们将它命名为“数据列表”。

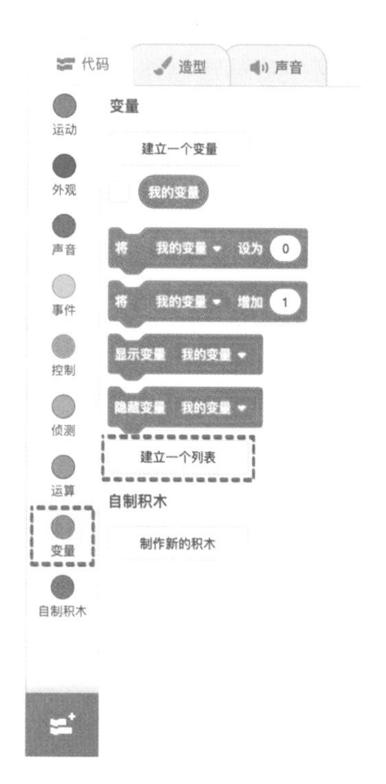

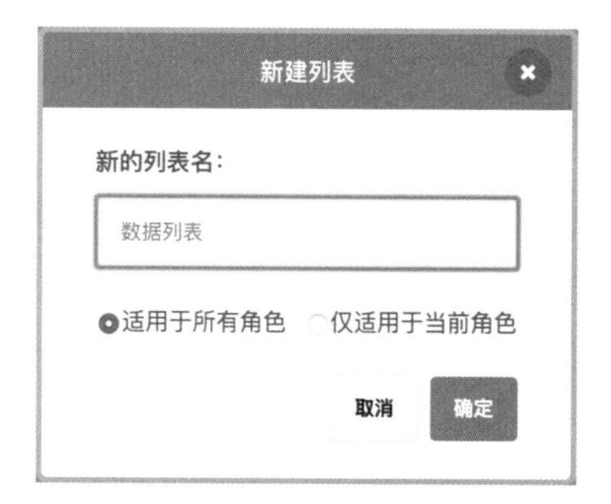

2 新的列表创建好后，就可以在代码区看到相应的命令块了。

同时，可以在舞台中看到出现了一个空的“数据列表”项。

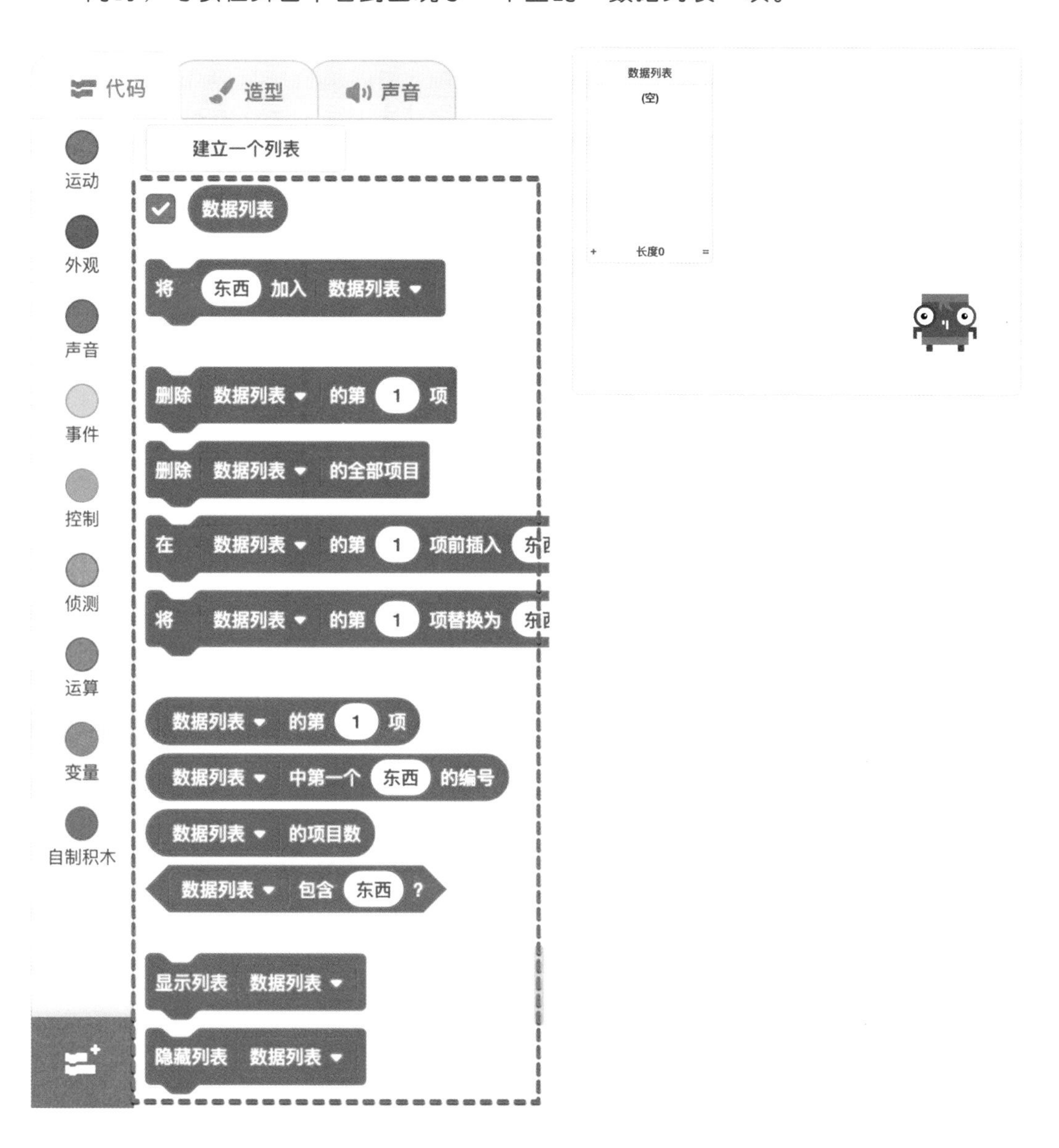

3 大家还记得在第 5 章中讲过的“变量”吗？变量像是一个盒子，而列表就像是将无数个盒子连在了一起。

我们可以通过命令随时向列表的前面或后面加入新的盒子，来增大我们的存储空间。

如上图是一个长度为 6 的列表，它包含了从 1 到 6 的数字。

“在列表的第（ ）项前插入（ ）”命令可以向列表头部加入元素。

“将（ ）加入列表”命令可以向列表尾部加入元素。

现在列表中存储的内容就变成了“7-1-2-3-4-5-6-8”，共 8 个数字。

4 “将列表的第（ ）项替换为（ ）”命令可以替换列表中指定位置元素的内容。

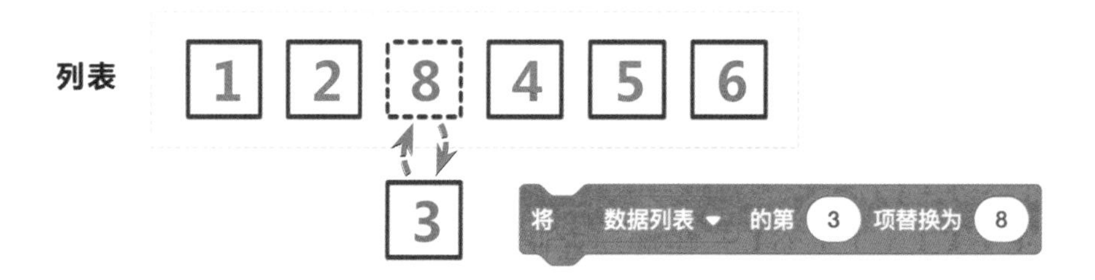

5 “删除列表”命令可以删除列表中全部或指定位置的元素。

6 下面的一组命令可以帮助我们读取列表中的数据项，或判断某个数据项是否存在于列表中。

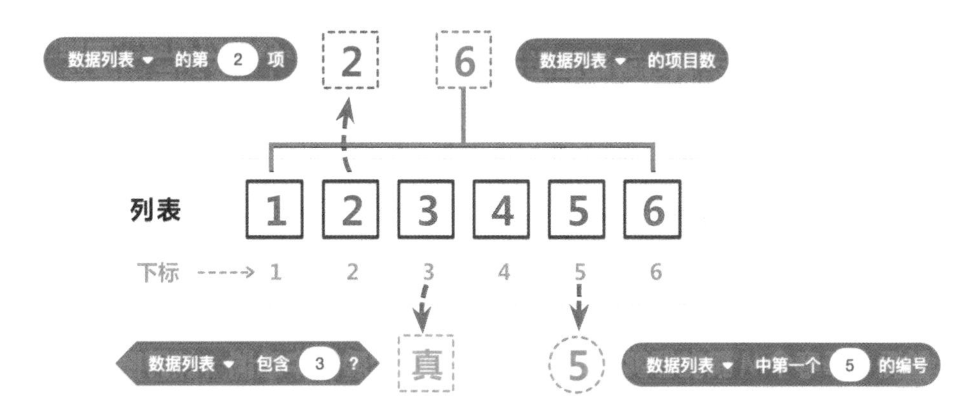

“列表的项目数”命令返回当前列表的长度。

“列表的第（N）项”命令可以从列表中取出第N项元素。

“列表中的第一个（X）的编号”命令返回列表中第一个等于X的元素的下标。

“列表包含（X）？”命令用来判断列表中是否存在X元素，它会在整个列表中逐个对比每一个元素，当发现有或没有等于X的元素时，返回“真”或“假”，表示“找到”或“没找到”。

下标用来表示当前元素在列表中的位置。

在大多数编程语言中（如C++/Python/Java），下标是从0开始的。但是在Scratch中，为了方便小朋友们理解，下标设计为从1开始计数。

7 最后，我们对一个列表进行初始化，并使用随机数填充这个列表。

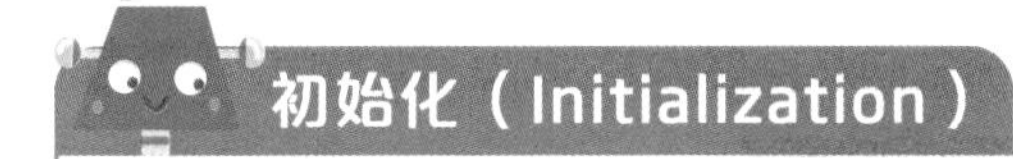

指在计算机编程领域中，为数据对象或变量赋予初始值的做法。

为了能在更多地方使用列表初始化功能，我们将其定义在“初始化数据”函数中，方便后续重复使用。

为列表重新赋值的第一件事就是将列表中已经存在的元素全部清空，可以使用“删除列表的全部项目”命令完成。

之后使用“重复执行（9）次”命令创建一个长度为 9 的列表（包含 9 个列表项），每个列表项由 1 ~ 20 之间的随机数生成。

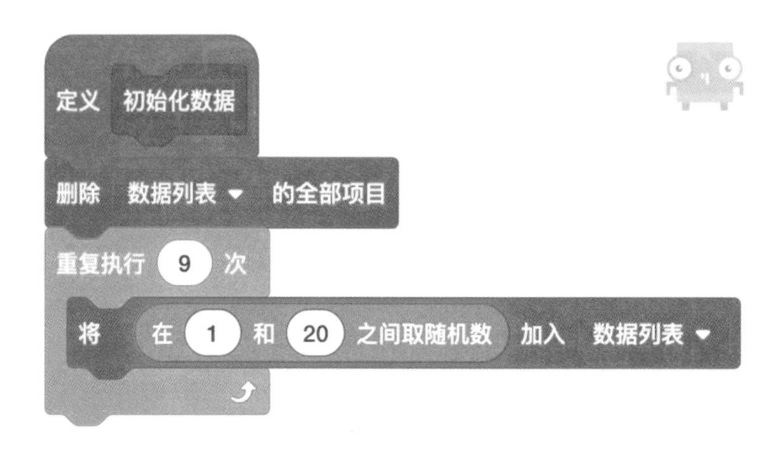

8 现在，我们就得到了一个具有 9 个随机数的列表。

在代码区中勾选列表项前面的复选框，就可以在舞台中展示当前列表中的数据和内容。

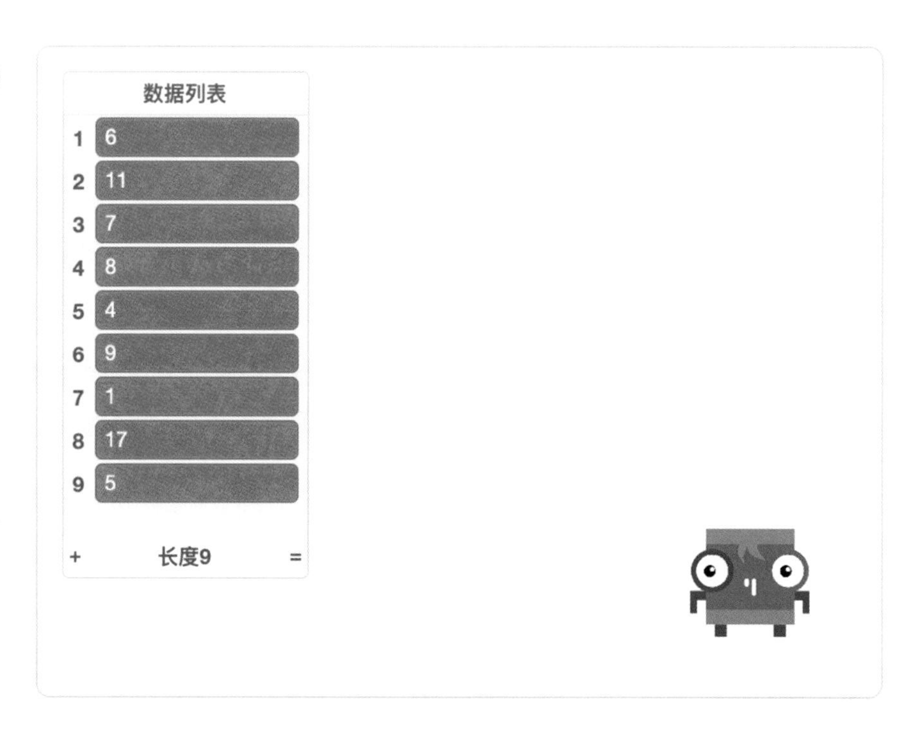

10.3 我要"冒个泡"——初识排序算法

了解了"列表"的使用方式，我们看看计算机是如何排队的吧。

在计算机科学中，"排队"的操作是通过排序算法来实现的，而常见的排序算法可以分为两大类：比较类排序、非比较类排序。

它们的区别在于：在排序的过程中是否需要通过比较队列中的元素来确定相对次序。

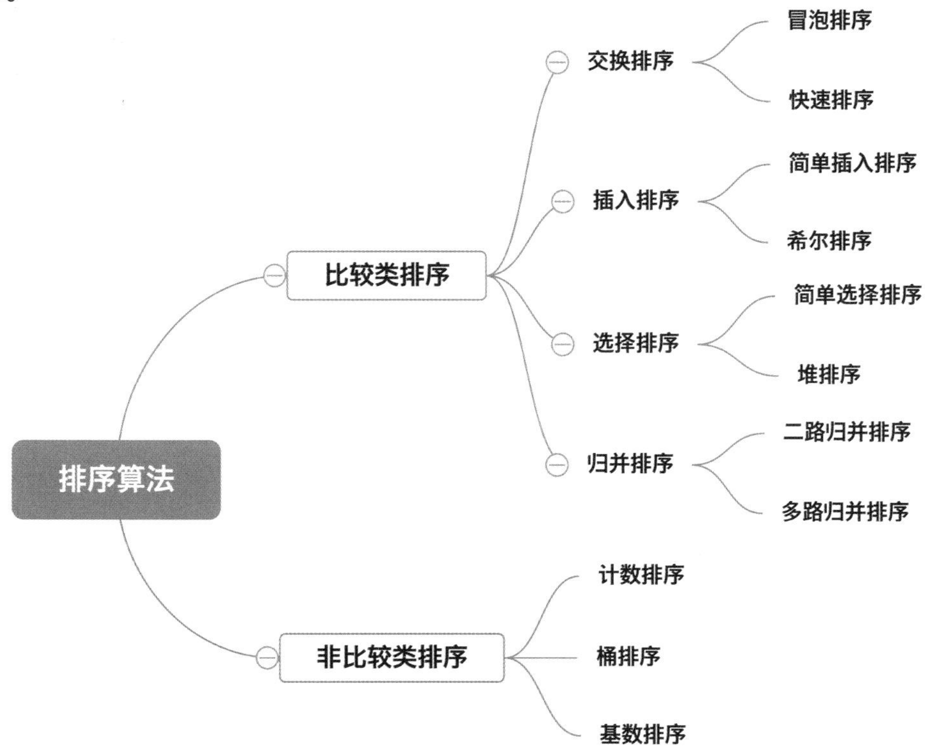

对于简单的排队问题，可以使用"冒泡排序"算法。这个算法因为较小的元素会通过交换慢慢"浮"到队列顶端而得名。

冒泡排序（Bubble Sort）

从队列头开始，每次比较两个队列元素，如果前面元素比后面元素大，就把它们交换一下，之后重复进行上述比较，直到没有再需要交换的元素为止。

今天酷客工程师带领大家使用“冒泡排序”算法来实现一个可视化的排队小程序，让大家可以直观地看到排序的整个过程。

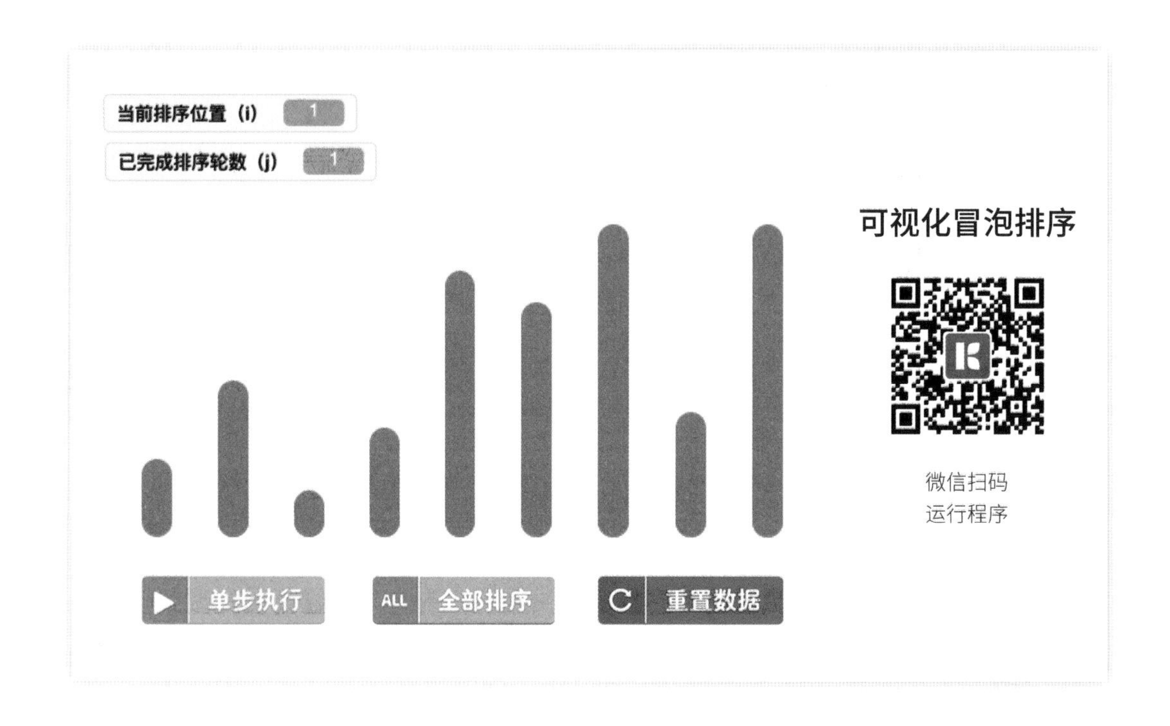

1 对于比较复杂的程序，我们可以在开始前使用思维导图梳理思路，将其划分为多个子模块，逐一实现。

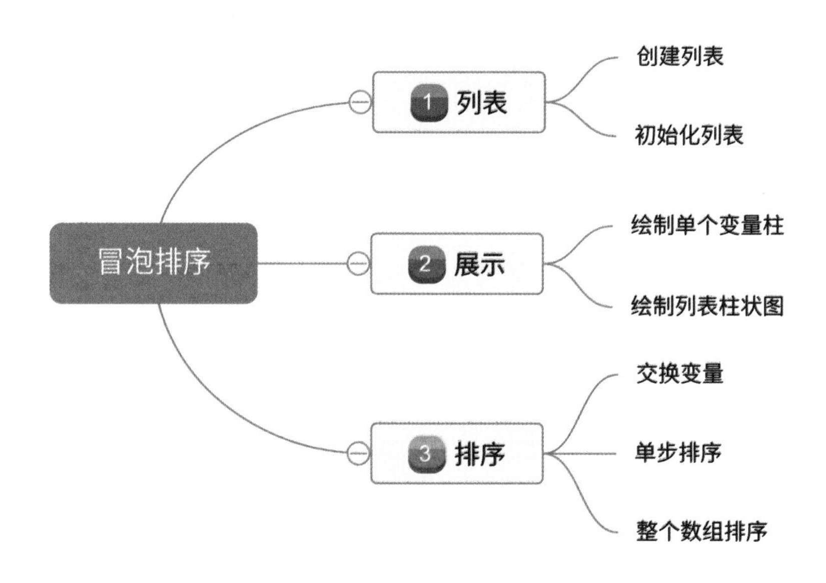

10.2 节已经介绍了列表的用法，我们可以在“背景”中，直接使用“初始化数据”函数来对列表进行初始化操作。

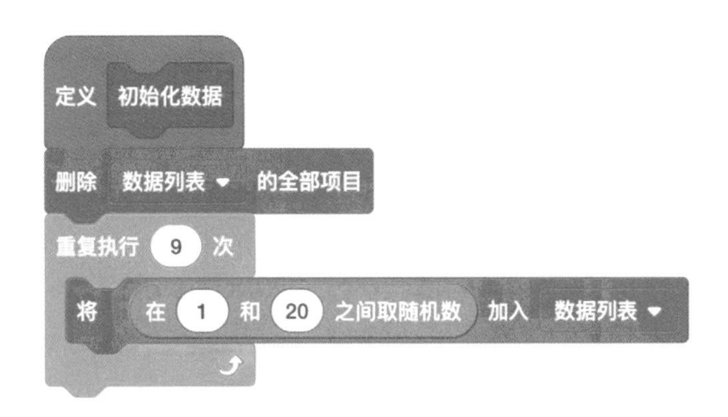

2 现在开始解决列表的展示问题。

为了能够直观地展示列表中的数据变化，我们采用“画笔”工具根据每个元素的大小，绘制出对应长度的线段，来表示数据元素的大小。

我们在舞台中选取 9 个平均排布的“立柱”来表示列表中的 9 个数据项。它们的 x 坐标范围从 −200 到 +200，间隔 50，每个立柱的高度代表了对应数据项的大小。

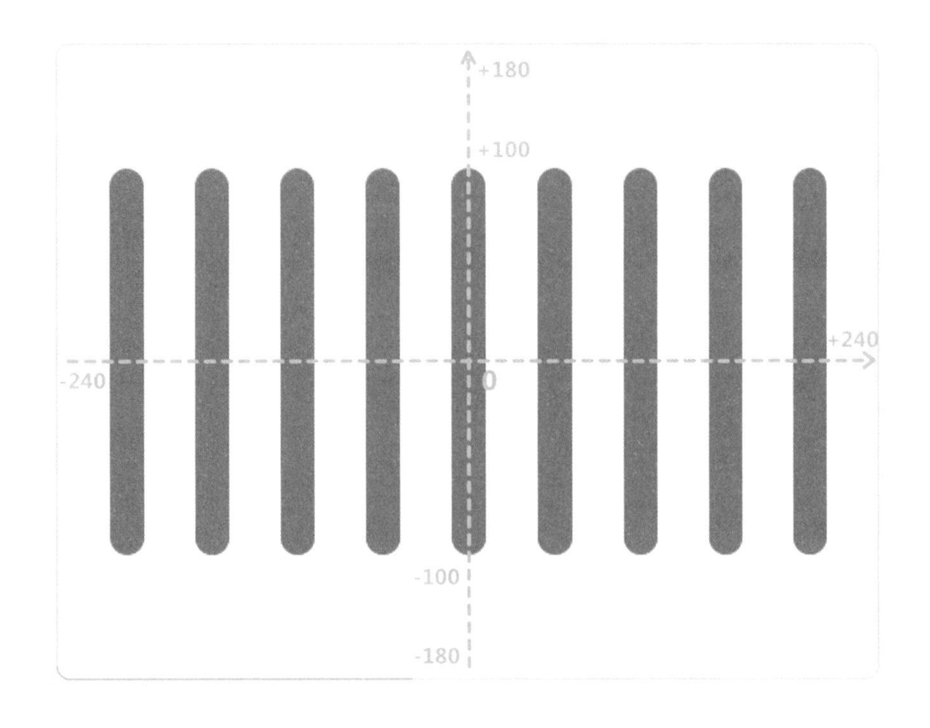

3 现在绘制数据列表。

先定义一个“绘制变量柱”函数，用来绘制单个“立柱”空间。

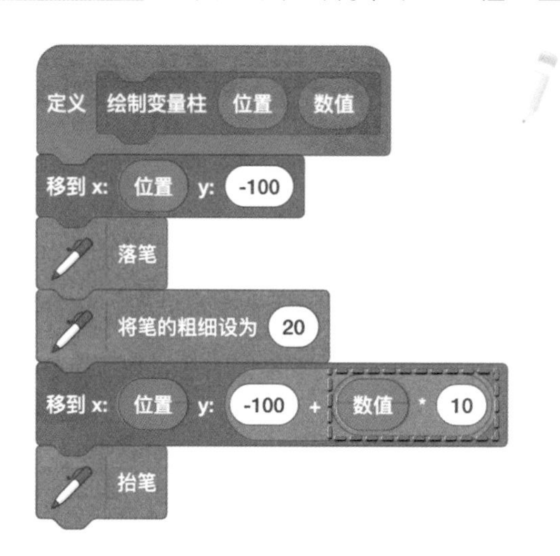

其中，“位置”参数表示立柱的 x 坐标，“数值”参数表示对应数据项的大小。为了能够让柱状图的显示更加清晰，我们将数据项的实际大小放大 10 倍（乘以 10），以便于查看。

4 定义“绘制数据列表”函数，用来绘制整个数据列表。

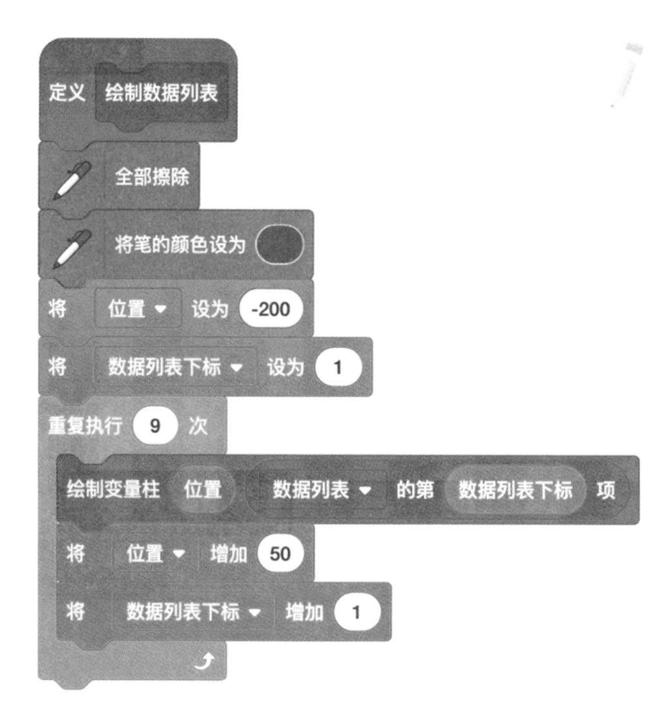

“绘制数据列表”函数先将画布中的内容全部清除，在“重复执行”命令中，通过“绘制变量柱”函数，绘制全部 9 个立柱。

为了能够精确地控制变量柱的位置和大小，创建辅助变量“位置”和“数据列表下标”。

“位置”变量：表示需要绘制变量柱的位置。

“数据列表下标”变量：用来从“数据列表”中取出指定数据项。

注意

每次完成一个立柱的绘制，都要更新“位置”和“数据列表下标”变量。这样当下一次执行“绘制变量柱”函数时，就可以在新的位置上绘制立柱了。

5 通过发送“更新数据列表”消息，调用“绘制数据列表”函数。

这样以后每当“数据列表”中的数据发生了变化，只需发送广播消息，即可重新绘制可视化数据列表。

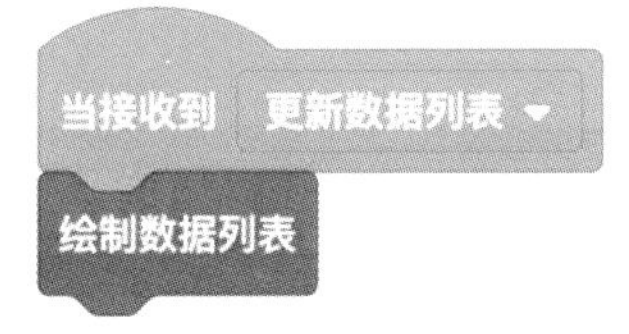

6 现在进入今天的重点——实现冒泡排序算法。

我们先复习一下冒泡排序的流程。

1. 从队列头部开始，比较相邻的两个元素；如果第一个比第二个大，将它们进行交换。
2. 对后续相邻的元素执行同样的操作，直到队列结尾；此时队列中最大的元素已经被换到了队列末尾，称为“完成了第一轮排序”。
3. 再次从队列头部开始执行上述操作，直到队列倒数第二个元素为止，完成第二轮排序。
4. 以此类推，如果队列的长度为 N，则进行 $N-1$ 轮排序。

下面酷客工程师就带领大家一步步地完成这个算法。

7 在上述算法描述中，有一个重要的操作——交换两个元素。

如何实现这个功能呢?

首先创建两个变量："变量 a"和"变量 b"，并将它们的初始值设置为 3 和 5。

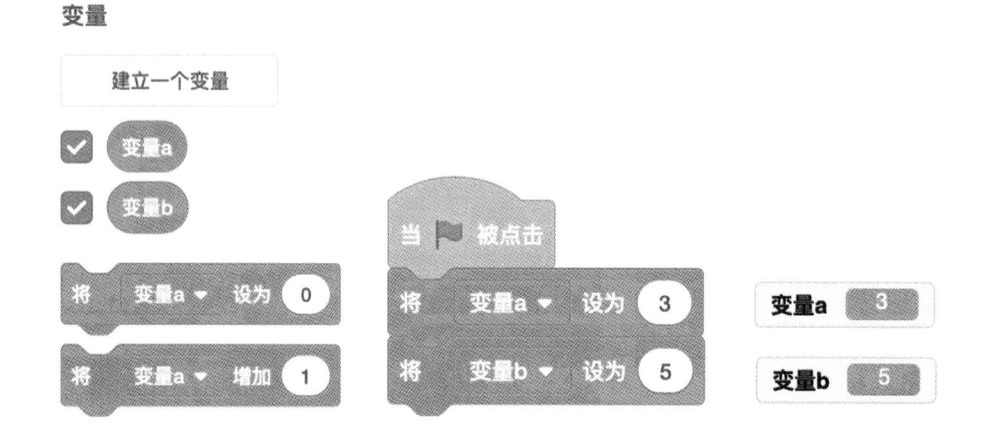

为了交换这两个变量的值，需要创建一个"临时变量"，作为存储变量内容的中转站。

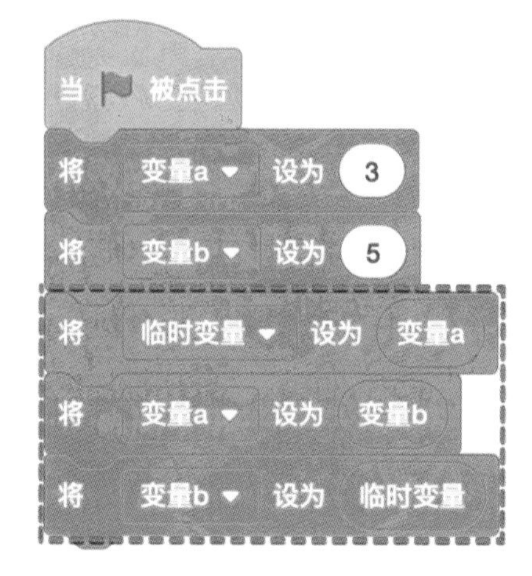

如上图，使用"将（ ）设为（ ）"命令，进行变量 a 和变量 b 的内容交换。

8 同理，当需要交换列表中的两个数据项时，同样需要一个临时变量来帮助我们进行数据交换。

同时，为了能标识列表中当前正在处理的元素位置，还需要一个“当前排序位置（i）”作为循环变量，帮助我们记录位置信息。

循环变量

在程序设计中，当需要遍历列表以使用其中的元素时，我们通常需要添加一个循环变量，用于标识当前正在读写的列表元素位置。根据传统，我们通常把这个变量命名为 i、j 或 k。

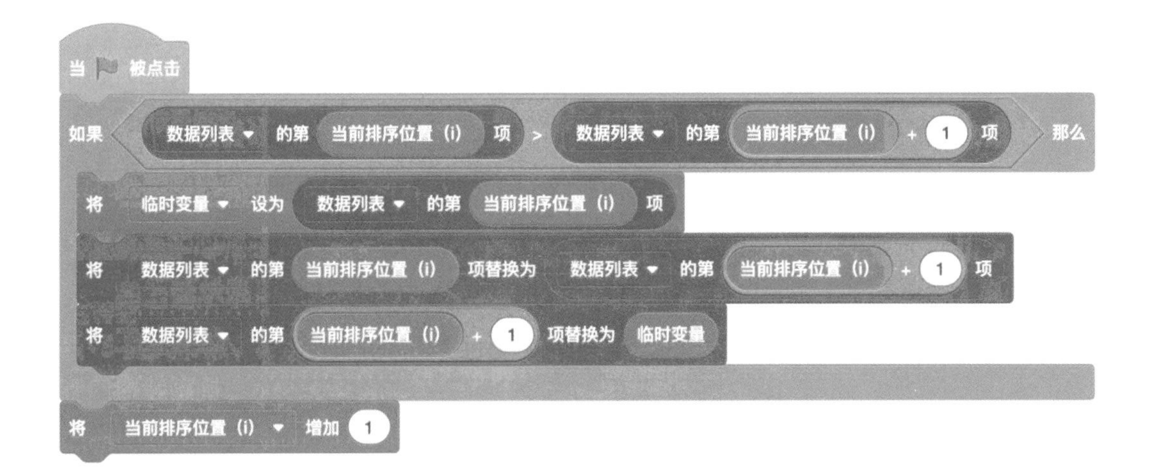

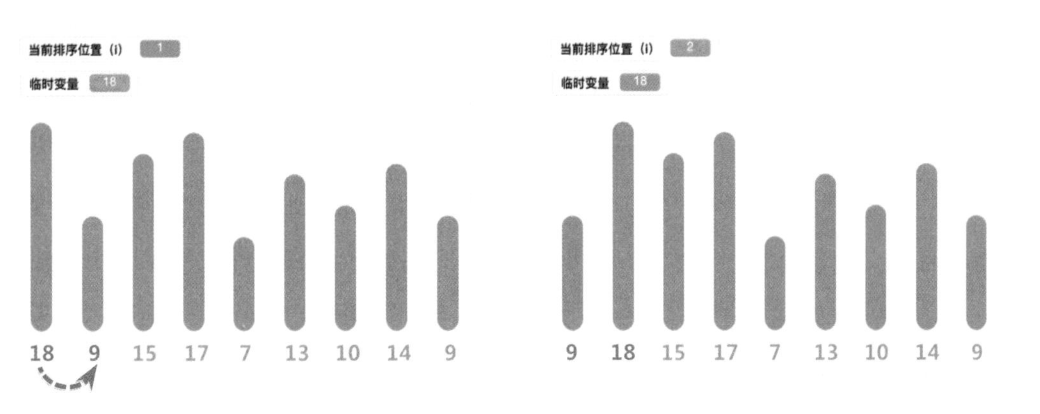

在上面的代码中，先比较“数据列表”中的第一项和第二项中的数值，如果发现第一项数值大于第二项数值，就通过“临时变量”将它们的值进行交换。

重复执行上述操作，就可以将列表中最大的数“交换”到列表的末尾。

9 我们将上述交换列表元素的代码放到一个函数中，并称之为“单步变量交换”函数，以便于在后面的“数组排序”函数中使用。

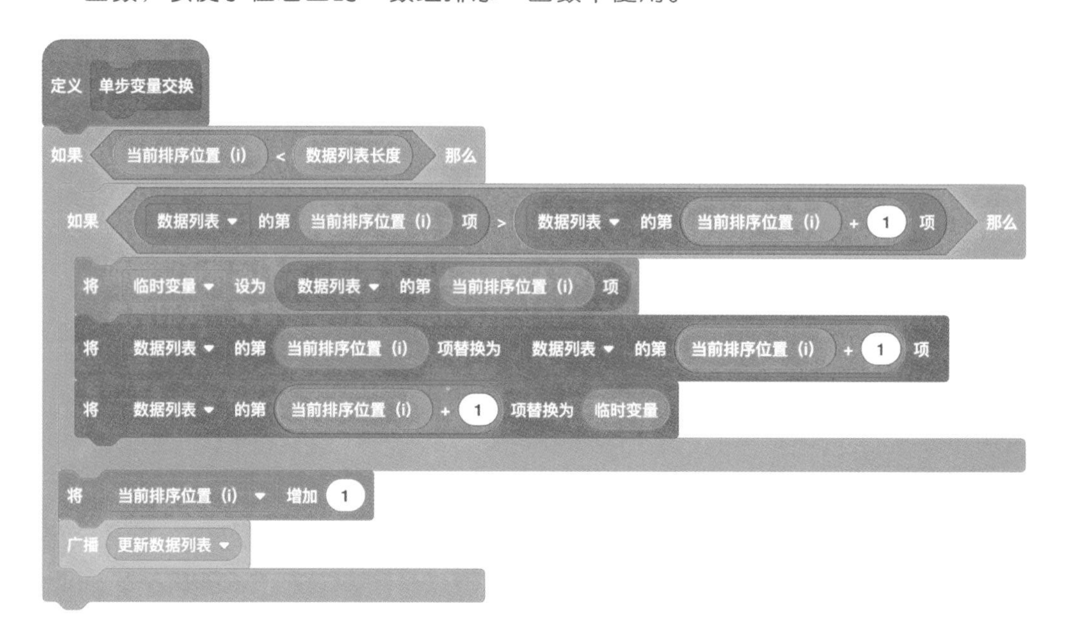

在“单步变量交换”函数中，对“当前排序位置(i)”参数进行判断，如果当前元素位置小于数据列表长度，比较当前元素和下一个元素，将较大的元素向后交换一个位置，并将“当前排序位置(i)”变量加1，如此不断循环，直到列表末尾。

10 有了“单步变量交换”函数，就可以在它的基础上定义“数组排序”函数，来完成整个队列的排序任务了。

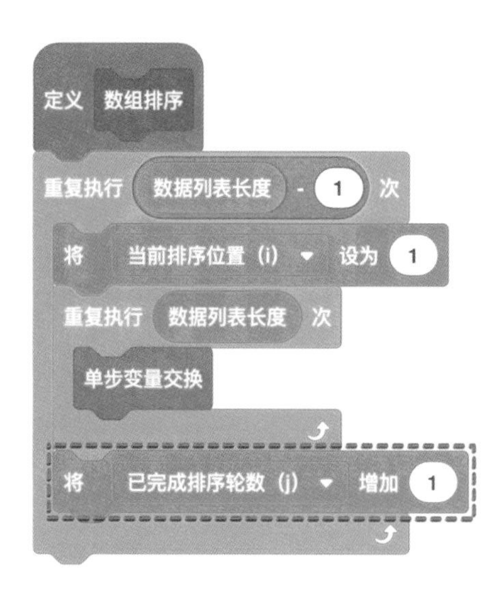

在“数组排序”函数中，使用变量“已完成排序轮数(j)”来标识已经完成了一轮排序：即从列表开头的第一个元素到列表结尾的最后一个元素，都进行了一次比较并交换了对应元素。

11 那么需要完成多少轮排序才能让队列全部有序呢？

从冒泡排序的定义可以知道，每完成一轮排序，都会把数组中最大的数“交换”到数组的末尾。这样当队列的长度为 N 时，只需要完成 $N-1$ 轮排序，就可以使整个队列全部有序了。

12 思考：上面的排序过程可以完成得更快吗？

我们可以观察一下每轮排序完成后队列的特点。

当完成 X 轮排序后，队列中最后的 X 个元素已经按照大小顺序排列好了。这样在下一轮排序中，只需要比较并交换前 $N-X$ 个数据项即可。

所以我们可以将“重复执行”命令中的参数设置为“数据列表长度 – 已完成排序轮数 (j)”来减少元素比较的次数，从而提高程序运行速度。

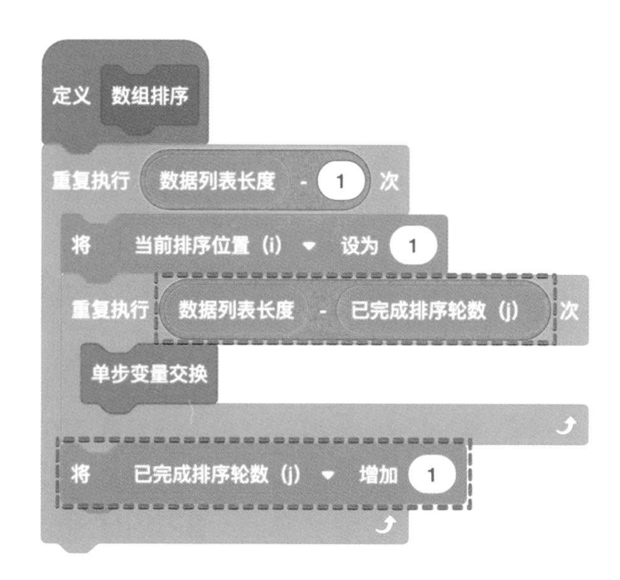

13 下图展示了一个队列经过 8 轮排序后，变成有序队列的过程。我们可以清晰地看到，随着每一轮排序任务完成，数据列表逐步有序的过程。

“哇，数据排序变化的过程真是太神奇了！”

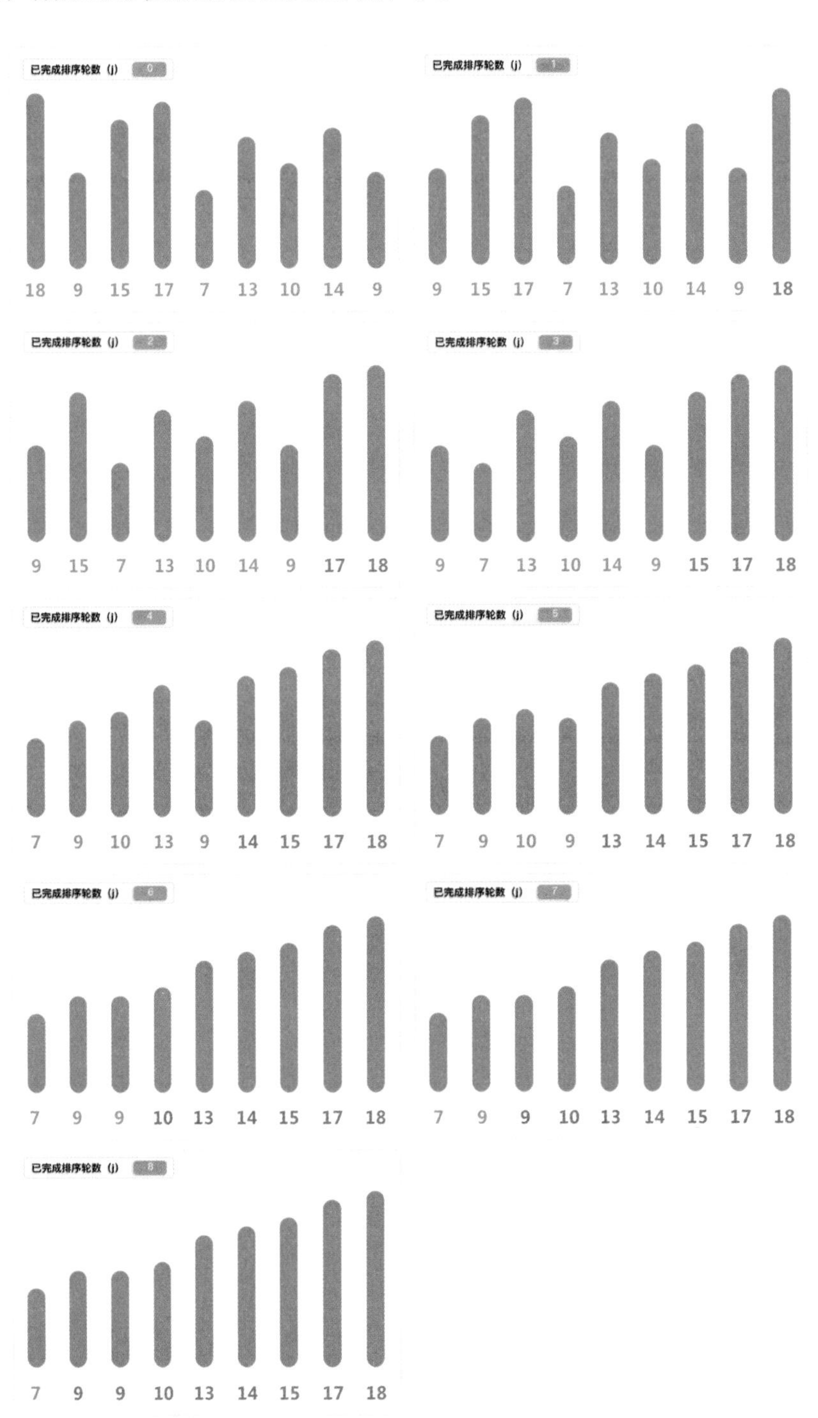

14 最后，我们给程序加上控制按钮，能够更加方便地观察队列排序的过程。

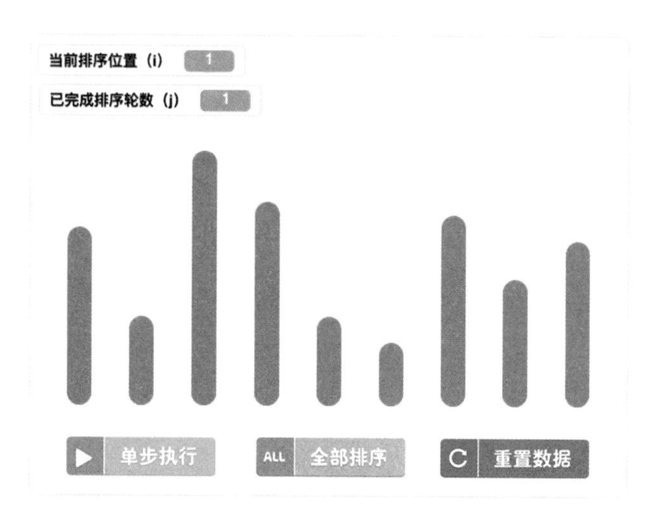

在“背景”中添加通用功能，如下：

为新添加的三个按钮“单步执行”“全部排序”“重置数据”，补充相应的代码。

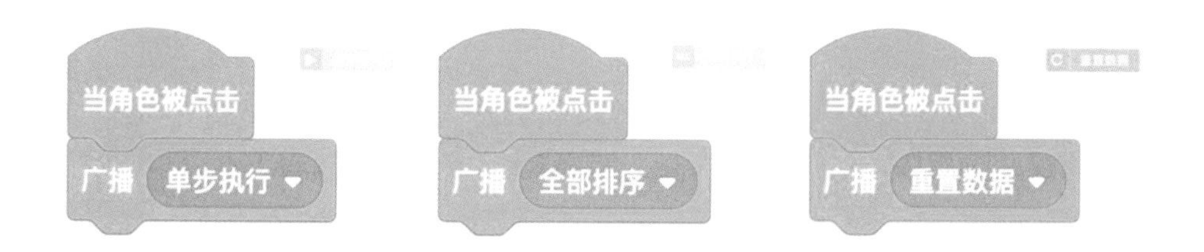

至此，我们的“可视化冒泡排序”算法程序就全部完成了，大家有没有觉得算法很神奇呢？

本章小结

★ 了解算法和算法的描述方式。

★ 学习列表的使用方式。

★ 了解排序算法的分类，并自己动手实现了一个可视化冒泡排序算法。

在下一章中，酷客工程师将给大家讲述信息安全的基础知识，并教给大家如何才能安全地传递消息。

第11章 我的信息"安全"吗

11.1 算法与信息安全

在上一章中，我们学习了算法的概念。但是大家是否知道，除了可以帮助我们排队外，算法还与我们身边的信息安全息息相关。

我国关于信息安全最早的记载出自兵书《六韬·龙韬》中的阴符。

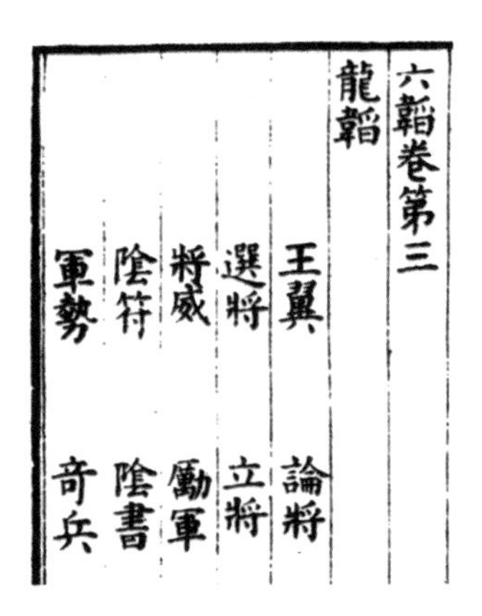
六韜卷第三
龍韜
王翼 論將
選將 立將
將威 勵軍
陰符 陰書
軍勢 奇兵

阴符共有八枚，每个符具有不同的尺寸和形状。古人在使用阴符前，会先约定好每一枚阴符代表的特定意义。这样当人们接到阴符时，就可以知道其对应的含义了。我们称这种加密算法为“替换加密法”。

把“明文”加密后变成“密文”的方法，可以防止重要信息泄露。

明文：指没有加密的文字，一般人都可以看懂它的含义。
密文：指加密后的文字，其他人无法看懂它的含义，保证了内容的机密性。

而西方历史上最著名的加密算法是“恺撒密码”。根据苏维托尼乌斯（罗马帝国时期的历史学家）的记载，历史上的恺撒大帝曾用此方法对重要的军事信息进行加密并与他的将军们进行通信，故而得名。

使用恺撒密码时，消息中的每个字母都将被替换成其后的第 *N* 个字母。例如，当 *N*=3 时，字母 A 会被换成其后第 3 个字母 D、字母 B 将被换成 E，以此类推，最后的 X、Y、Z 将被分别换成 A、B、C。因此，消息“hello”将会被加密成“khoor”。我们将这种通过把字母移动一定位数来实现加密的方法称为“移位加密法”。

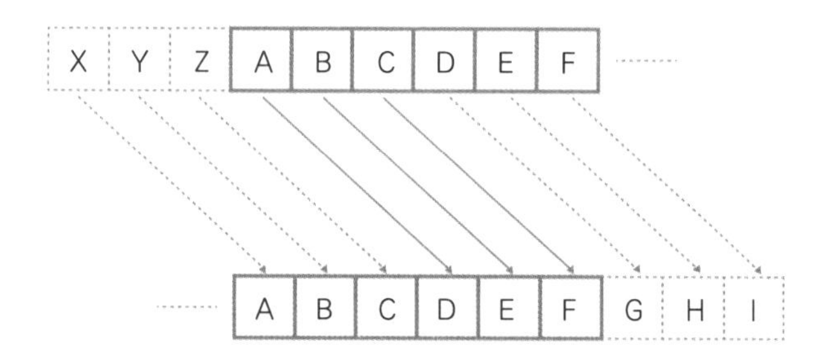

上述介绍的两种加密算法被统称为古典加密算法，因为密钥数量有限，很可能会被他人破解。

直到 20 世纪中叶，克劳德·艾尔伍德·香农发表了《秘密体制的通信理论》一文，标志着加密算法的重心开始转移到了应用数学上，并开启了现代加密算法之路。

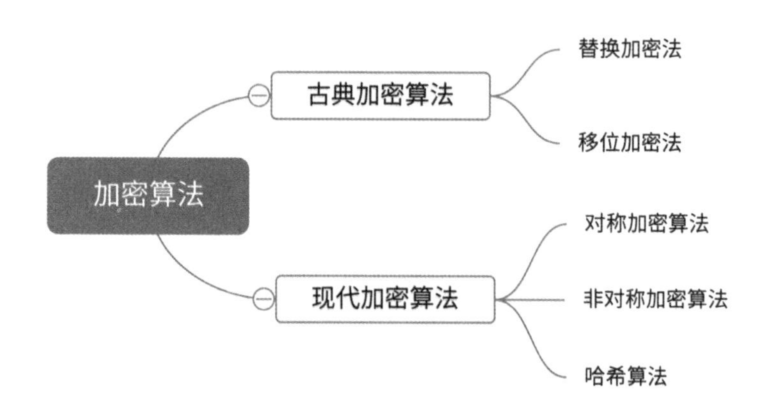

现代加密算法

现代加密算法主要包含三类：对称加密算法、非对称加密算法和哈希算法。

对称加密算法：加密和解密双方使用同一套密钥进行加密、解密。

例如，小明想给小美发一段消息，又不想被其他人看到。那么小明可以使用对称加密算法将消息进行加密；小美收到密文后，必须使用相同的密钥进行解密才能看到消息。

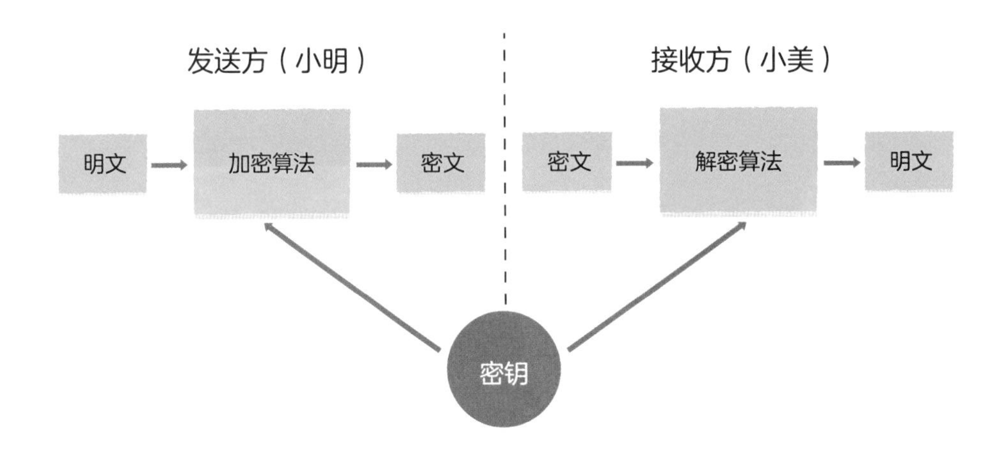

非对称加密算法：加密和解密双方使用不同的密钥，只有同一个公钥 / 私钥对才能完成加解密。

非对称加密算法通常都是基于各种数学难题来设计的，比如大数分解、椭圆曲线等，这些难题具有一个共同的特点：正向计算容易，而反向推导无解。

非对称加密算法要比对称加密算法的加密速度慢很多，所以在实际应用中，非对称加密算法通常需要与对称加密算法一起使用，以同时提高速度与安全性。

小明这次使用小美给他的公钥对消息进行加密，小美收到密文后，使用自己的私钥进行解密即可。

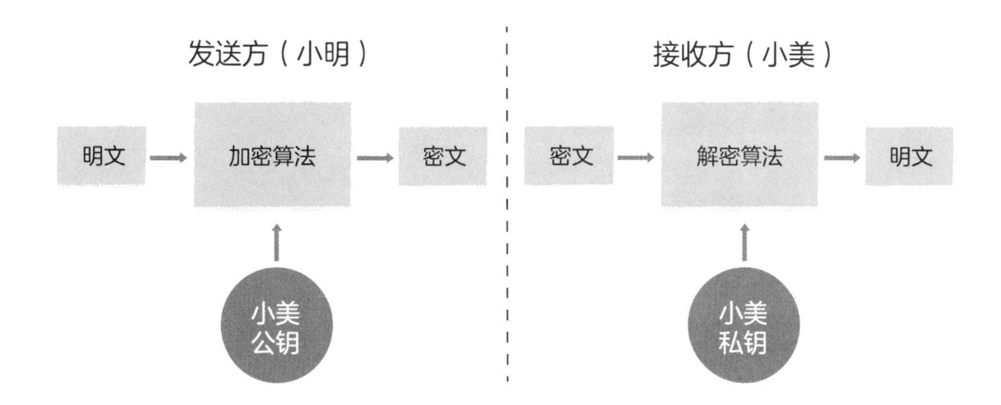

哈希算法：也称散列算法，是一种对消息或数据进行压缩，生成一个较小的数字“指纹”的方法。

使用哈希算法计算出来的值称为哈希值，哈希运算具有不可逆的性质，即根据哈希值无法通过逆向演算得出原始的数值。

哈希算法常用于检查文件是否完整、是否已经更新，以及加密数据库中的密码等。

11.2 如何“安全”地给小伙伴发消息

当我们使用计算机发送消息时，算法如何保证消息的安全呢?

在密码学中，通常将保密性、完整性和可用性作为衡量算法是否安全的标准。

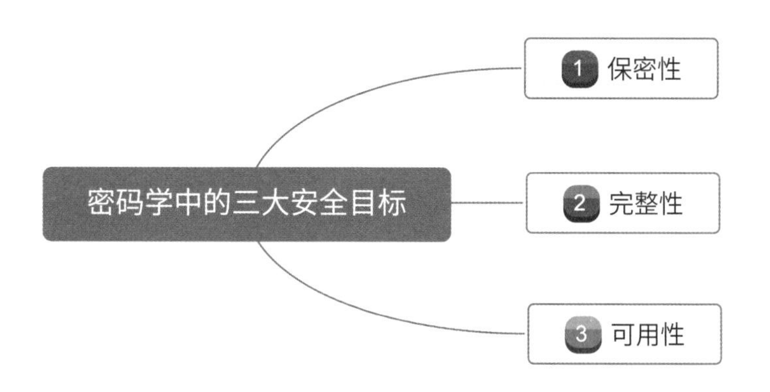

保密性：在消息传递过程中，将消息隐藏起来，不泄露给其他人。

完整性：消息内容不能被他人篡改。

可用性：具有权限的人可以查看并使用消息。

那么上面的这些安全目标是如何在算法中应用的呢？我们一起来设想一个如下场景。

酷客王国突然遭到了敌人的袭击，而且非常不幸，酷客国王和王后被困在了城堡里。酷客工程师独自冲出重围去搬请救兵，可是当他带着救兵赶回时，却发现敌人已经把城堡团团围住了。酷客工程师想要通知城堡中的酷客国王晚上 10 点一起进攻，可是怎么样才能把消息“安全”地传递给酷客国王呢？

直接发消息

如果直接给城堡中的国王发消息，那么围在城堡四周的敌人肯定会第一时间截获消息。

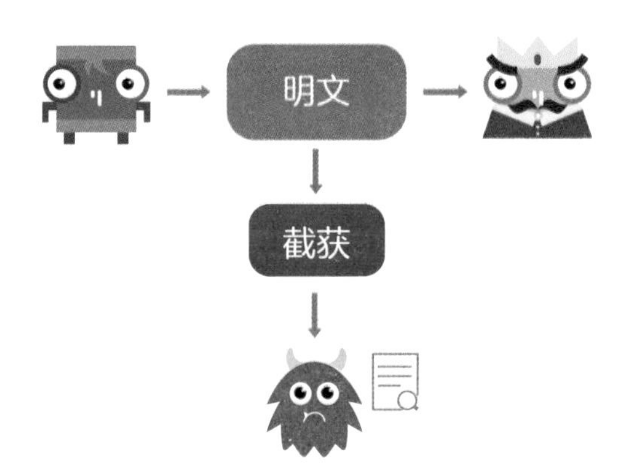

给消息加密

于是，酷客工程师想到了使用对称加密算法将消息加密的方式，国王收到消息后，使用相同的密钥解密即可，这样即使敌人截获了消息也无法知道消息的真正内容。

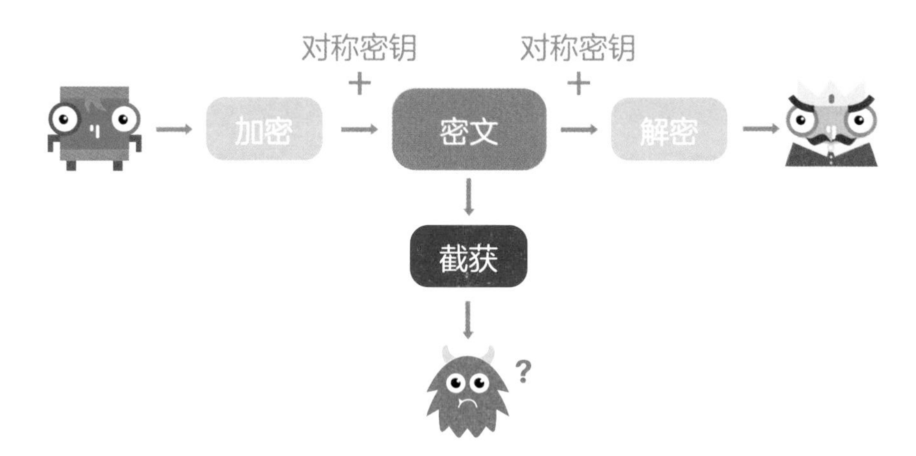

但是酷客工程师很快发现了一个问题：他从城堡出来时太过匆忙，忘记与酷客国王约定对称加密的密钥了。

这可如何是好？

正在发愁之际，酷客工程师想到了非对称加密算法。他立刻拿起喇叭向城堡的方向大声喊："国王，请发给我公钥！"

国王的密钥

城堡上的酷客国王听到消息，立即让城堡上的士兵把自己的公钥写在横幅上，并挂上城头。

酷客工程师看到横幅上的公钥后，使用公钥对消息进行了非对称加密，并把加密好的消息用信鸽传递到城堡里。

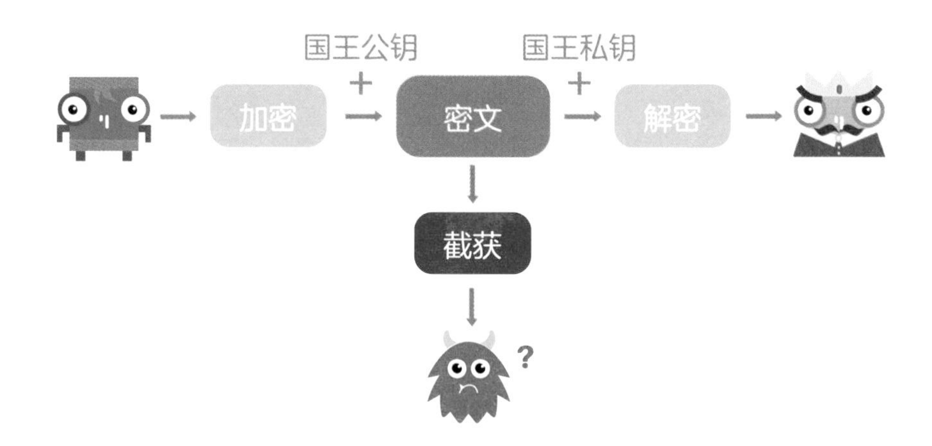

“哈哈，成功啦！咦？怎么回事？”

酷客工程师还没有来得及庆祝，却发现无数只信鸽从敌人的营地中飞入城堡。

原来是敌人发现酷客工程师向城堡中报信，他们虽然无法解密，但是他们可以使用相同的算法和公钥伪造假消息，让酷客国王无法分清楚哪个消息才是酷客工程师发过来的。

“居然有人敢冒充我的身份给国王发消息，气死我了。”酷客工程师喊道。但是他又想到了一个好主意。

真正的救兵

酷客工程师立即让士兵把自己的公钥也写到横幅上告知城堡中的酷客国王。然后使用非对称加密算法和自己的私钥重新加密了信息，传递给国王。

现在酷客国王只需要使用酷客工程师的公钥，对城堡中的每一条信息解密即可，因为只有酷客工程师拥有私钥，所以只要能够成功解密，就说明这条信息是酷客工程师发过来的。

“哈哈哈，大家等着我们反攻敌人的好消息吧！”

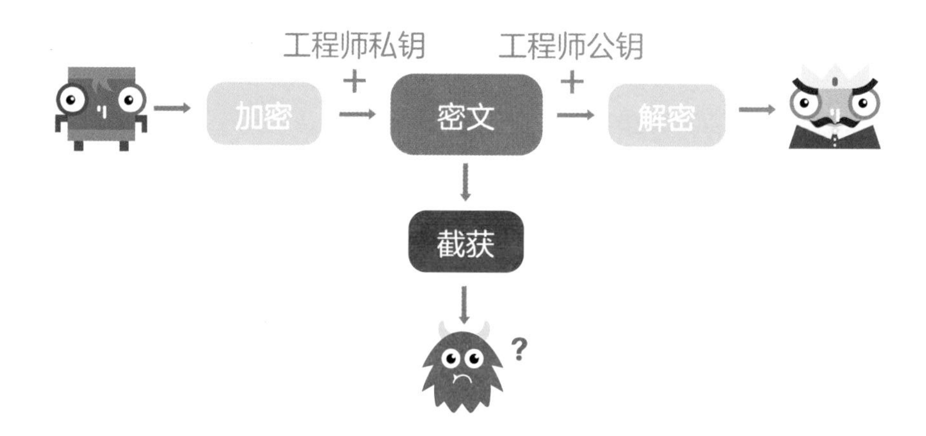

11.3 口令口令！——恺撒密码

了解了安全算法的重要性，我们动手制作一个自己的口令加密器吧。这次我们选择“恺撒密码”作为加密算法，当接收到口令消息和密钥后，恺撒会根据密钥所指定的位数，告诉我们加密后的口令。

1 在舞台中添加背景和恺撒角色。

为了实现恺撒密码算法中密文字母的替换，我们创建一个名为“字母表”的列表，这个列表在后续加密解密过程中会被使用。

2 在每次使用“字母表”列表前，需要先将列表中的内容进行初始化，即使用字母 a 到 z 来填充列表。

最容易想到的方法是使用“将（）加入（字母表）”命令将 26 个字母逐个加入列表中，但这种方式需要使用 26 个命令块才能完成。有没有更简洁的办法来完成这项任务呢?

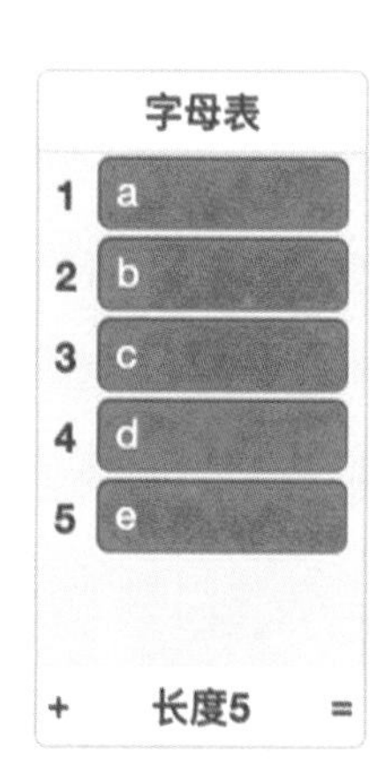

3 可以使用“重复执行”命令来帮助我们快速完成字母表的初始化任务。

在“重复执行（26）次”命令中，使用“将（）的第（）个字符”命令，从“abcdefghijklmnopqrstuvwxyz”中逐个取出 26 个字母，加入“字母表”。

“当前字母表位置”变量用于记录当前字母的位置。在每次“重复执行”过程中，只需要将该变量的值加 1，就可以使用下一个字母了。

现在，我们只用 6 行命令就完成了任务，是不是很厉害呢?

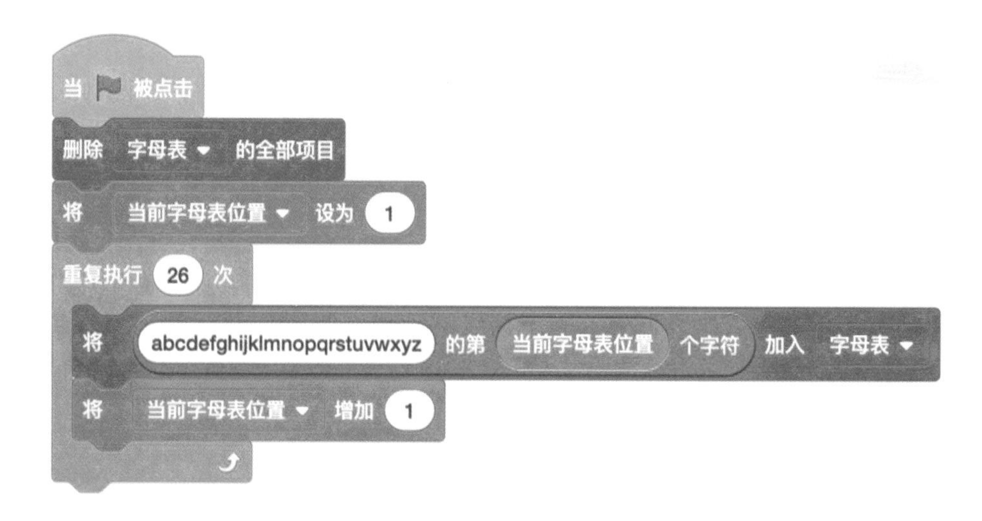

字符（Character）

在计算机科学中，字符指一个信息单位，可以是一个汉字、一个英文字母或一个符号。本章中的字符可以认为对应一个英文字母。

4 为获取消息（口令）和密钥（位移值）做好准备。

在舞台中添加“加密”按钮，通过“当角色被点击”命令为“加密”按钮添加点击事件。

当点击“加密”按钮时，发送广播消息来通知“恺撒”以询问消息和密钥。

5 在恺撒角色中使用“询问（ ）并等待”和“回答”命令获取消息和密钥。

将接收到的消息和密钥分别保存在“明文”和“密钥”变量中。

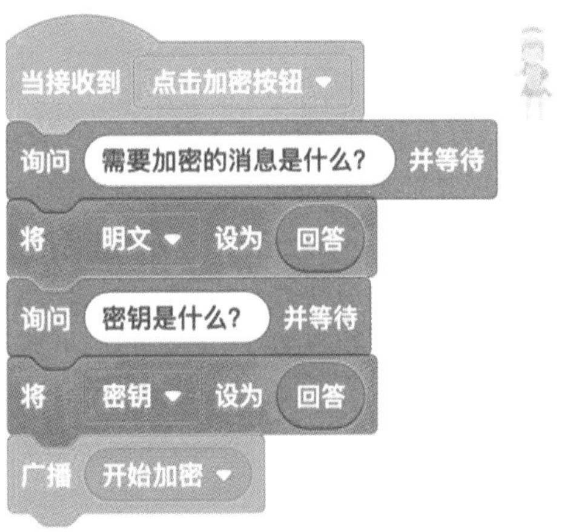

6 有了消息和密钥，就可以开始对消息进行加密处理了。

在“加密”按钮角色中，定义“加密明文”函数，来实现消息加密功能。在“重复执行”命令中，“明文”变量中保存的消息被分解为一个个字符后，将由“加密单个字符”函数对每个字符进行加密处理。

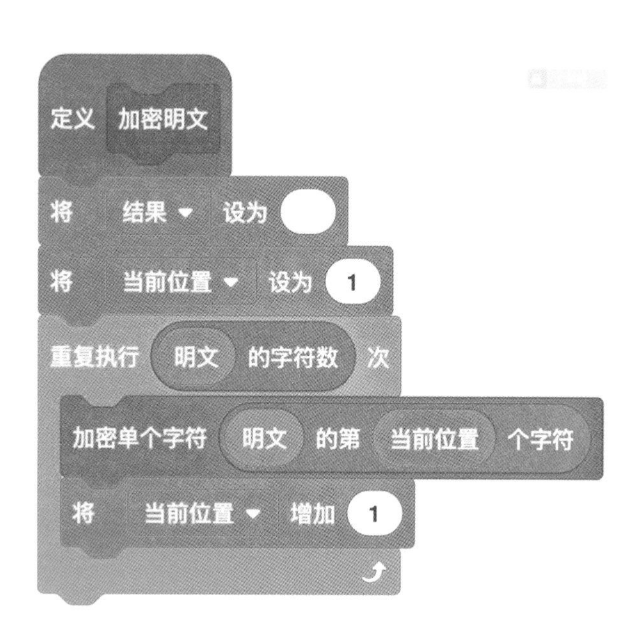

“（明文）的字符数”命令可以计算出“明文”变量中存储的字符个数，用来确定“重复执行”命令的执行次数。

“当前位置”变量用于在“重复执行”命令中确定当前处理字符的位置。

“（明文）的第（ ）个字符”命令用于从“明文”变量中的“当前位置”取出字符。

7 下面进入本节最核心的部分——“加密单个字符”函数。

“加密单个字符”函数的主要功能是使用“重复执行直到”命令，将“字符”参数与“字母表”中的字符逐个进行比较，当字符相同时，将“当前字母表位置”加上“密钥”变量所指定的位移数，就可以得到加密后的字符位置了。

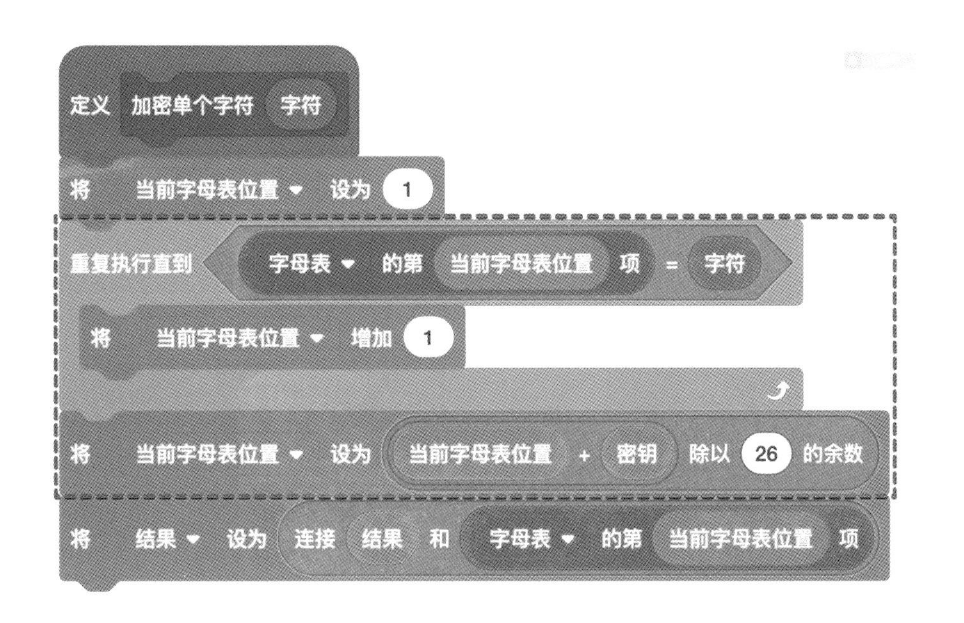

8 细心的我们会发现，在计算密文对应的字母位置时，使用了“( )除以(26)的余数”命令，那么余数是什么意思？这里为什么要使用余数呢？

数学用语。在整数的除法中，只有能整除与不能整除两种情况。当不能整除时，就产生了余数。例如：5 ÷ 3 = 1…2。

在计算机科学中，上述式子通常记作 5 mod 3 = 2。

我们在这里使用取余数的命令，是为了解决当位移数（密钥）超出字母表范围时，可以让其找到对应的密文字母。

举例说明：假设字母表中共有 5 个字母“abcde”，当“字符”参数为“d”（对应字母表中第 4 位）、密钥（位移数）为 3 时，如果直接计算则密文的位置为 7，超出了字母表范围。这时就需要使用“7 除以 5（字母表长度）的余数”命令，得出超出字母表范围后的余数为 2，表示其对应的密文字母是处于字母表的第二位的“b”。大家可以拿笔画一画，看看是不是这样的。

9 使用“连接（）和（）”命令，将“结果”变量中已经保存的字符，与刚刚在字母表中找到的“密文字母”连接起来，一起保存到“结果”变量中。

这样，我们每调用一次“加密单个字符”函数，就会把最新找到的密文字母连接到“结果”变量的最后。当我们对每一个“明文”变量都执行过一次“加密单个字符”函数后，就得到了完整的密文。

10 当加密明文的工作完成后，发出“显示结果”的广播消息，让恺撒告诉我们最终的加密结果。

11 “哇！好棒啊！我要立刻去试一试！”

说明

Scratch 中字符的比较是不区分大小写的。无论输入的消息是“hello”“Hello”还是“HELLO”，程序都可以正常工作。

12 “咦，为什么我输入了‘Hello！’之后没有显示密文结果呢？”

让我们检查一下问题出在了哪里。在代码块区中勾选“字母表”和“当前字母表位置”前面的复选框，可以将它们展示在舞台区域。

☑ 当前字母表位置

☑ 字母表

当我们输入消息“Hello！”和密钥“3”后，我们观察到了一个奇怪的现象：恺撒并没有给出我们期望的密文结果，但“当前字母表位置”变量中的值却疯狂增长了起来。这是怎么回事呢?

13 重新检查代码，我们发现使“当前字母表位置”变量增长的关键在于“重复执行直到”命令中的条件判断语句。

这段程序的逻辑是“判断字符参数是否出现在字母表中”，但仔细阅读代码后我们却发现，检查逻辑似乎漏掉了什么。

假如输入的“字符”参数在“字母表”中找不到的话，“重复执行直到”命令的条件就永远无法满足，程序也就会不停地运行下去。

“啊，原来如此！”

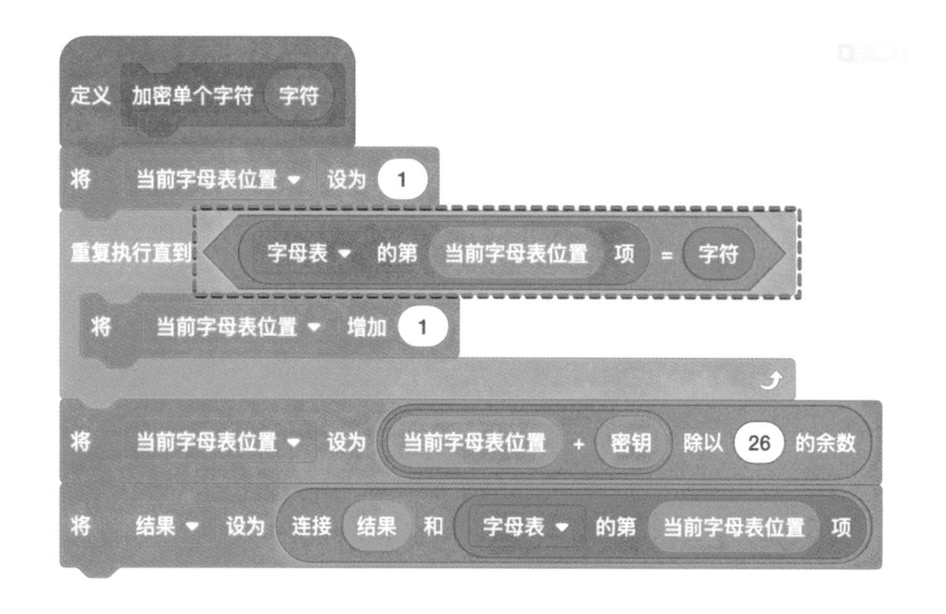

14 找到了问题，就可以动手改进代码逻辑了。

为“重复执行直到”命令增加一个判断条件：如果“当前字母表位置”大于“字母表的项目数”，就停止继续执行“重复执行直到”命令（如下图中所示①），并使用“输入错误”变量记录下来（如下图中所示②）。

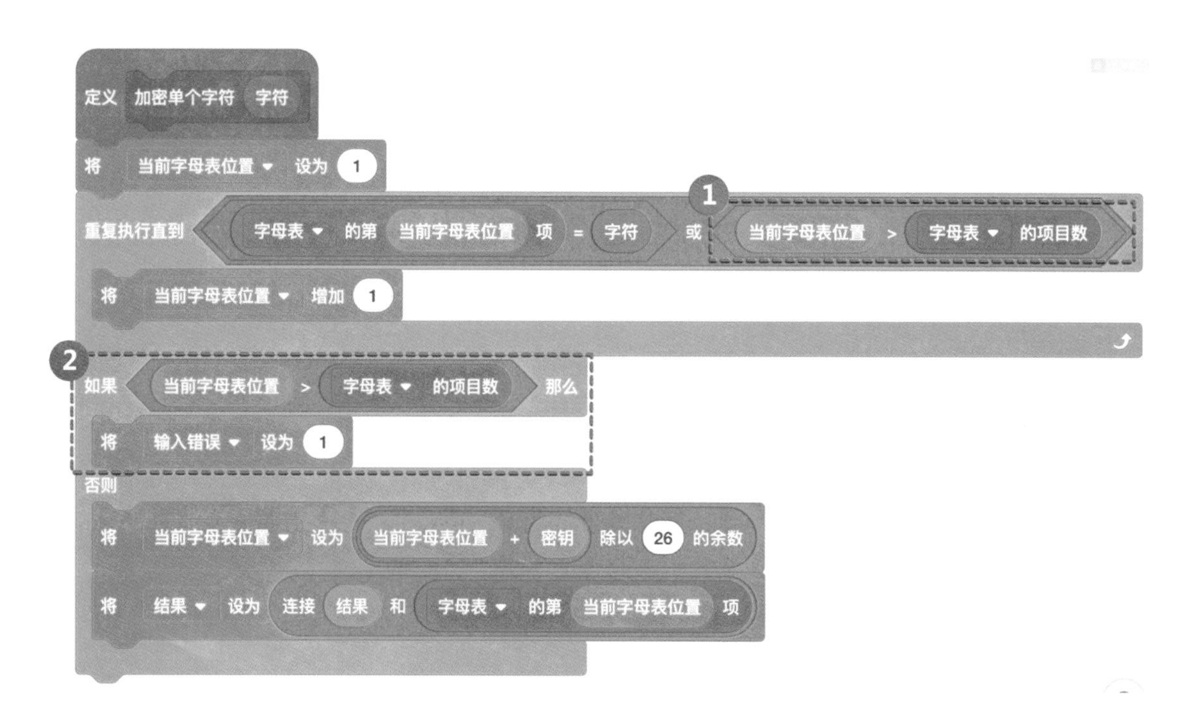

15 当发现“输入错误”变量为 1 时，广播消息“输入错误”，让恺撒发出通知，告知用户需要重新输入内容。

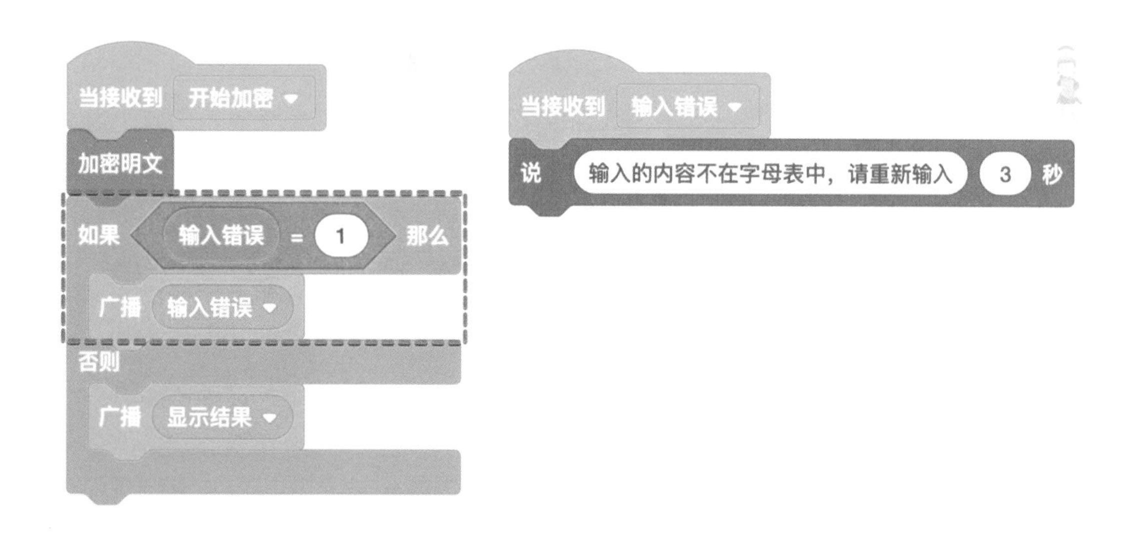

16 学会了“加密明文”函数和方法，现在大家可以自己完成“解密密文”函数的功能吗？

在舞台中添加“解密”按钮，在“解密”按钮中添加“解密密文”函数。

对比“加密明文”函数和“解密密文”函数，它们的主要区别就是将“明文”变量换成了“密文”变量，将“加密单个字符”函数换成了“解密单个字符”函数。

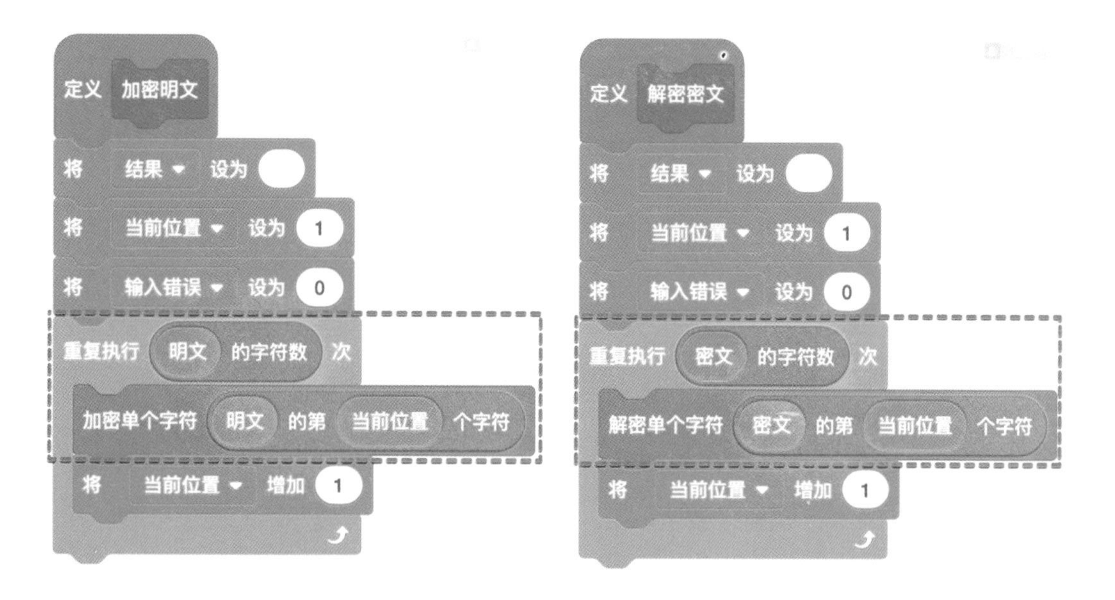

17 那么“解密单个字符”函数应该如何实现呢?

在加密的过程中，我们将明文中每个字母所在的位置加上密钥（位移值），就可以得到密文。

那么解密的过程是什么呢?

“把加密的过程反过来！”

没错！在恺撒密码算法中，解密是加密的逆过程，只需要将密文中每个字符所在的位置减去密钥（位移值），就可以得到明文了。

所以，“解密单个字符”函数与“加密单个字符”函数的区别就在于将计算“当前字母表位置”的地方换成：将“当前字母表位置”减去“密钥”变量所指定的位移数。

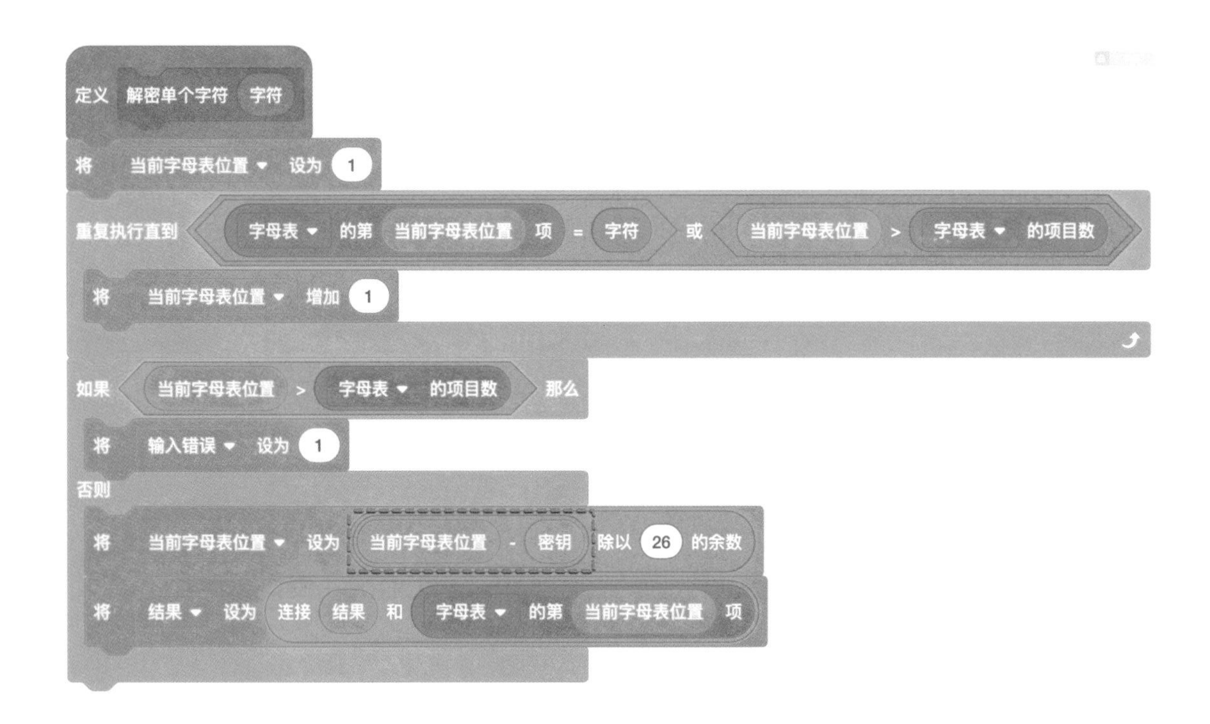

18

“如果我们收到了密文，但是不知道密钥的话，是否可以破解敌人的信息呢？”

“这个嘛，虽然有点麻烦，但是如果愿意多花一些时间的话还是有办法破解的。”

“这是怎么做到的呢？”

“我们可以使用称为‘暴力破解’的穷举法。”

简单来说，穷举法就是把所有可能的情况都尝试一遍，最终给出成功或者失败的结果。

对于恺撒密码来说，因为字母表中只有 26 个字母，那么所有可能的密钥就是 1 到 26 这 26 个数字中的一个，所以我们最多需要执行 26 次解密算法，就可以破解密文。

19 在舞台中添加"暴力破解"按钮，为了能够复用"解密"按钮角色中的"解密单个字符"函数，我们将"穷举法解密密文"函数也定义在"解密"按钮角色中。

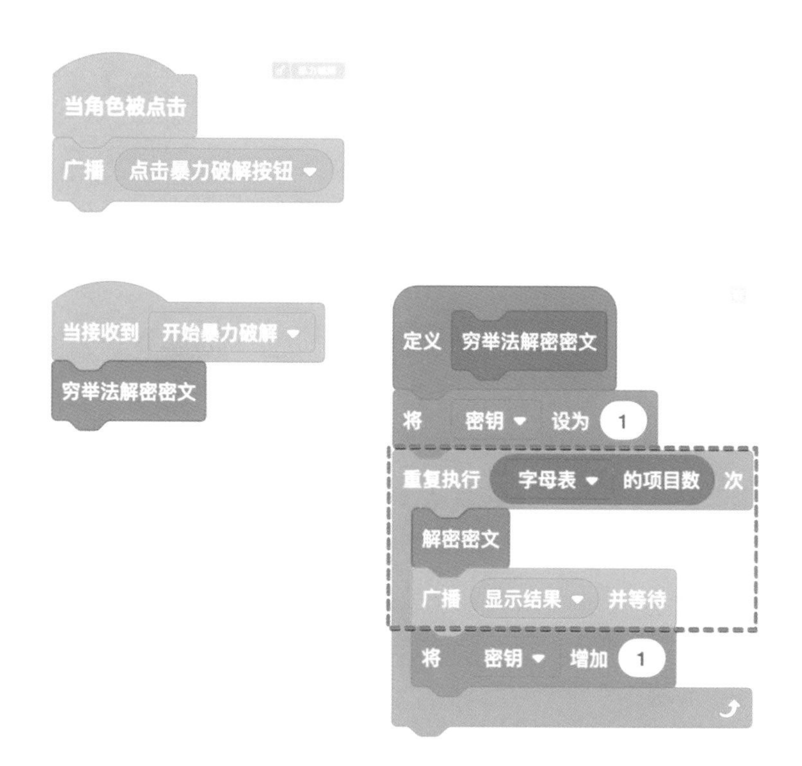

在上面代码中，我们一共执行了 26 次（对应字母表中的 26 个英文字母）"解密密文"函数，每次解密出新的"明文"后，恺撒都会第一时间告诉我们结果。逐一查看这些明文信息，我们很快就找到了其中有意义的明文是"hello"。

加密
解密
暴力破解
密文是什么？
khoor

加密
解密
暴力破解
结果是：jgnnq
结果是：ifmmp
结果是：hello

本章小结

- 了解信息安全与加密算法。
- 学习如何"安全"地发送消息。
- 利用恺撒密码制作"入城密码"程序，实现加密、解密和暴力破解的功能。

在下一章中，酷客工程师将给大家介绍人工智能的历史和最朴素的迷宫算法。

第 12 章 曲径通幽，搜寻遗失的宝藏

12.1 人工智能——"算法"还是"魔法"

大家听说过“人工智能”吗？人工智能与我们之前所说的算法又有着怎样的联系呢？

人工智能（Artificial Intelligence，AI）

人工智能就是研究使计算机能够模拟并扩展人类智能的理论、方法及应用的科学，目的是让计算机会听、会看、会说、能思考、能学习、能行动。

“听起来好厉害呀！那人工智能是不是一项非常新的技术呢？”

其实人工智能的概念从提出至今已经有将近70年的历史了，今天酷客工程师就带领大家一起回顾这段人工智能的发展史吧。

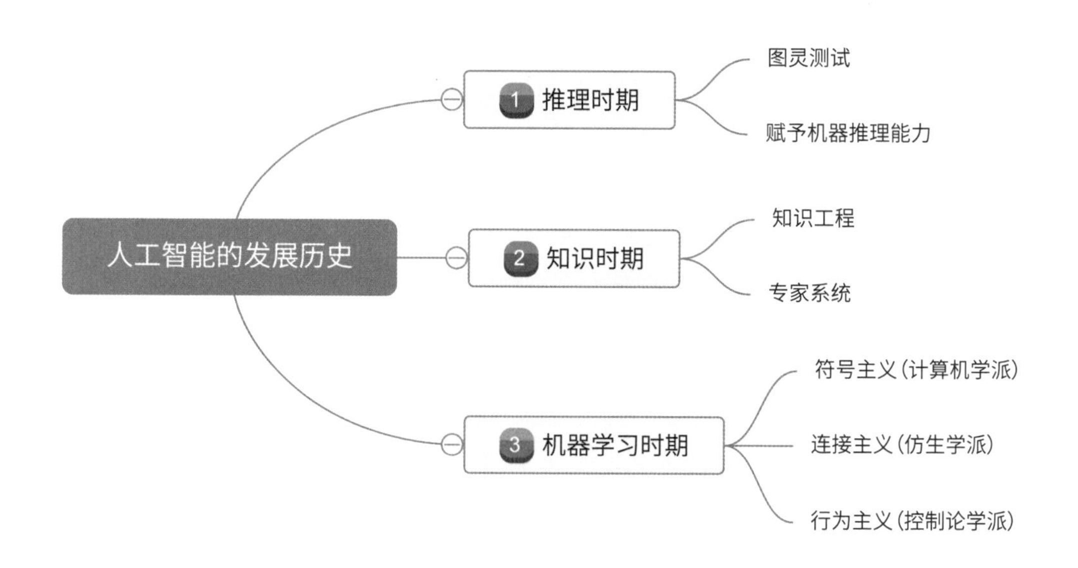

早在1950年，图灵就发表了一篇划时代的论文，提出了著名的图灵测试：“如果一台机器能够与人类展开对话（通过电传设备），而不能被人辨别出其机器的身份，则认为这台机器具有了智能。”

推理时期：到了 1956 年，麦卡锡、明斯基、罗切斯特、香农等一大批科学家在达特茅斯会议中第一次正式提出“人工智能”一词，这标志着人工智能这门学科正式诞生。这段时间的人工智能研究称为推理时期，人们认为只要能赋予机器逻辑推理的能力，机器就会具有智能。

知识时期：从 20 世纪 70 年代开始，人们希望通过将各个领域的知识总结起来，并记录到机器中使其获得智能。于是在这个时期，诞生了大量具有专门知识和经验的专家系统。但是由于当时计算机的存储空间和处理速度有限，未能有效地解决任何实际的人工智能问题。

机器学习时期：随后经过数年的发展，人工智能的研究进入机器学习时期，并逐步形成了三大学派，即符号主义、连接主义和行为主义。我们常说的“深度神经网络”就是这一时期的代表。

“原来人工智能有着这么悠久的历史啊！”
“那么上面提到的机器学习，是机器真的可以自己学习了吗？”

机器学习其实只是人工智能领域中一个小小的分支，人们通过给机器输入大量特定的数据，使其能够分析和归纳出有效的“模型”，以此来帮助人类解决问题。

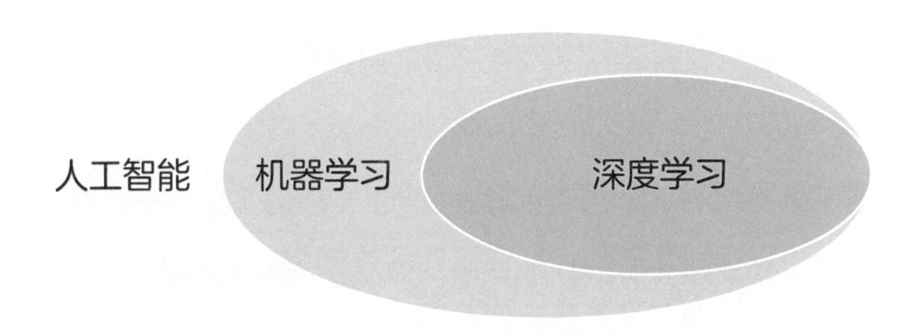

人工智能：泛指研究怎么样让机器获得智能。

机器学习：人工智能中的一个技术学派，通过从大量数据中总结规律，归纳出特定的模型，并将其应用在我们身边的现实场景中来解决实际问题。

深度学习：机器学习中的一种，它所提炼出来的模型就是我们所说的深度神经网络。

12.2 我们身边的人工智能

我们知道，人工智能已经开始逐步进入我们的日常生活。大家想一想，我们平时用过哪些人工智能方面的产品或应用？

“妈妈的手机可以听我讲话，告诉我今天的天气。”

“手机相册可以自动帮助我们把登山的照片归类。”

“网络音乐电台会为我推荐好听的歌曲。”

“在自动售货机上可以使用人脸识别购买矿泉水。”

虽然目前人工智能还处于探索和发展阶段，但是已经给我们的生活带来了巨大的改变。

从早期的语音识别、图像识别，到近年的人机围棋、自动驾驶，人工智能已经有了长足的发展，智能机器逐步开始向听、看、说、思考、学习、行动等多个方面发展。

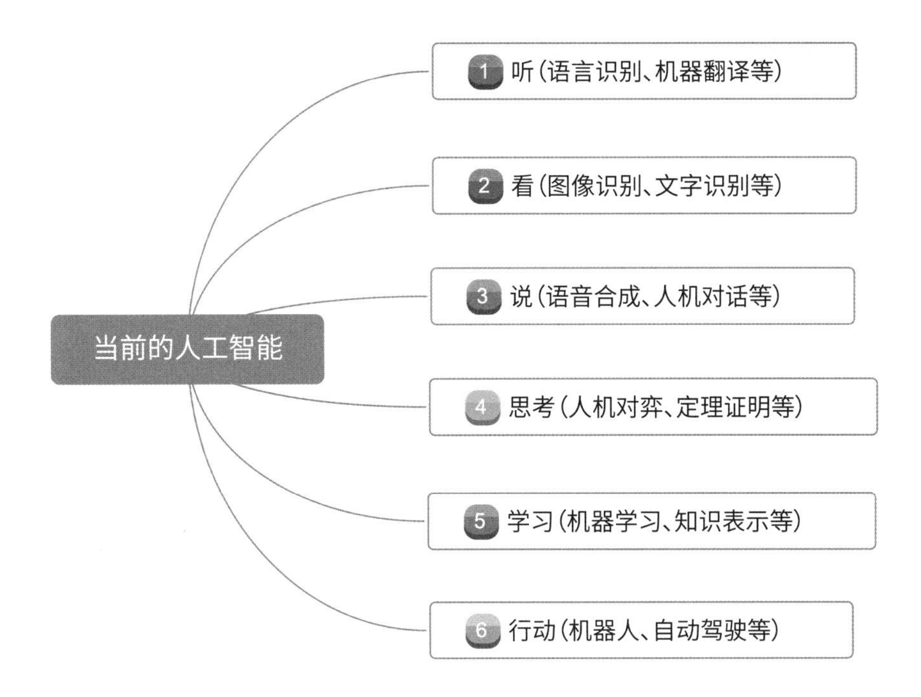

“人工智能会不会像电影中那样取代人类呢？”

大家不用担心，人工智能只是人类研究出的高级工具，它的作用是把人们从繁重的简单工作中解放出来，让我们将更多的时间投入更有意义的事情中去。

现阶段的人工智能还很稚嫩，我们还需要通过更多的研究和努力让它成长起来，真正帮助人类发展。

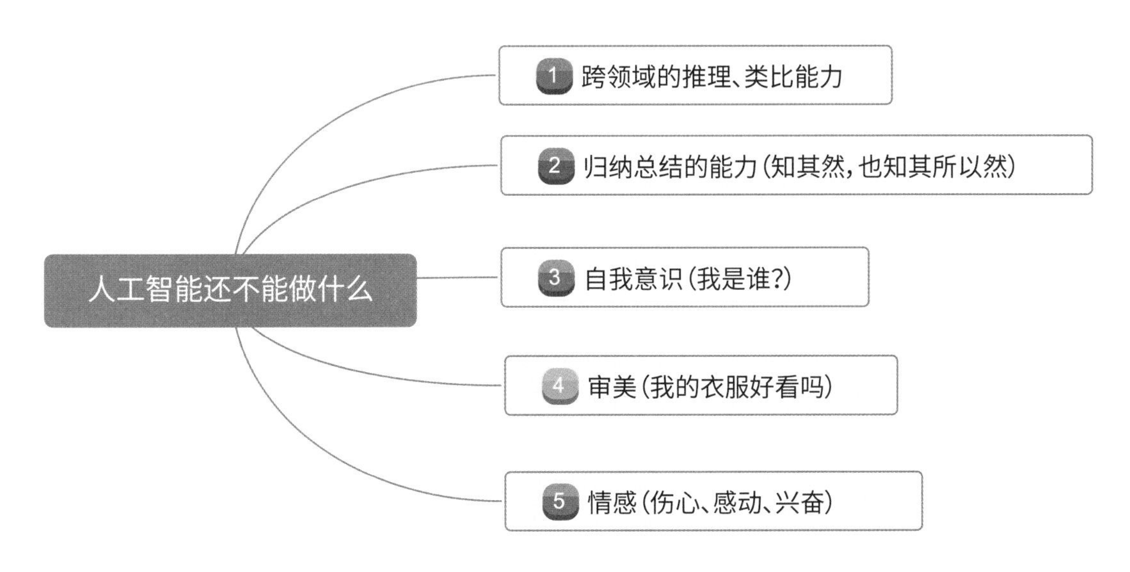

12.3 朴素的人工智能——左手法则

下面我们将从身边的算法开始，一步一步为即将到来的人工智能时代打好基础。

大家有没有梦想过，有一天能够获得一张藏宝图，乘坐着自己的“探险号”大船乘风破浪，前往未知的海岛上寻找传说中的宝藏呢?

搜寻遗失的宝藏

微信扫码
运行程序

酷客国王最近就真的获得了一张“藏宝图”，他派出了手下最得力的工程师对藏宝图进行了研究，并最终找到了通往宝藏的航线。

如下图所示，左侧是原始的藏宝图，右侧图中的红线是酷客工程师经过研究后发现的航线。

我们将沿着这条红色的寻宝线路图，去搜索这个古老的宝藏，开启我们的寻宝之旅。而本次探险的关键就是，让探险船能够准确地沿着藏宝图中标记出的红色航线航行，避开沿途的陷阱和危险。

接下来，就让我们看看如何使用程序，来帮助我们识别和跟踪寻宝线路吧。

1 将藏宝图作为背景添加到舞台中，同时加入寻宝线路图、宝箱、酷客工程师角色。

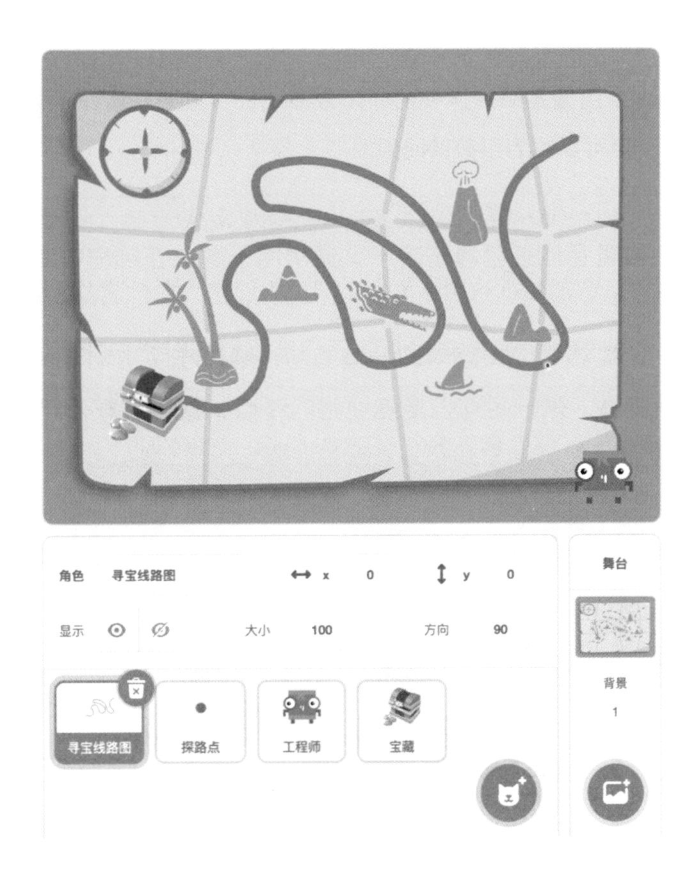

2 为了能够准确地识别藏宝图中的红色航线，我们需要添加一个“探路点”角色，来帮助工程师确定航线。

“探路点”角色是一个绿色的小圆点。选用绿色是为了与红色的寻宝航线区分开，避免后续探测红色线路时出现混淆。

3 设置探路点。

我们将探路点的起始方向设置为 -120°，并将其放置在紧靠着红色航线右侧的位置，这样就可以保证在程序启动时，航线在探路点的左侧。

为什么要让红色航线位于探路点的左侧呢？这是因为我们将使用左手法则来帮助我们跟踪线路。

如果迷宫中的墙是单连通性的（闭合曲线），只要扶着左手边的墙壁一直前进，就一定可以找到出口或回到原点。

左手法则作为最著名的迷宫算法之一，通常用于解决在迷宫中走失后如何寻找出口的问题。

我们可以将红色航线看成迷宫中的一道围墙，通过左手法则可知，只要我们一直沿着红色航线不断前进，就一定可以走到线路的终点，找到沉寂多年的宝藏。

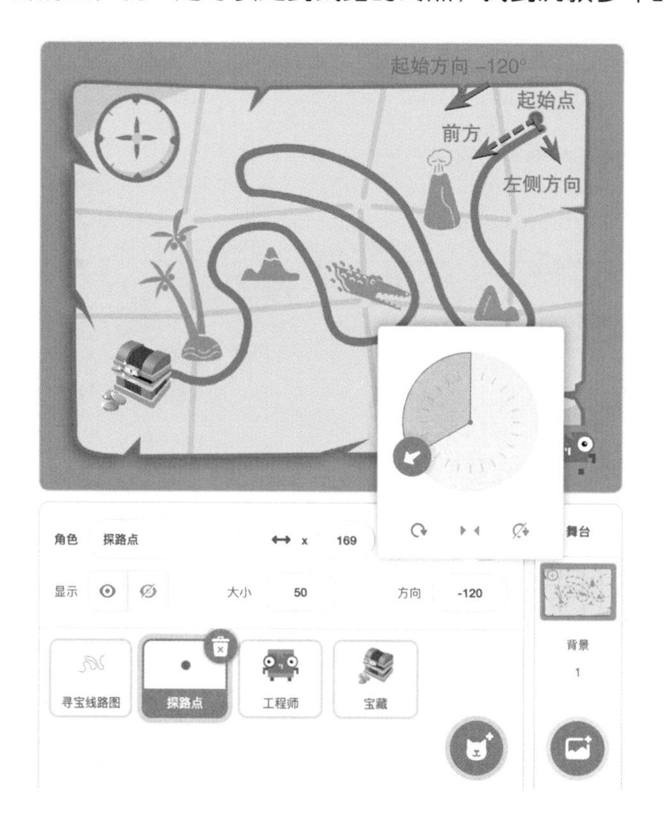

4 设定探路点的初始位置和方向。

在“初始化数据”函数中，使用“移到 x ( ) y ( )”命令设置探路点的位置（可以将探路点放置到紧贴红色航线右侧的位置，然后在角色区中查看探路点的坐标）。使用“面向 ( ) 方向”命令设置探路点的方向。

“左侧有墙”和“前方有墙”变量用于在后续程序中判断探路点在前进过程中是否遇到墙（即红色航线）。

最后为了美观，可以先将探路点隐藏起来，等到验证寻宝路线时再显示出来。

5 探索线路的核心思路：通过判断探路点临近的左侧和前方是否存在红色航线（“是否有墙”），以保证探路点能够沿着红色航线的右侧前进。

其核心算法如下：

1. 将“探路点”放置在紧靠红色航线右侧的位置。
2. 检测是否“找到宝藏”。
   a) 如找到，成功，算法结束。
   b) 如未找到，跳转至步骤 3。
3. 检测左侧是否有墙（红色航线）。
   a) 如左侧有墙，跳转至步骤 4。
   b) 如左侧没有墙，“探路点”向左转 90°，跳转至步骤 5。

4. 检测前方是否有墙（红色航线）。

a）如前方有墙，"探路点"向右转 90°，尝试从右侧绕过墙，跳转至步骤 5。

b）如前方没有墙，跳转至步骤 5。

5. "探路点"前进一步，跳转至步骤 2。

核心算法对应的流程图如下。

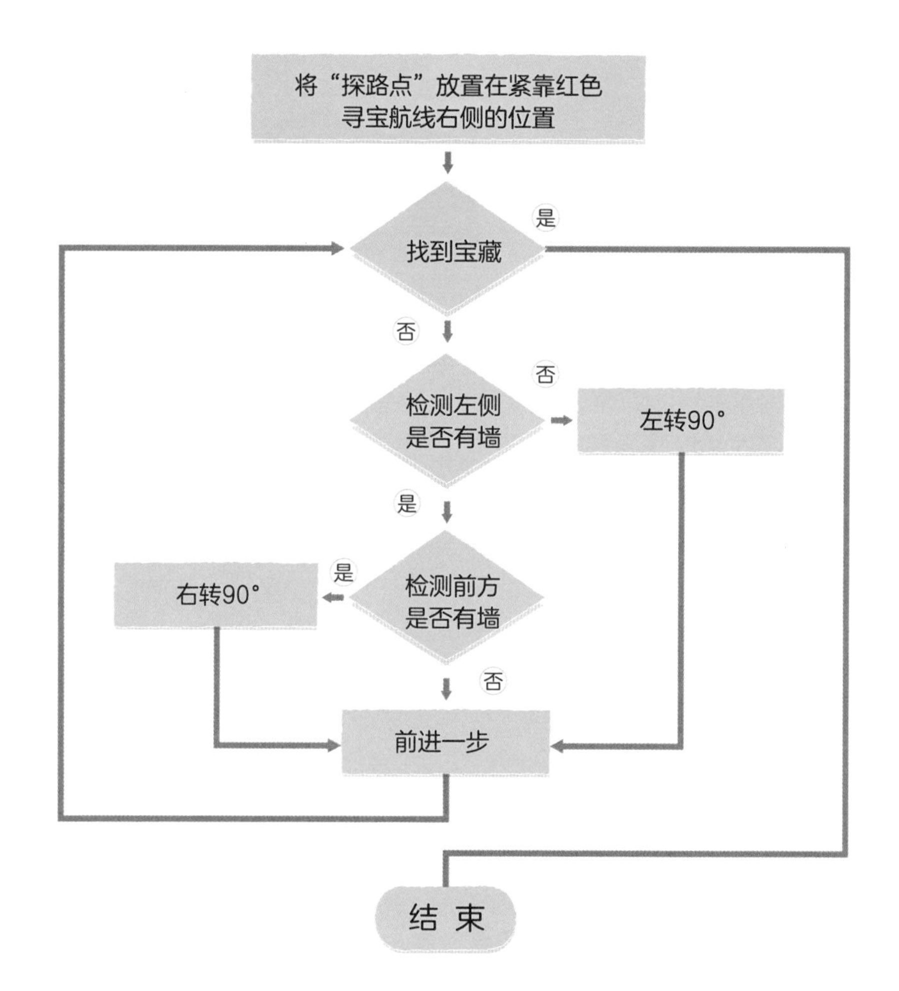

6 编写探路点的核心代码。

接收到“验证寻宝路线”消息后，调用“验证路线”函数，开始搜索宝藏。

在“验证路线”函数中，使用“重复执行直到”命令循环检测是否“碰到(宝藏)?”，如果没有找到，则检测左侧和前方是否有墙，通过变量“左侧有墙”和“前方有墙”判断向左、向右还是继续向前走。

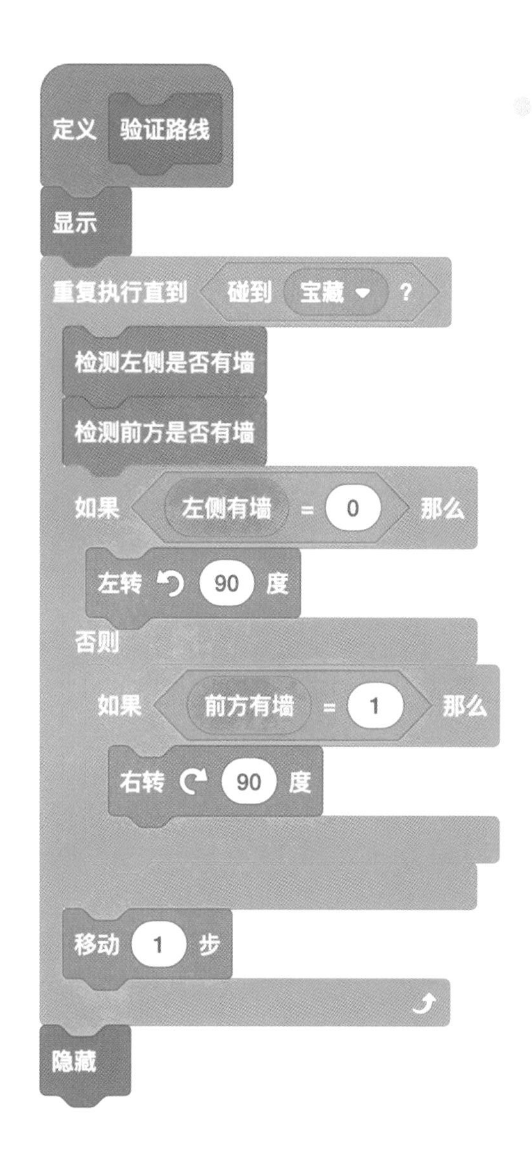

7 “检测左侧（前方）是否有墙”函数是如何进行判断的呢？

在判断是否碰到墙（红色航线）之前，需要先将探路点向相应的方向移动一小段距离（下图中①所示）。

使用“碰到颜色（）？”命令判断探路点在“移动后的位置”是否碰到红色，来确定其是否靠近红色线路（下图中②所示）。

当确定左侧或前方靠近红色线路后，“移动（-2）步”退回到原来的位置，并根据判断结果来决定后续前进的方向。

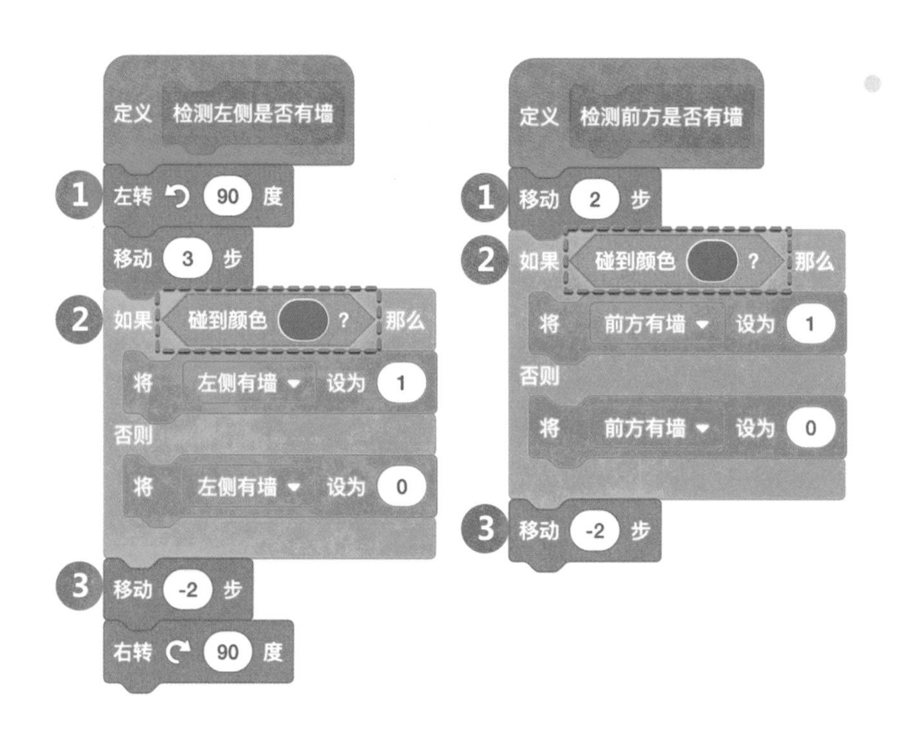

“碰到颜色（）？”命令

用于判断当前角色所在位置（具体为角色锚点的坐标位置）的颜色是否与用户指定的颜色相同。

8 在“碰到颜色（）？”命令中，如何选取合适的颜色呢?

点击“碰到颜色（）？”命令模块中表示颜色的椭圆框，在弹出的颜色选择框中点击“吸取颜色按钮”，在舞台区中吸取目标的颜色。此处我们选择吸取航线中的红色。

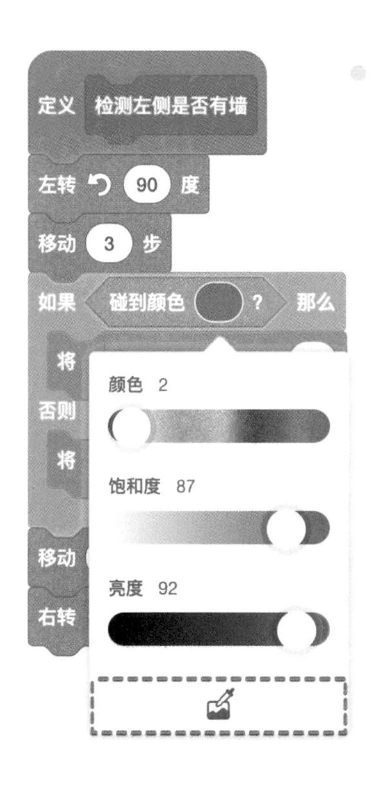

9 经过探路点的验证，我们确定了宝藏的位置，但是如何才能把最终的航线通知给船队呢?

“我们需要将寻宝航线记录下来，然后告诉工程师和船队。”

我们通常使用坐标来描述某个角色的位置，记为（*x, y*）。而探路点所经过的寻宝线路中包含了很多个点，为了能够保存这一系列点的坐标，就需要使用“列表”来进行保存了。

寻宝路径x坐标
寻宝路径y坐标

Scratch 中的列表只能存储数字或字母，无法同时保存（x，y）两个坐标的信息，所以我们需要创建两个列表，分别用来保存线路中各个点的 x 坐标和 y 坐标。

10 如下图所示，在探路点代码的基础上，增加保存探路点坐标的操作。

每当探路点前进一步，就将探路点的坐标保存到列表中，并将其作为后续航行的参考。

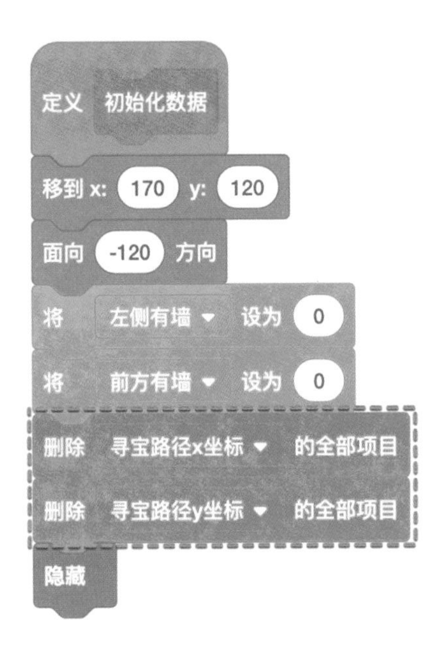

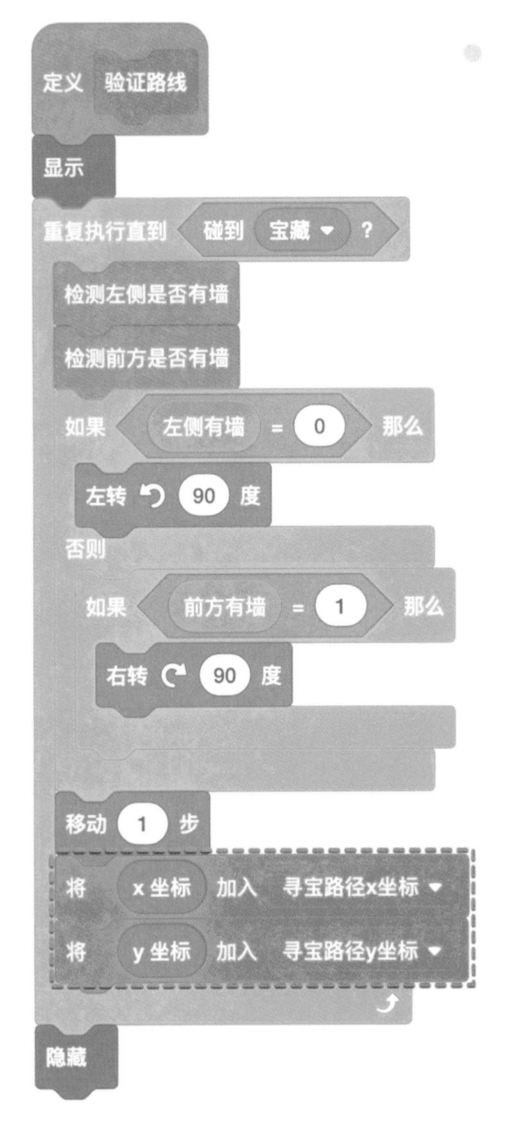

11 有了寻宝航线的完整坐标，酷客工程师就可以率船队扬帆起航，出海寻找宝藏了。

注意，当收到出发消息后，需要先创建一个“寻宝路径步数”变量，用于在“重复执行”命令中读取“寻宝路径 x（y）坐标”列表的坐标值。

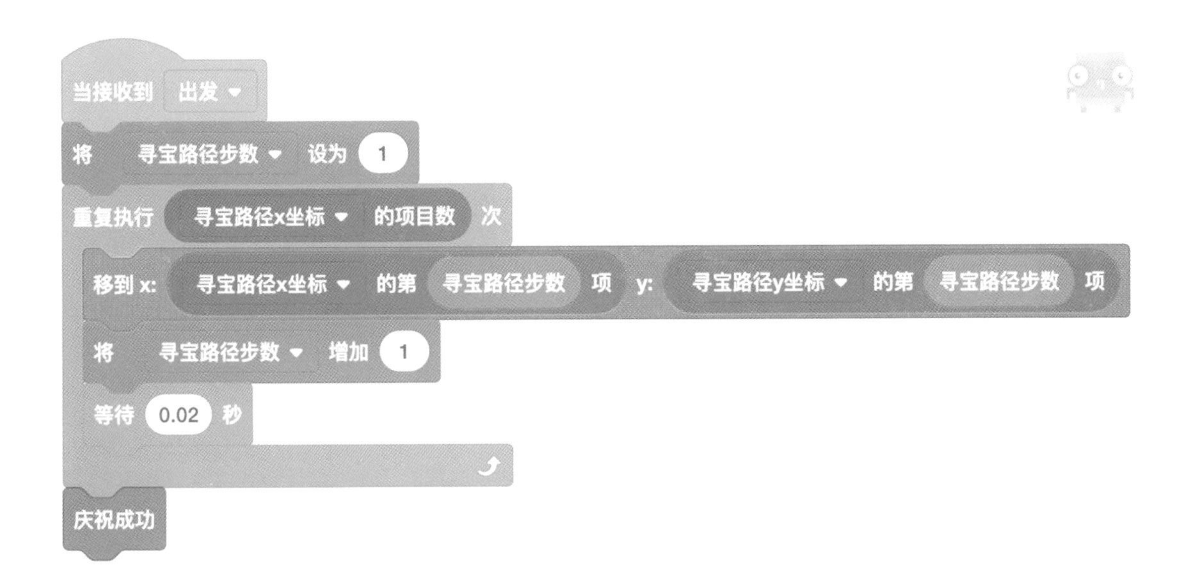

12 为酷客工程师角色添加闪烁动画，庆祝寻宝成功。

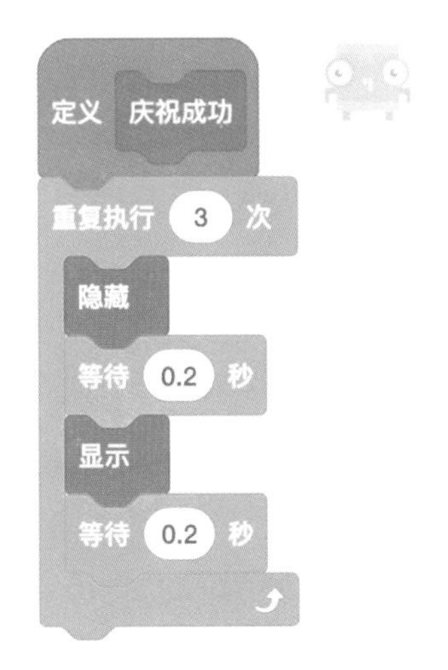

13 最后，在背景中添加启动代码。并为寻宝航线图添加显示功能，方便我们查看路线。

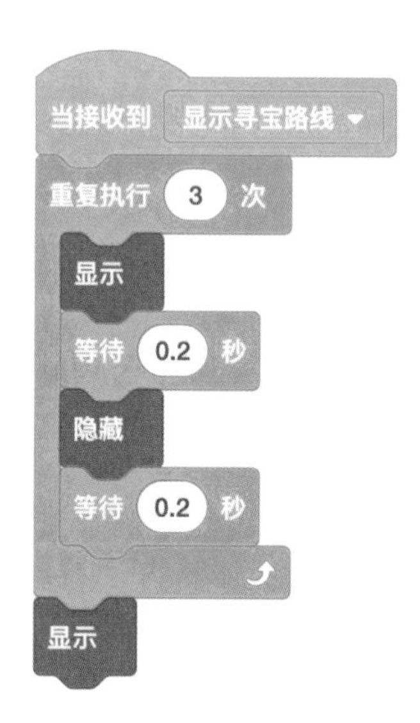

问答时间

我们在自己动手实践上述代码时，可能会产生一些困惑和疑问，我们和酷客工程师一起来分析一下，看看有没有遇到类似的问题。

Ⓐ为什么我们要在程序开始的时候，将探路点紧贴着红色航线放置呢？

大家可以调整一下探路点的起始位置，将它放置在距离红色航线比较远的地方，看看程序的运行结果会有什么变化。

“探路点没有沿着红色航线前进，而是在原地不停地打转，这是为什么呢？”

这是因为在“验证路线”函数中，探路点的目标是探索前方或左侧是否存在红色航线（墙），而当其附近不存在航线时，程序未对此情况进行处理，所以探路点将不停地向左旋转。

大家可以想一想，有什么办法可以优化探索流程，使探路点距离航线较远出发时，也可以找到航线呢？

Ⓑ 为什么在“检测左侧是否有墙”函数中，探路点靠近寻宝航线迈出的步数，比退回原来位置的步数多了一步呢？

在“检测左侧是否有墙”函数中，探路点前进了 3 步，但是只退回了 2 步。出现这个问题与寻宝线路的弯曲程度有关，探路算法对不同弯曲程度的线路有着不同的容错效果，大家可以自己动手调整前进和后退的步数实验一下。

Ⓒ 寻宝航线可以交叉吗？

红色的寻宝航线不能交叉或者靠得太近，否则会导致探路点探索到错误的路径甚至陷入无限循环。

Ⓓ 我们为什么要使用“探路点”来探索路径，而不是直接让工程师沿着寻宝路径航行呢？

这是因为我们使用“碰到颜色（ ）？”命令来判断角色是否靠近红色航线，如果直接使用工程师角色，角色就会遮挡红色航线，从而无法判断前进的方向。

使用一个绿色的小圆点来作为探路点角色，可以解决角色遮盖或颜色冲突导致探路失败的问题。同理，探路点的颜色、地图背景的颜色，都要与红色寻宝路径区分开，只有这样才能让探路点顺利地找到寻宝路径。

本章小结

- 了解人工智能的发展与演化过程。
- 感受我们身边的人工智能。
- 使用最朴素的迷宫算法——左手法则，帮助酷客国王找到遗失的宝藏。

在下一章中，酷客工程师将带着大家攀登更高一级的山峰，学习更高级的搜索算法。

第13章
再提“算法”，寻找的乐趣

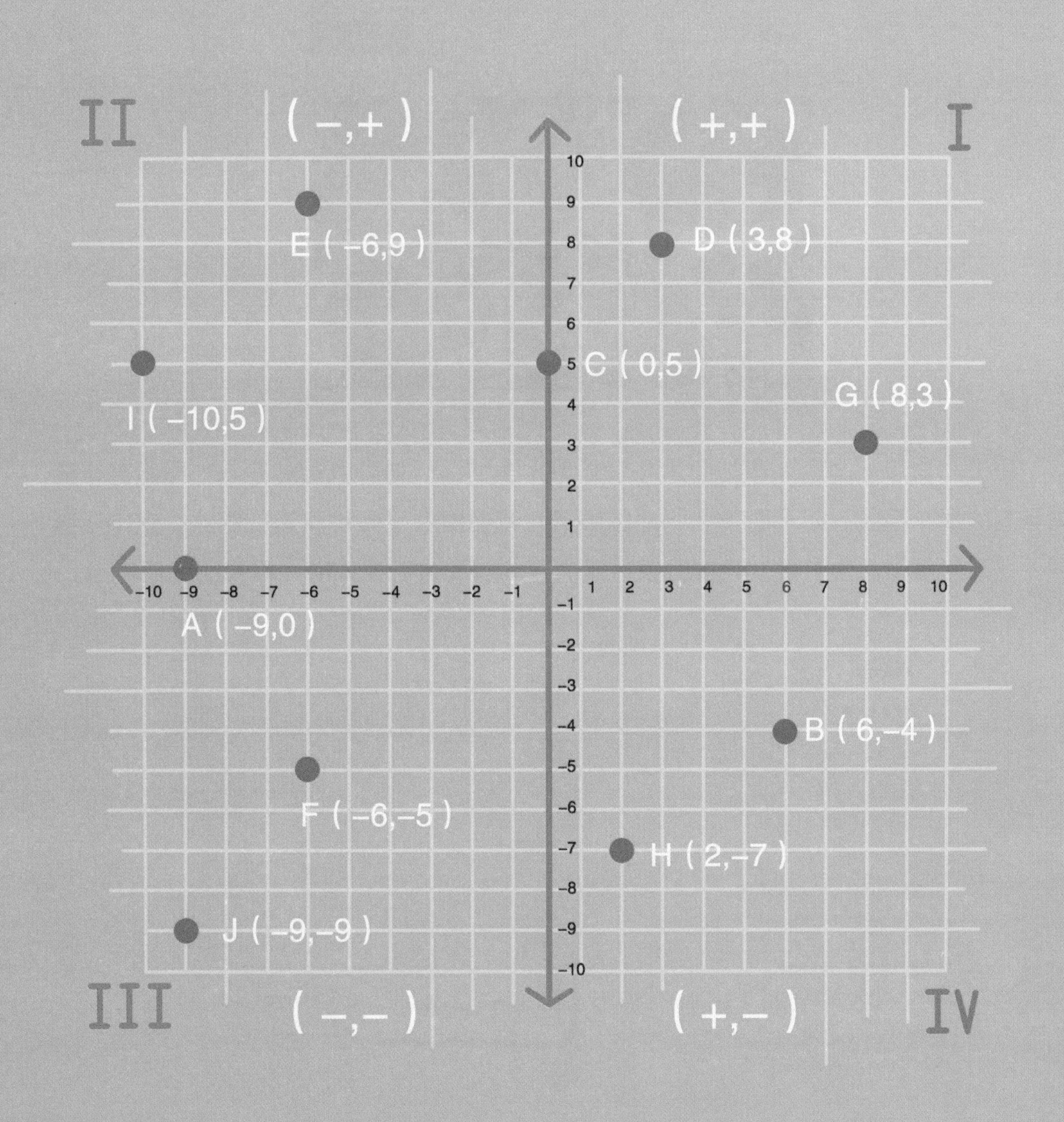

13.1 学会"查找"

在我们的日常生活中，“查找”已经是一件大家习以为常的工作了。

在计算机中查找文件、在手机 App 中查找最新发生的新闻、使用搜索引擎查找如何烧制一道好菜、打开地图软件查找公交车路线……每天都会有无数的问题需要我们去查找。

只要打开浏览器或手机 App，在输入框中输入想要查找的问题，并设定好搜索范围，搜索引擎就可以帮助我们找到最接近的答案。

假设我们想从北京火车站到达北京邮电大学，我们就可以通过在线地图服务来查询当前的乘车路线。如下图所示，地图服务为我们提供了多种可选的路线、途中可能需要搭乘的多种交通工具，还按照预计所需要的时间进行了排序，以方便我们使用。

从上面的例子中可以看到，善于使用工具，从而能够快速、准确地在浩如烟海的信息中找到问题的答案，已经成为现代社会的一项重要技能，我们要尽早掌握哦。

13.2 查找和搜索的方法

在上面的应用和服务中，计算机是如何找到有效信息的呢？

其实查找的过程就是在大量的信息中寻找某个特定信息的过程。在计算机中，查找也称为搜索，是一种常用的基本算法。

查找

根据给定的某个值，在数据元素集合中找到一个关键字等于给定值的数据元素。

人们在长期的学习和研究中，提炼并总结了很多行之有效的查找算法，如顺序查找、二分查找、分块查找、广度优先搜索、深度优先搜索等。大家可以根据实际需要有选择地使用。

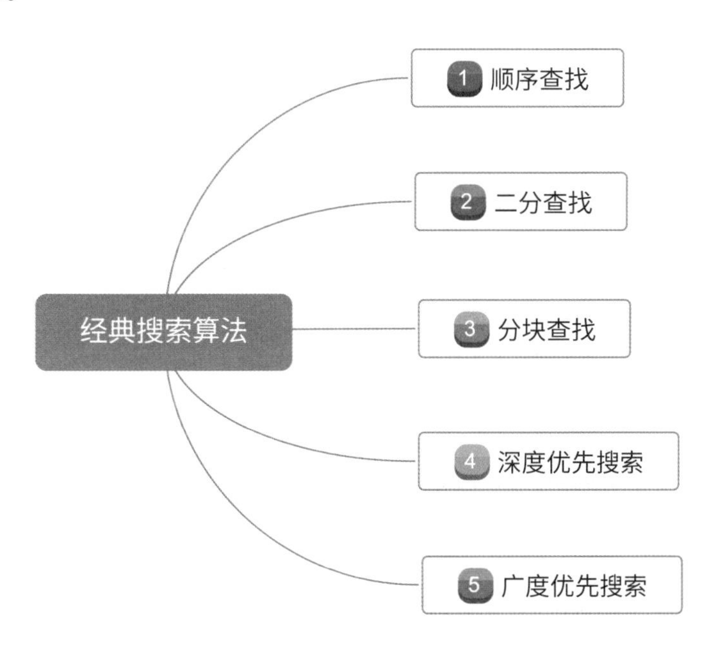

顺序查找：从列表的第1个元素到最后一个元素依次进行比较，如果找到目标元素则查找成功，若到末尾还未找到，则查找失败。

如下图，从列表开始位置进行元素比较，直到找到目标元素“5”为止，共查找了6次。

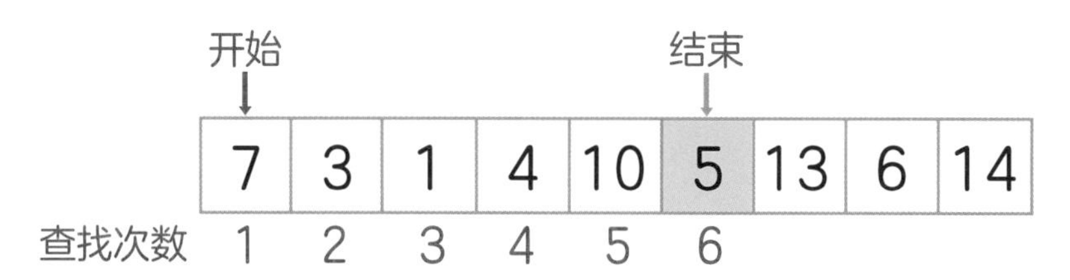

二分查找：又称折半查找，将列表正中间的元素与目标元素进行比较，如果相等则查找成功；如果目标元素小于中间元素，则在列表左半边递归查找；如果目标元素大于中间元素，则在列表右半边递归查找；若最终仍未找到目标元素，则查找失败。

说明

若应用二分查找，列表中的元素必须已经按照从小到大的顺序排列好。

如下图，查找目标“5”，先与列表中间元素6比较，因为5小于6，所以与左侧列表（1，2，4，5，6）的中间元素4比较，因为5大于4，所以继续与右侧列表（4，5，6）的中间元素5比较，查找成功。

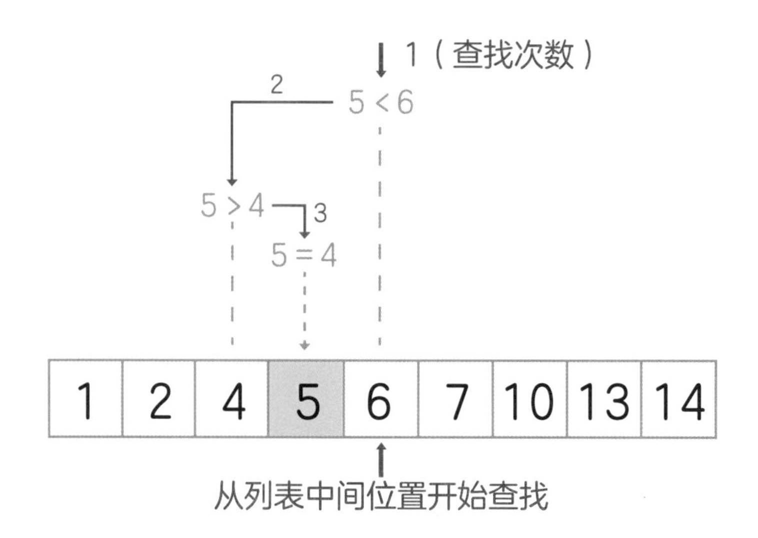

分块查找：把数据分为很多小块，每块数据是没有顺序的，但块与块之间是有序的。例如：左块中的所有元素都小于右块中的最小元素。

全部分块由有序的索引块和无序的数据块构成，在查找过程中，先使用二分查找定位到对应的索引块，然后再在数据块中进行顺序搜索。

如下图，查找目标“5”，先在索引块中使用二分查找，定位到7对应的数据块，然后进入该数据块中，使用顺序查找，直到找到5为止。

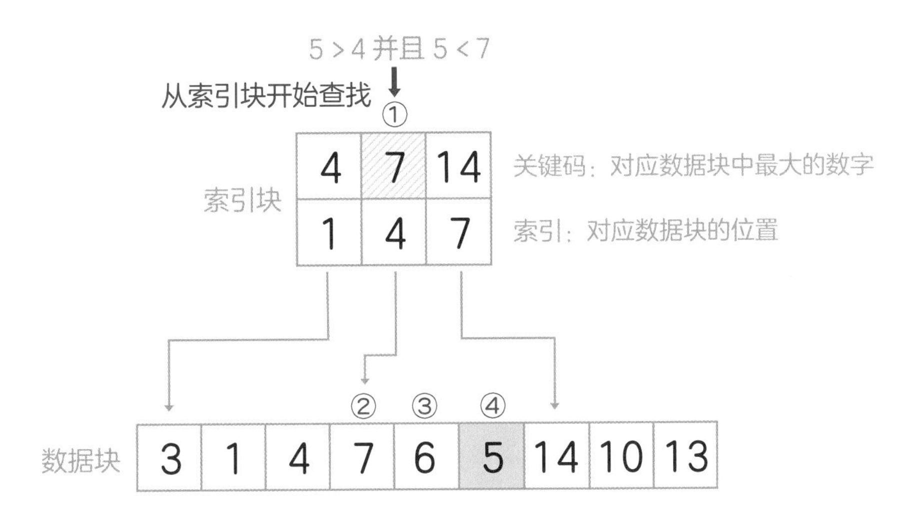

深度优先搜索：一种用于树形结构（如下图）的搜索算法。它沿着树的深度（如下图中树的深度为3）遍历树的节点（带数字的圆圈），并尽可能深地搜索树的每个分支。直到搜索到了叶子节点（最底层的节点），再向上返回上级节点，继续对其他边进行搜索，这一过程称为“回溯”。

如下图所示的结构称为“二叉树结构”，它的每个节点有两个分支。对其使用深度优先搜索算法时，将按照红色数字所示的顺序访问各个节点，则其访问的节点顺序为：1，2，4，5，3，6，7。

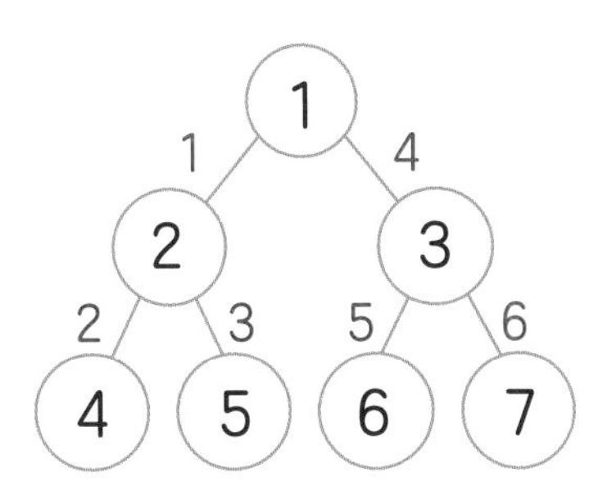

广度优先搜索：另一种用于树形结构的搜索算法。从树的根节点(带数字1的圆圈)开始，从上层到下层，沿着树的宽度来遍历树的算法。

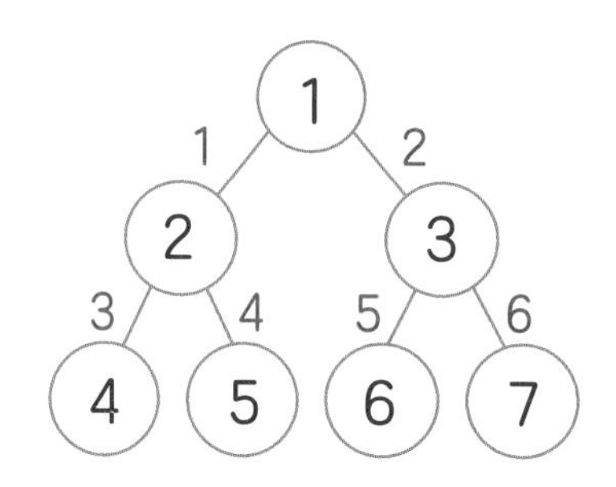

如上图所示同为二叉树结构，对其使用广度优先搜索算法时，将按照红色数字所示的顺序访问各个节点：1，2，3，4，5，6，7。

13.3 再次出发，寻找消失的印记——广度优先搜索

在海上寻宝之旅中，酷客工程师不但成功地找到了宝藏，还在其中发现了一个尘封多年的消息——在酷客王国的某个隐秘地区，埋藏着一个上古先贤留下的印记，这个印记中蕴藏着古老而神秘的力量，可以帮助酷客王国成为数百年来最伟大的王国。

酷客工程师在翻阅了无数典籍之后，终于确定了一片区域，里面极有可能埋藏着这个印记。于是，他前往这个区域进行搜寻，希望能够找到这个印记。

为了能够更快、更好地完成任务，我们将寻找印记的工作分为三步：对目标区域进行划分与标识，寻找一种可以快速搜索的算法，最后将路线记录下来并找到印记。

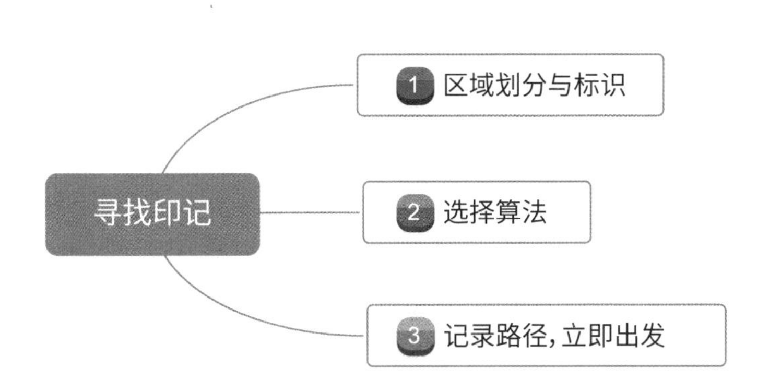

1 划分区域。

Scratch 默认的舞台大小是 480 × 360（宽 × 高），我们将其划分为 18 行 24 列的小分区块，这样每个小分区的大小是 20 × 20，一共是 432 个小格子，而印记就可能存在于任何一个小分区块当中，如下图所示。

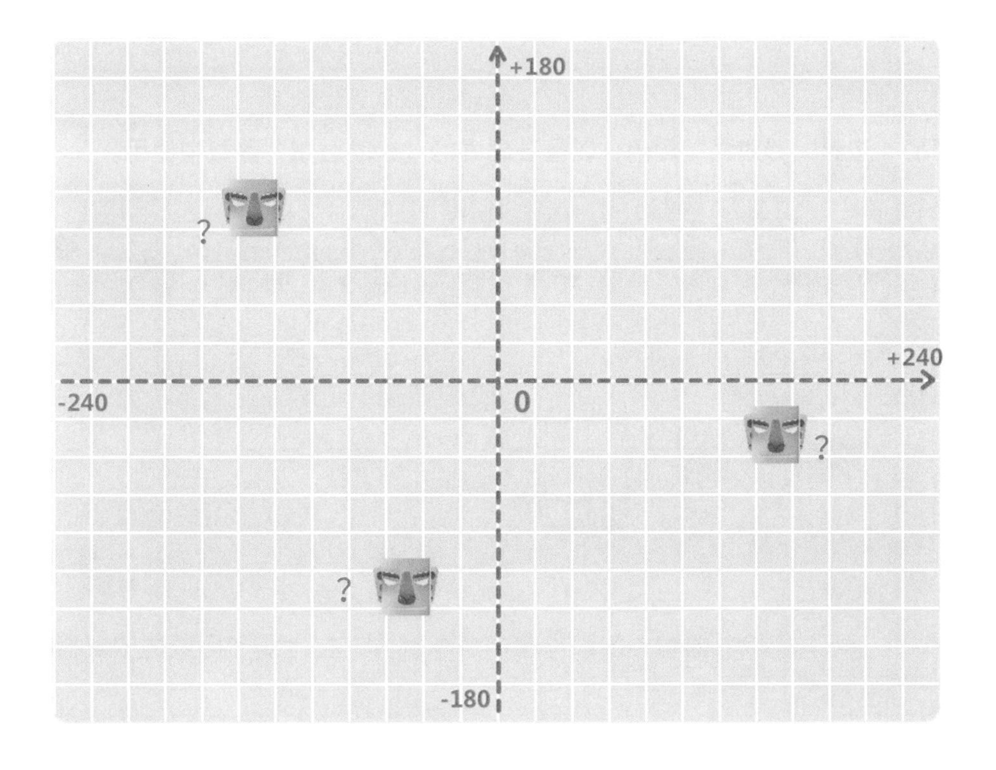

2 标记“地面”和“边界”。

为了能够让工程师可以更快速地找到印记，我们为印记区域添加“边界”，当搜索中碰到“边界”时就停止向这个方向继续探索。

如下图所示，浅灰色方格为区域中的“地面”，四周一圈深灰色方格为整个区域的“边界”。

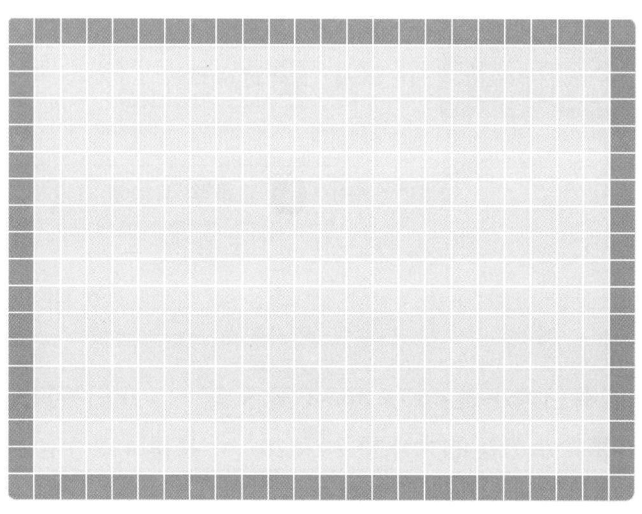

3 为了能够快速地标记区域和边界，我们将使用程序来自动标识区域中的“地面”和“边界”。

添加“边界”“地面”角色，以备在后面的“绘制区域”函数中使用。

4 使用“绘制区域”函数，按照下图中所示顺序在指定矩形区域内依次标记出一个个小格子，直到铺满整个舞台。

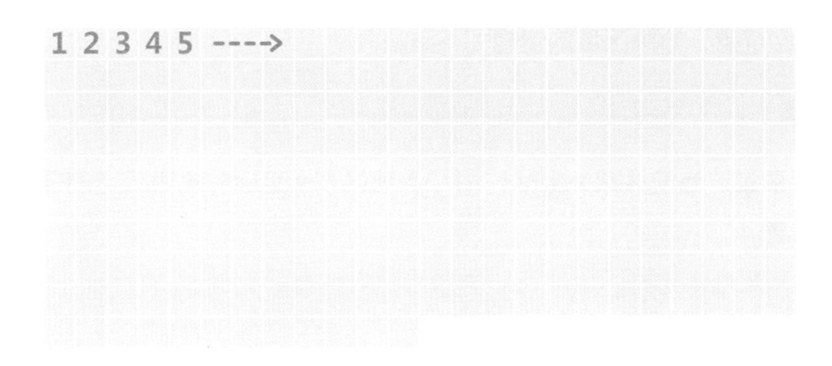

5 “绘制区域”函数定义如下。

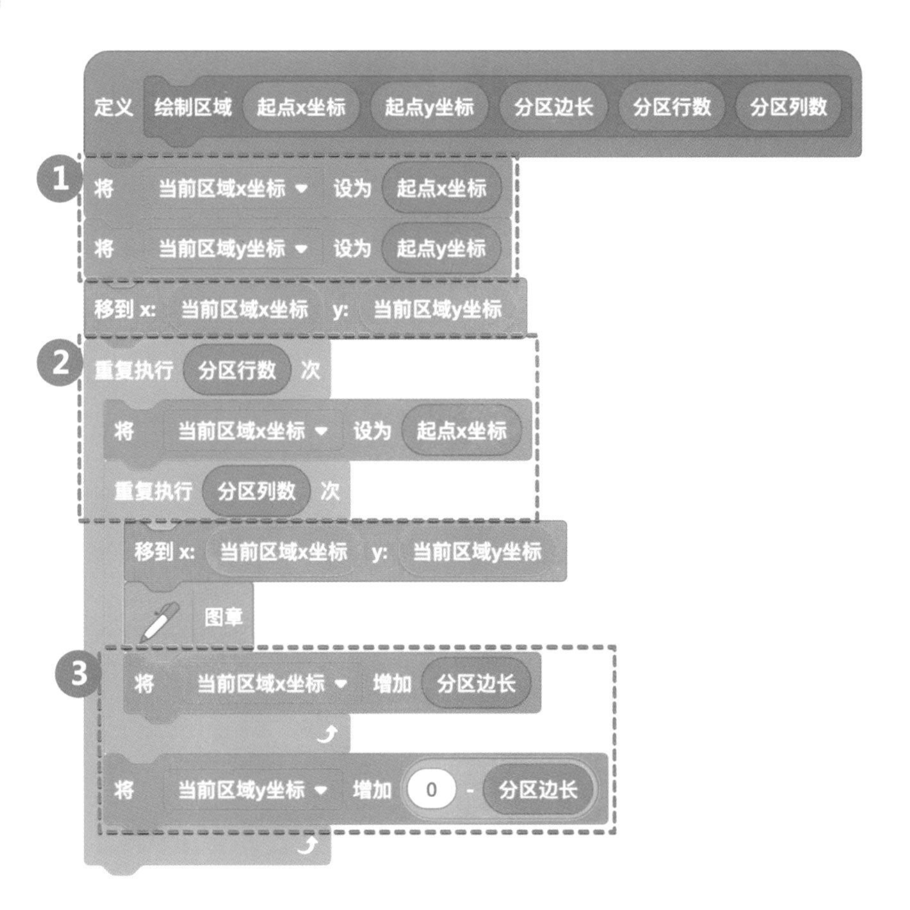

如上程序所示，绘制区域的逻辑如下：

1. 定义变量“当前区域 x 坐标”和“当前区域 y 坐标”来表示当前需要绘制的位置。
2. 使用双层循环结构，以“行”为单位进行地面的绘制。
   内层循环执行“分区列数”次，使用“图章”命令，绘制出一行地面。
   外层循环执行“分区行数”次，每次让内层循环绘制一行，最终完成整个地面的绘制。
3. 在内层循环和外层循环结束前，分别更新“当前区域 x 坐标”和“当前区域 y 坐标”的位置。

将角色造型的图案“复印”在角色当前所在位置的画布上。

此处的“复印”与克隆命令中的“复制”不同：克隆命令中的复制包含角色的造型、属性、状态、代码等信息。此处的复印与画笔功能类似，只是在舞台中留下角色的造型图案，需要使用画笔工具中的“全部擦除”命令才能擦掉。

6 有了“绘制区域”函数，就可以方便地在舞台中绘制指定大小的矩形区域了，如下。

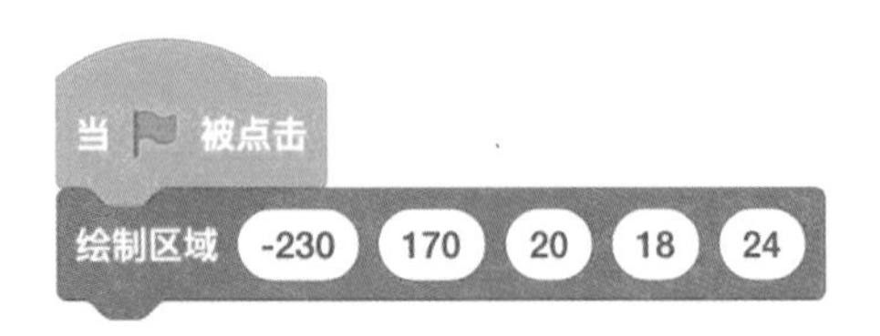

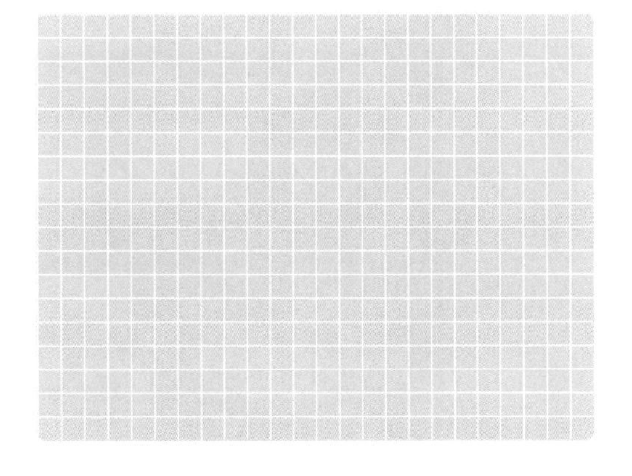

7 加速模式。

当绘制矩形格子时，我们可能会发现舞台上的小格子不是一下子铺满整个舞台，而是一个接一个地显示出来，这是为什么呢?

其实这是因为我们没有启用“加速模式”。让我们一起来看一下 Scratch 中的加速模式是怎么回事吧。

加速模式

Scratch 官方工具设计者限制了程序运行的速度，这是为了能够让我们更加清晰地观察程序的运行效果。

对于简单的程序，可以有效地减少程序中使用“等待 ( ) 秒”命令的次数。

但是对于复杂程序，限速功能使得程序的运行变得过于缓慢，为了解决这个问题，可以在编辑菜单中选择“打开加速模式”让程序全速运行起来。

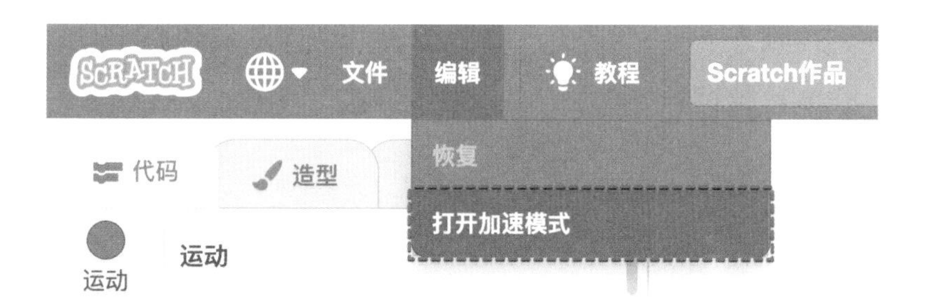

8 细心的读者这时可能会发现一个问题，我们需要绘制的地图的样子是中间是“地面”，而最外一圈是“边界”，那么要如何“画”出这最外层的边界呢?

我们最先想到的办法是：首先绘制最外圈的边界，然后绘制中间的地面区域。

但酷客工程师很快发现，最外圈的边界是由四条直线边组成的，绘制这四条直线需要编写新的函数。有没有办法可以直接利用上面已有的“绘制区域”函数呢?

为了能够复用“绘制区域”函数，我们调整之前的算法：先后调用两次“绘制区域”函数，第一次先在舞台范围内标识“边界”的格子，第二次在稍小一点的范围内标识“地面”格子。这样就实现了中间是地面，最外层是边界的效果。

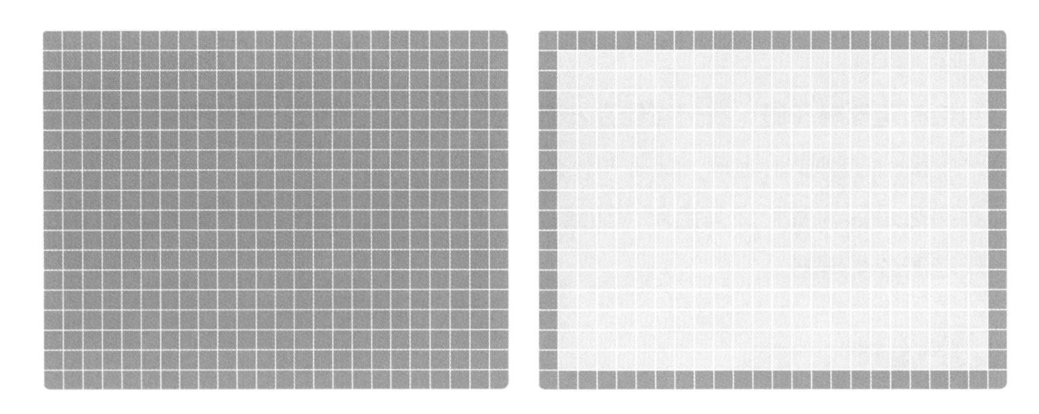

9 下面我们就来具体看看如何设置“绘制区域”函数的参数，来达到上面标记区域的效果吧。

假设舞台区域中最左上角格子的中心点为 A 点，将区域中第二行第二列格子的中心点称为 B 点。

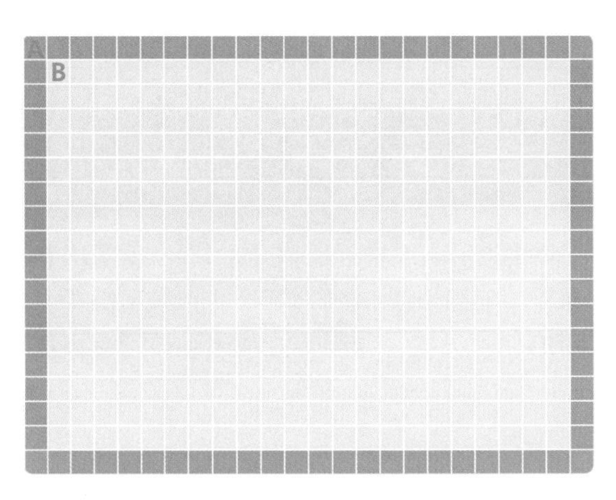

那么 A 点和 B 点的坐标分别如下：

A 点的 x 坐标：$-240 + (20 \div 2) = -230$

A 点的 y 坐标：$180 - (20 \div 2) = 170$

B 点的 x 坐标：$-240 + 20 + (20 \div 2) = -210$

B 点的 y 坐标：$180 - 20 - (20 \div 2) = 150$

根据上面的计算结果，即可使用“绘制区域”函数来标识出完整的区域地图。

绘制“边界”：在“边界”角色中添加如下代码，参数分别对应 A 点的 x 坐标、y 坐标、格子大小、分区行数和分区列数。

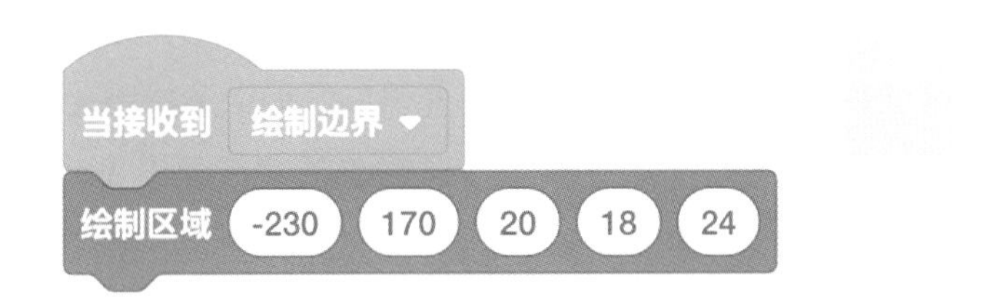

绘制“地面”：在“地面”角色中添加如下代码，参数分别对应 B 点的 x 坐标、y 坐标、格子大小、分区行数和分区列数。

10 选择算法。

完成了区域地图的标识，接下来就是最关键的工作——选择“搜索算法”了。那么应当如何选择合适的搜索算法呢？

最朴素的搜索方式就是按照顺序把区域中的所有格子都查找一遍，如下图。

因为不确定印记所在的范围，我们只能从左上角开始，逐行搜索每一个小格子，直到找到印记为止。我们知道搜索区域被划分成 18 行 24 列，共 432 个小格子，那么在最坏情况下，我们需要搜索 432 次才能找到印记。

11 朴素的搜索方式虽然可以找到印记，但是如果搜索区域中存在阻挡无法通过，就会很难处理（假设工程师无法翻越障碍物）。同时我们还需要为酷客国王规划出一条到达印记的路径，而朴素的搜索方式很难满足这些要求。

本次我们选择使用“广度优先搜索算法”来帮助我们快速找到距离印记最近的路径。

基本思路如下：从起始点开始，搜索与其相邻的点并记录下来，然后循环遍历这些相邻点，继续找到它们的相邻点（如果遇到已经访问过的点则跳过），直到找到印记为止。

12 我们先来看一下广度优先搜索算法的逻辑。

如下图展示了从工程师所在位置（中心的绿色格子），逐步向四周相邻格子搜索的过程。数字表示搜索次序，相同颜色表示从同一个中心点出发找到的格子。

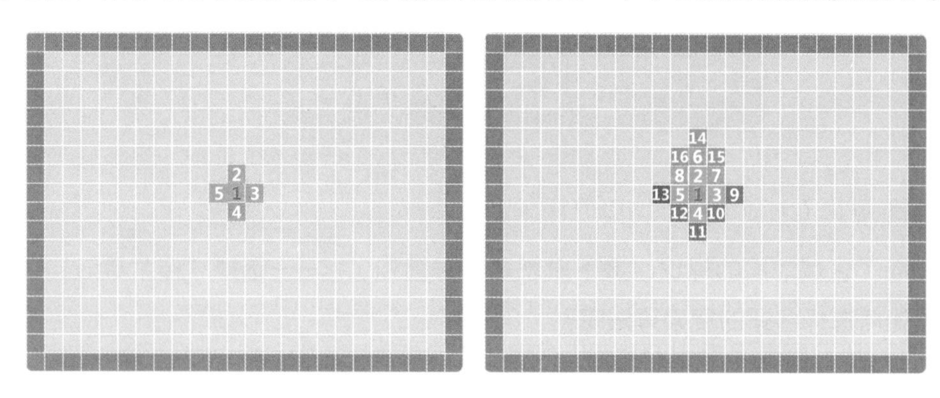

搜索的逻辑如下：

1. 接收到“开始搜索”消息后，从工程师所在位置开始搜索印记。
2. 此时我们并不知道应该往哪个方向搜索会比较好，所以采取以工程师为中心、“上右下左”的顺序开始搜索相邻的分区。
3. 在搜索过程中，我们将已经搜索过的格子保存到队列中。
4. 当前格子搜索完毕后，从队列中取出最开始加入的格子，按照步骤 2 的方法，重新按“上右下左”的顺序搜索其相邻的格子。
5. 在执行步骤 4 的过程中，需要检查从队列中取出的格子是否已经搜索过，如果已搜索过，跳过该格子，继续取下一个格子，并重复上述搜索过程。这样可以避免工程师重新“走回”到之前已经搜索过的区域。

13 下面我们使用程序来实现上述搜索逻辑。

添加"已遍历"角色(绿色格子)，用来标识已搜索过的位置。

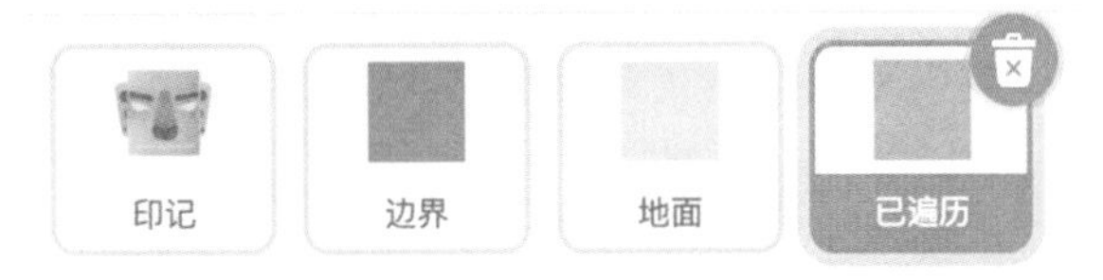

在程序开始时，我们将"已遍历"角色移动到"工程师"角色所在的位置，并将"已遍历"（绿色格子）的中心点位置，作为本次搜索的出发点坐标。

角色所在格子的中心点坐标可以用以下公式计算：

中心点 x 坐标 = 向下取整 (工程师 x 坐标 / 20) * 20+10

中心点 y 坐标 = 向下取整 (工程师 y 坐标 / 20) * 20+10

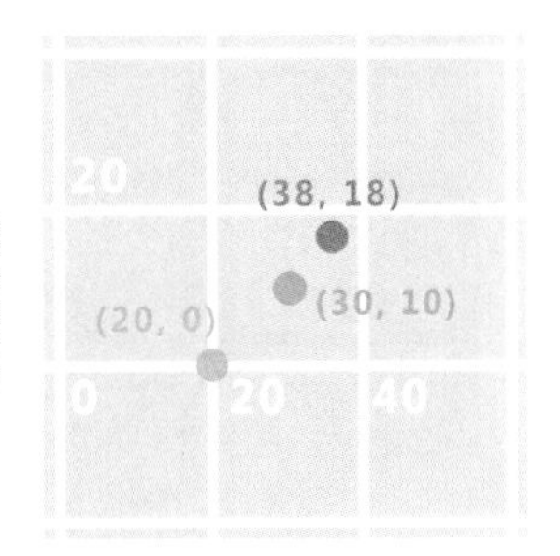

说明：每个小格子的高度是 20，中心点在格子的中间，所以需要将工程师的坐标以 20 为单位进行对齐（即只保留坐标值中大于 20 的部分），然后再加上 10（对应格子的中心位置）。如上图，红点处为工程师初始位置，蓝点为向下取整后位置，绿点为中心点位置。

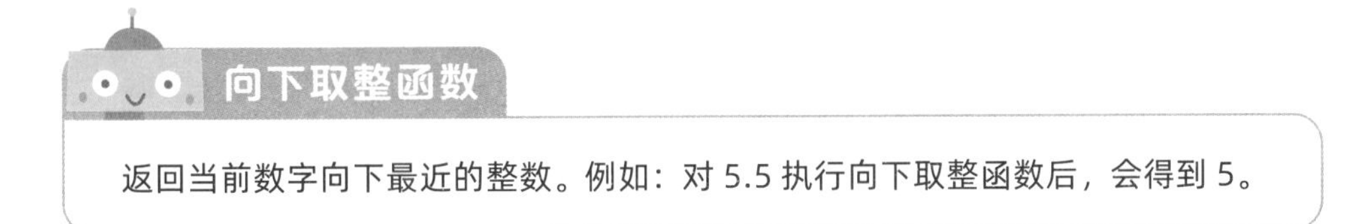

向下取整函数

返回当前数字向下最近的整数。例如：对 5.5 执行向下取整函数后，会得到 5。

定义"设置出发点"函数，先将"已遍历"角色移动到"工程师"角色所在的位置，然后将出发点坐标调整到格子的中心点。

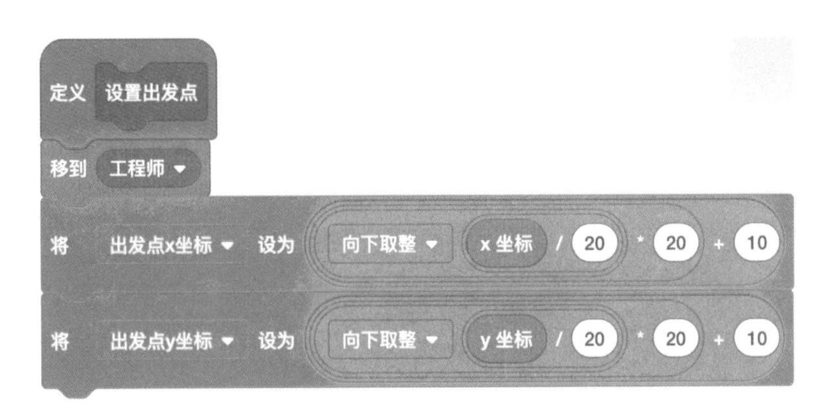

14 下面来实现广度优先搜索算法的核心逻辑。

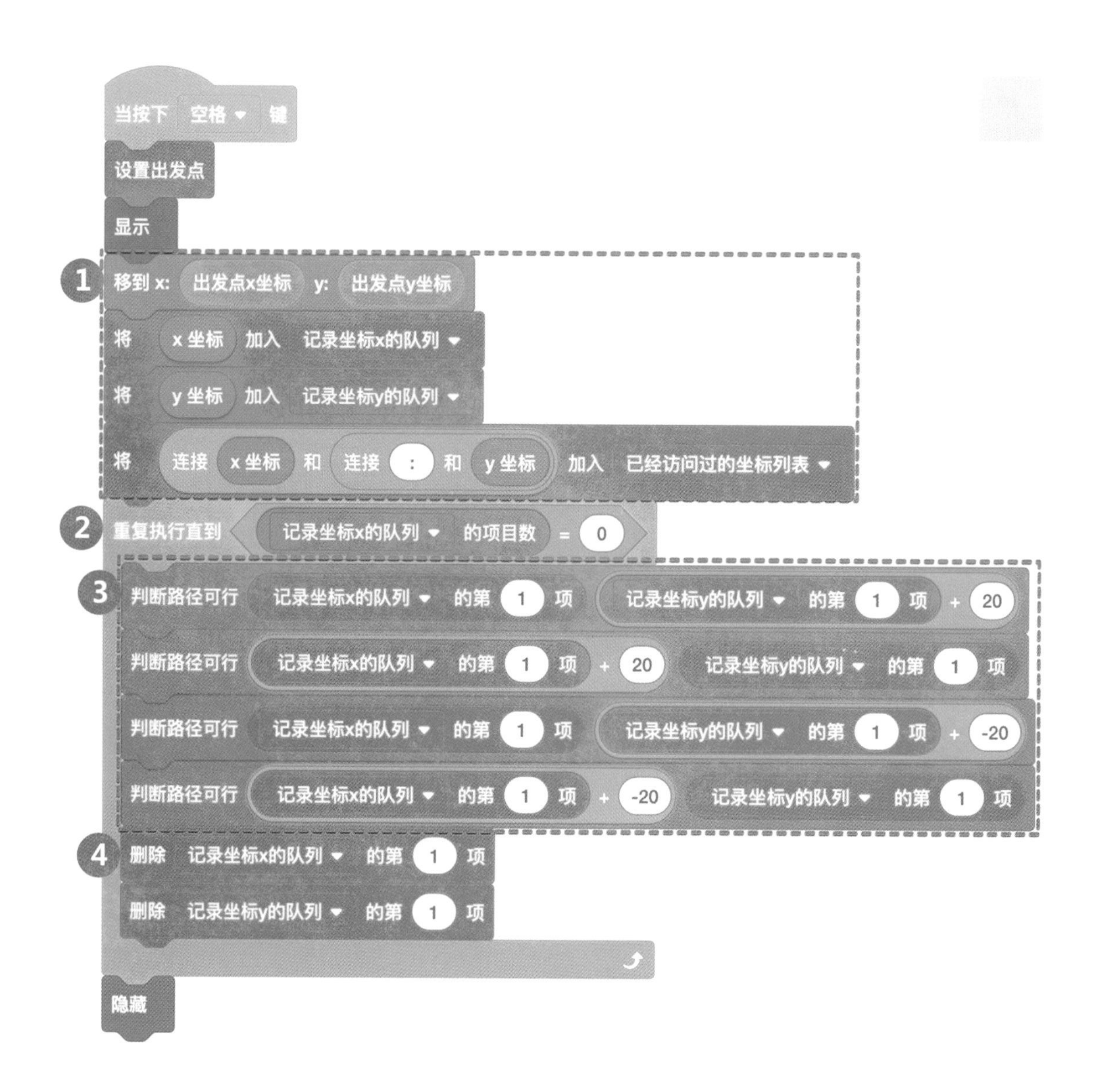

图中①，将当前位置的坐标加入“已经访问过的坐标列表”中。

“已经访问过的坐标列表”用来记录所有已经搜索过的格子的坐标位置。因为需要保存 x、y 两个坐标值，我们使用“连接”命令将“x 坐标”和“y 坐标”用冒号连接在一起，这样既可以避免坐标值重复，又可以只使用一个列表来保存格子信息。

图中②，将“重复执行直到”命令的终止条件设置为：当“记录坐标 x 的队列”的长度为 0。即当“记录坐标 x 的队列”为空时，停止搜索。

“记录坐标 x 的队列”和“记录坐标 y 的队列”用于记录当前正在搜索的分区位置（此处只能使用两个列表来分别记录坐标 x 和 y 的信息）。

图中③，以“上右下左”的顺序执行“判断路径可行”函数，判断与当前格子相邻的四个格子的状态：是否藏有印记、是否存在障碍物、是否已经搜索过。

图中④，当格子周围的相邻格子都已经完成搜索后，将其从记录队列中删除。

15 下面我们来看看“判断路径可行”函数是如何判断周围路径的。

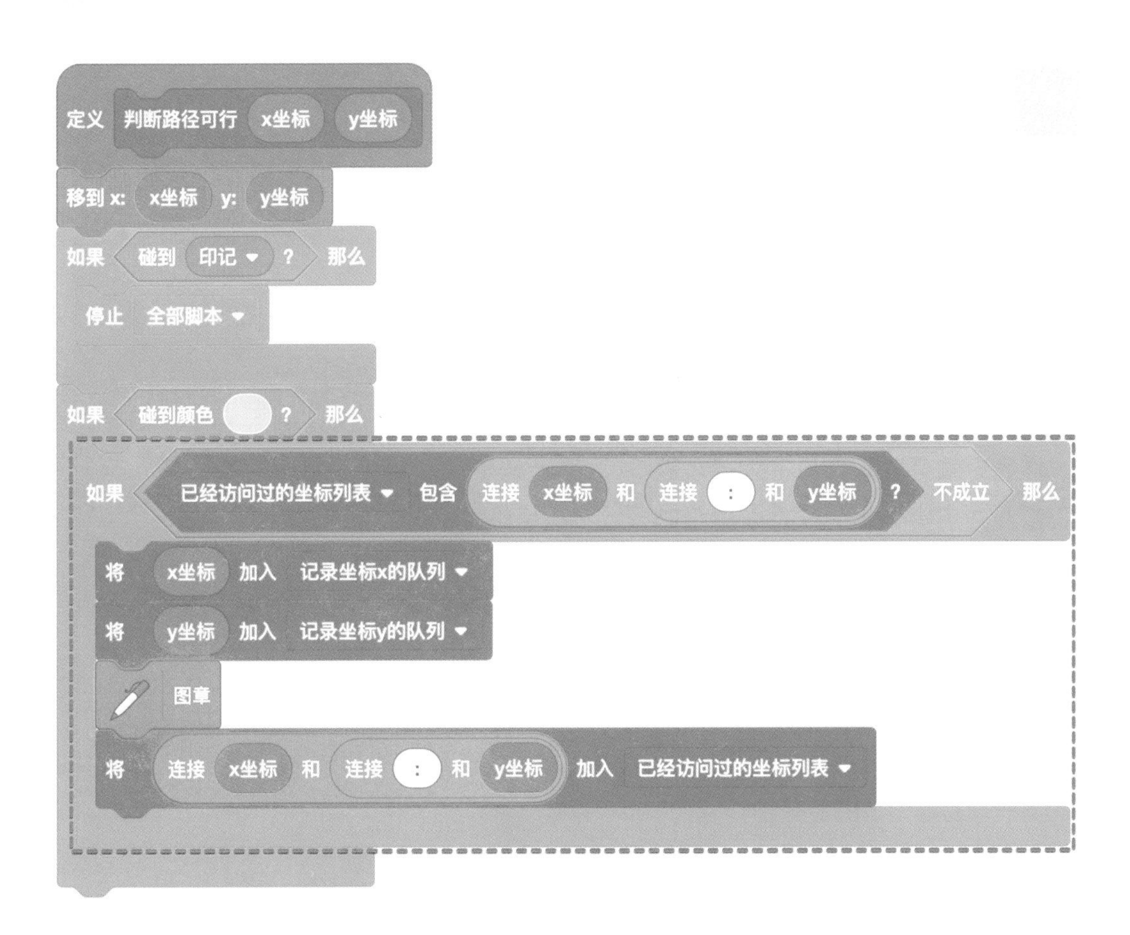

这个函数有两个参数“x 坐标”和“y 坐标”，用来表示需要搜索的格子位置，程序逻辑如下。

1. 将“已遍历”角色移动到目标位置。
2. 判断是否“碰到”印记，如果碰到则搜索成功，程序结束。
3. 如果没有“碰到”印记，则使用“碰到颜色”命令判断当前格子是否为“地面”，同时使用“包含”命令判断当前格子是否已经搜索过。
   a) 如果当前格子是“地面”（灰色格子，通过格子的颜色进行判断）且尚未访问过，将该格子加入“记录坐标 x（y）的队列”中，使用“图章”命令将其标记成绿色。
   b) 否则，直接跳过该格子。

16 通过“判断路径可行”函数，我们以工程师为中心，依次向“上右下左”四个方向进行探索。

不断将未搜索过的新格子加入“记录坐标队列”中作为新的搜索目标，并将已搜索过的格子从“记录坐标队列”中删除，这样我们就可以一步步扩大搜索范围，直到找到印记或完成整个区域的搜索为止。

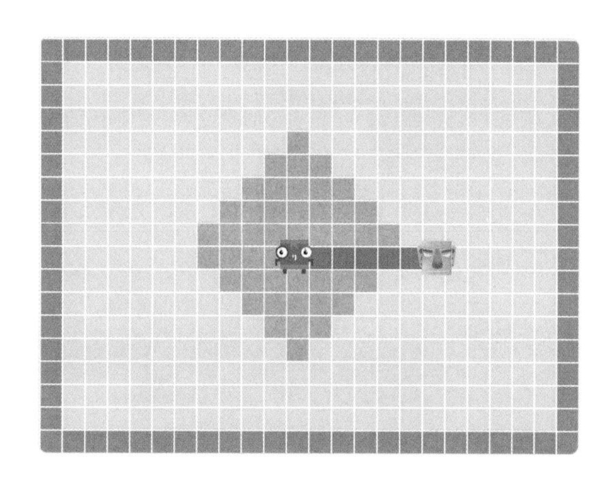

17 “真是太棒了！那我们现在就去发掘远古印记吧。”

“但是我们只是找到了印记，并没有记录下通往印记的具体路线，有没有办法可以找到一条通往印记的最短路线呢？”

“嗯，这真是一个有挑战的问题啊！让我来好好想一想。”

有了！如果我们能够记录下每次搜索时，经过的格子坐标的先后顺序关系，就可以找到通往印记的道路了！

那么就让我们从这个思路入手，来寻找解决问题的方案吧。

18 仔细观察搜索的过程可以发现，搜索的位置是以工程师为起点逐层向外扩展的。

如下图所示，绿色格子是搜索的起点，可以看到其搜索的顺序为从 1 到 16，以绿色格子为中心向外逐层搜索。

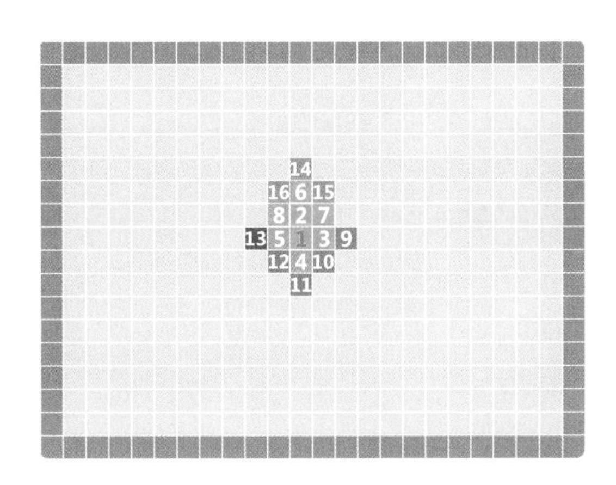

在这个过程中，每一个格子都可以看成是周围格子的“父节点”，而周围的格子可以看成是中心格子的“子节点”。

如上图所示，从起始点 1 开始，与 1 相连的格子是 2、3、4、5，则称：1 是 2、3、4、5 的父节点，2、3、4、5 是 1 的子节点。

以此类推：2 的子节点是 6，7，8；3 的子节点是 9，10；……

19 我们将上面的发现整理成一个上下对照的表格，有没有发现什么规律呢？

父节点列表	1	1	1	1	2	2	2	3	3	4	4	5	6	6	6
子节点列表	2	3	4	5	6	7	8	9	10	11	12	13	14	15	16

通过观察上面的表格，我们发现：一个父节点有可能会对应多个子节点，而一个子节点却只会对应一个唯一的父节点。

“这个规律对我们寻找最短路径有什么帮助呢？”

如果在搜索印记的过程中，记录下已经搜索过的格子的父子节点之间的对应关系，当我们最终找到印记时，就可以按照这个对应关系，从印记所在的位置从后向前查找其对应的父节点位置。

重复上面的过程，当到达起始点时，我们就找到了从印记位置到起始点的“最短路径”，最后将其反过来就是从起始点抵达印记所在位置的最短路径了。

20 在“判断路径可行”函数中添加用来记录格子父子关系的函数——“记录路径中父子节点关系”，如下图。

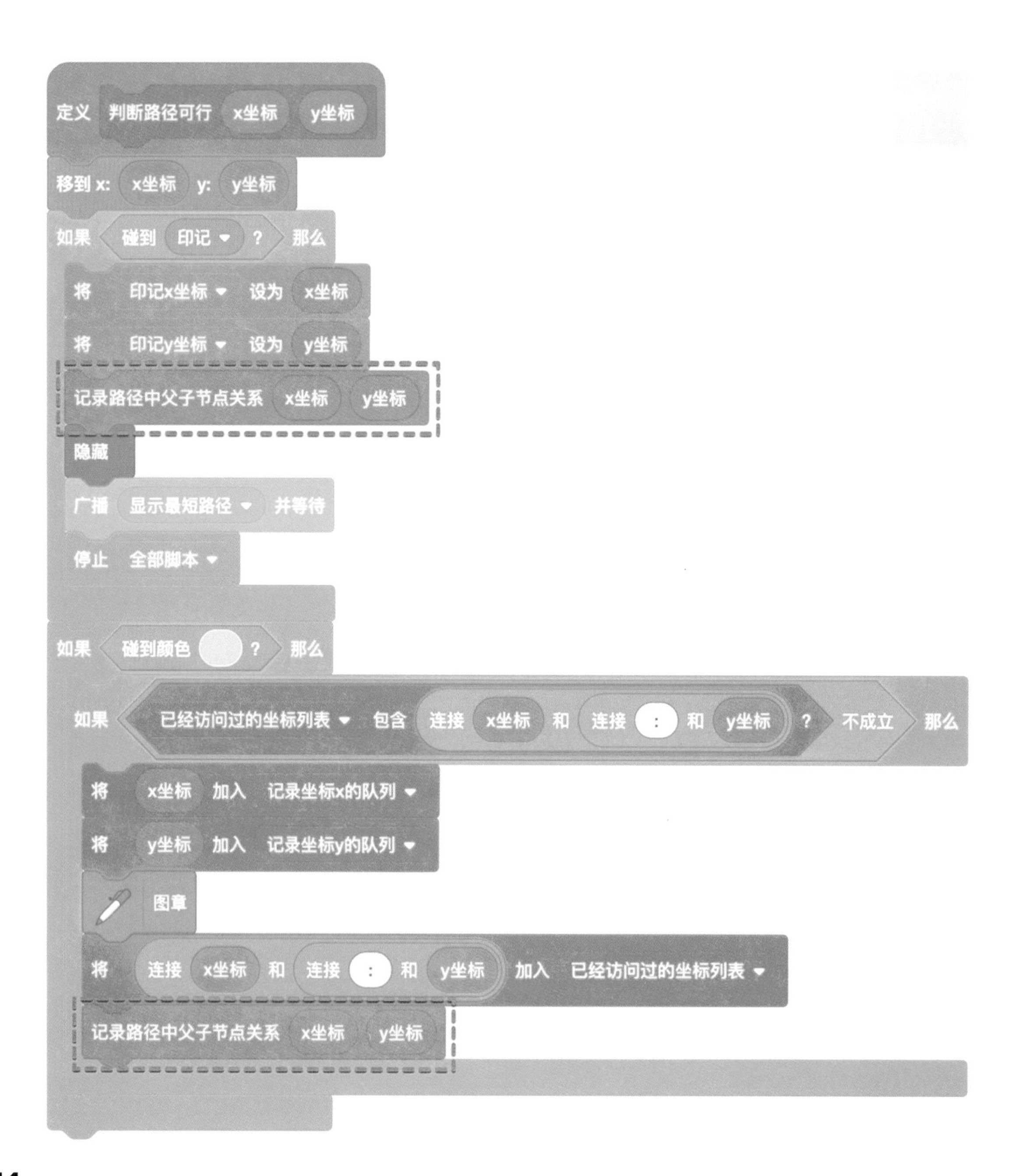

21 “记录路径中父子节点关系”函数的实现。

我们用到了四个列表：“记录路径父节点x（y）坐标列表”和“记录路径子节点x（y）坐标列表”，分别用来记录路径中父节点的x、y坐标和子节点的x、y坐标。

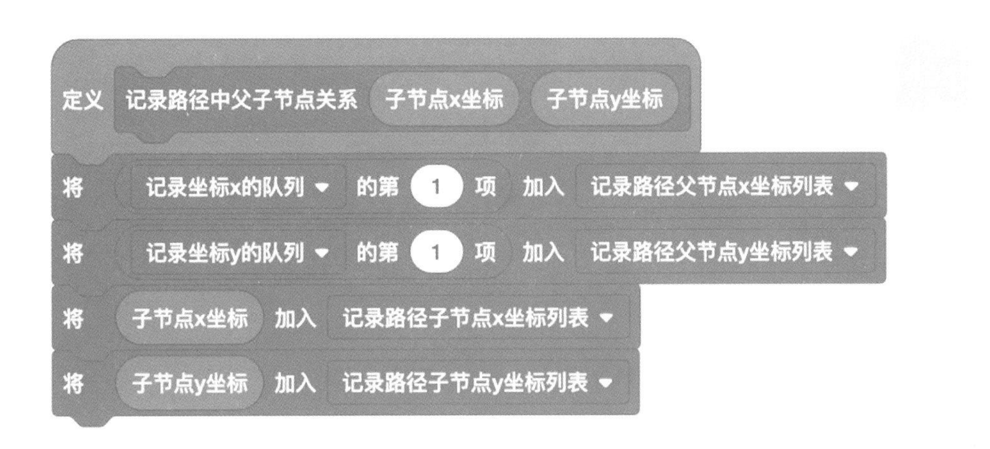

22 添加紫色的“最终路径”角色，用于更加清晰地展示路径。

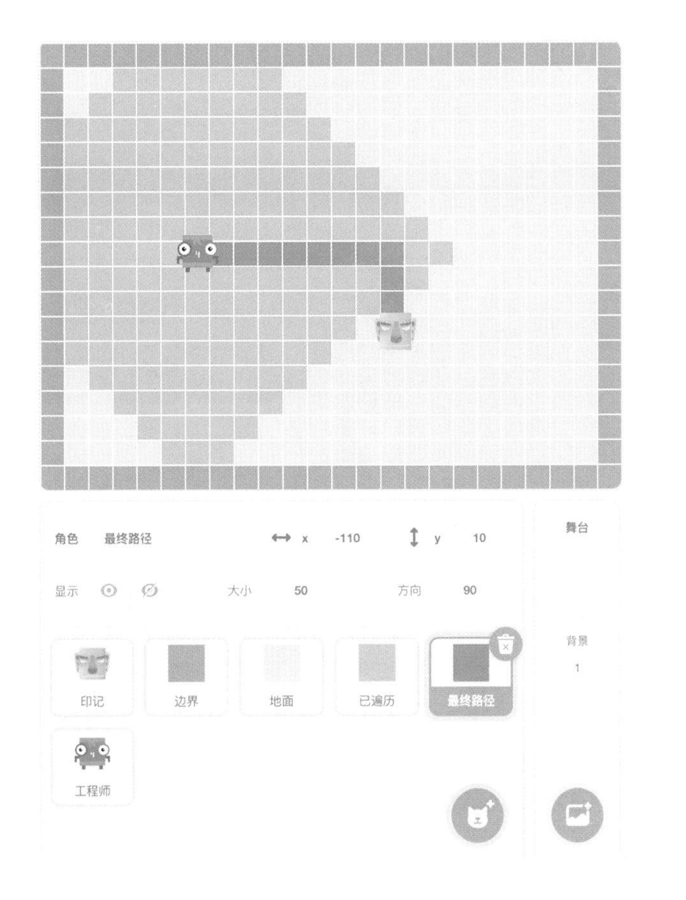

23 展示最终路径的算法如下。

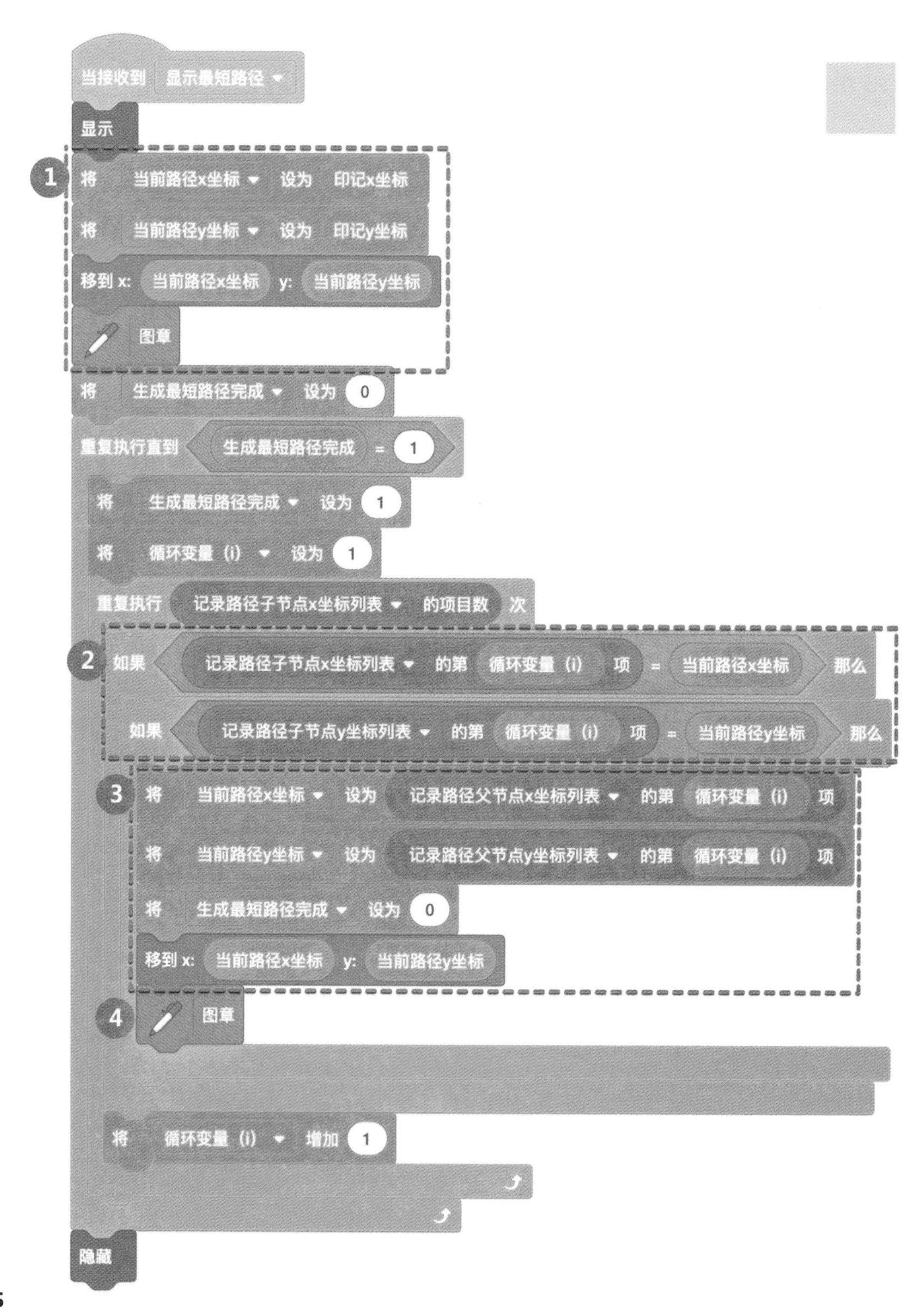

搜索的逻辑如下：

1. 将角色移动到印记所在位置，并将“当前路径x（y）坐标”变量的值设为印记的坐标位置。
2. 查找“记录路径子节点x（y）坐标列表”，当子节点列表中的x（y）坐标值等于“当前路径x（y）坐标”时，说明找到了子节点。
3. 将“当前路径x（y）坐标”更新为该节点对应的“父节点”。
4. 使用“图章”命令将该节点标记为最终路径上的节点。
5. 当在子节点列表中查找不到“当前路径x（y）坐标”值时，我们就找到了最开始的起始点。

至此，我们就得到了找寻印记的最终路径，而且还是当前区域中从起始点抵达印记的最短路径。

24 最后，大家可以进一步思考一下，如果上面藏宝区域中存在障碍物，使得工程师无法通过，应该怎样模拟这种情况呢？

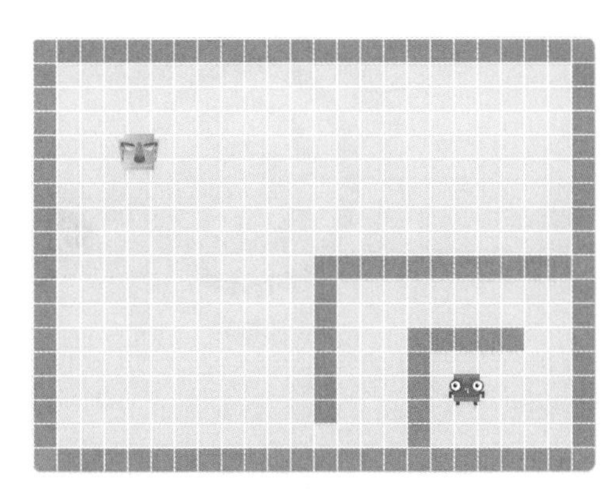

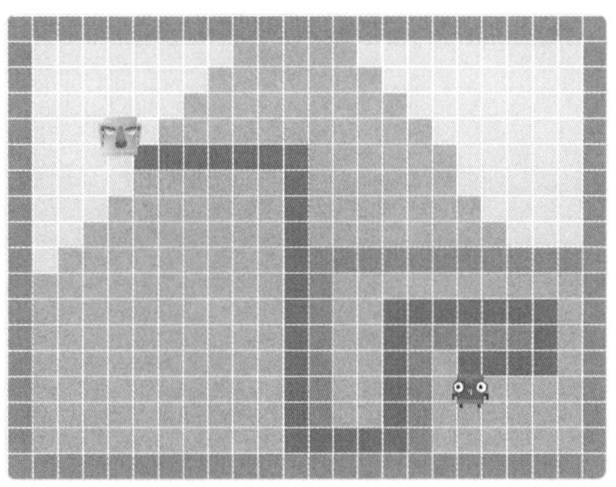

“需要增加在地图上设置障碍物的功能。”

“需要增加检测并绕过障碍物的功能。”

很好！那么如何才能实现“设置障碍”和“在寻路过程中识别障碍”呢？

这个就作为一个思考题留给小读者们，大家可以参考上面的图示，想一想如何实现这个程序。

本章小结

- 感受日常生活中的“查找”。
- 了解计算机中常见的搜索算法。
- 使用广度优先搜索算法来寻找尘封的古老印记。

在下一章中，酷客国王将为我们梳理思路，帮助大家理解编程中的核心思维方法。

第14章 重新认识编程思维

14.1 像计算机科学家一样思考

酷客国王前面提到的编程思维侧重于计算机编程领域。由此进一步思考，则可以引申出更为广泛的科学思维与计算思维，这才是真正的科学研究所需要的思维方式。

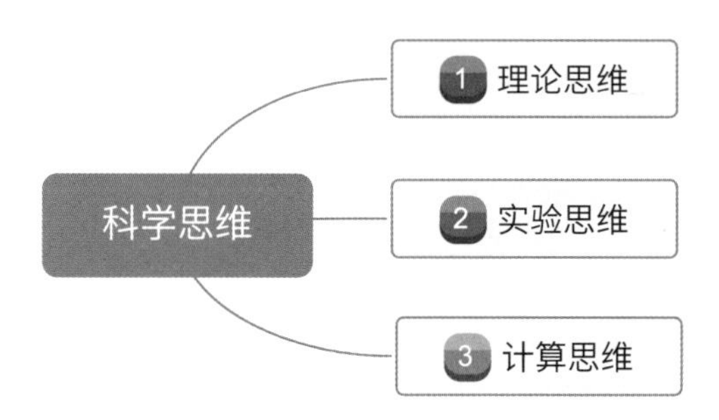

理论思维：理论思维源于数学，支撑着所有的学科领域。其中公理化方法是最重要的理论思维方法。

实验思维：与理论思维不同，实验思维通常需要借助特定的设备来获取数据，用于后续的分析研究。实验思维的先驱是意大利科学家伽利略，他被人们誉为“近代科学之父”。

计算思维：计算思维是运用计算机科学概念进行问题求解、系统设计，以及人类行为理解等的一系列思维活动。

计算思维

卡内基·梅隆大学计算机科学系主任周以真（Jeannette M. Wing）教授，因在 2006 年提出“计算思维”而享誉计算机科学界。

2011 年，她对计算思维进行了重新定义，认为“计算思维是一种解决问题的思维过程，能够清晰、抽象地将问题和解决方案用信息处理代理（机器或人）所能有效执行的方式表述出来”。

上面提到的“信息处理代理”在多数情况下指的是计算机。为了让计算机能够有效地执行，就需要将问题求解的过程分步表示出来，并独立创建算法解决方案，这些能力综合在一起就构成了“计算思维”。

如何像计算机科学家一样思考

计算思维是一种普适性的思维方法和基本技能，所有人都应该积极学习并使用，而非仅限于计算机科学家。

酷客国王希望大家通过学习计算思维方法，能够像真正的计算机科学家一样思考问题。

1. 清晰完整地描述问题。
2. 确定解决问题所需的每个重要细节。
3. 将问题分解为较小的可执行的逻辑步骤。
4. 使用这些步骤创建解决问题的过程（算法描述）。
5. 为上述过程给出适当、准确的评估。

上述这些经验不限于解决计算机科学相关的问题，还可以迁移到其他任何领域，帮助大家提高解决问题的能力。

14.2 掌握计算思维技能

那么想要掌握并应用计算思维，需要具备哪些技能呢？

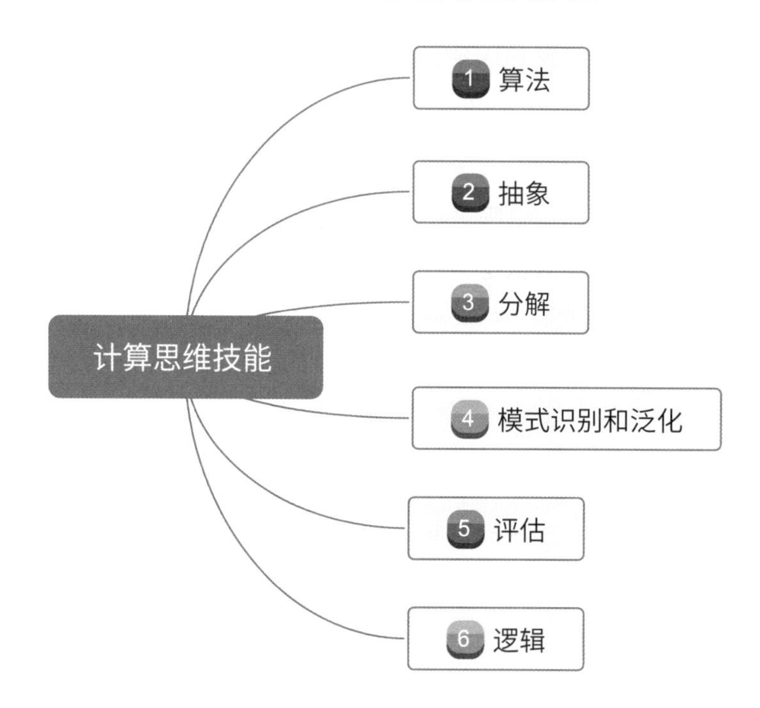

算法：算法是计算思维和计算机科学的核心。

在计算机科学中，问题的解决不仅仅只看一个答案，更重要的是其中所蕴含的算法。如果知道解决问题的算法，只需按照步骤操作，即可轻松解决问题。

抽象：抽象的目的是简化问题。

通过找到问题的关键点，屏蔽掉无关紧要的细节，从而帮助我们认清问题的本质，找到解决问题的方案。

如在地图应用中，通常会忽略道路两旁的树木，而着重于目标道路和街道信息的展示。

分解：将一个大问题分解为多个小问题。小问题更容易理解和操作，从而让大问题更容易解决。

计算机需要接收到具体的指令，才能正确地完成每一步操作，所以分解在计算机科学中非常重要。

模式识别和泛化：模式识别的关键在于找出与问题相似的模式，以便将其用于其他类似的问题中。泛化是指算法可以针对同类问题重复使用。

泛化意味着可以识别出来的模式越多，后续解决问题的速度就会越快。

评估：评估可以帮助我们确定问题的潜在解决方案，并判断出可用的最佳方案及改进方向。

判断最佳解决方案时，需要考虑程序（或算法）在运行中所需的相关条件。如程序需要执行多长时间才能计算出结果。

逻辑：指通过观察、收集数据、思考已知事实的方式来理解事物、厘清事物之间的相互关系，从而解决问题。

计算机科学完全建立在逻辑的基础之上，通过使用“真”“假”以及布尔表达式（如“年龄 > 5”），在程序中进行决策。

14.3 日常生活中的思维方法——曼哈顿距离

酷客工程师最近在城郊开垦了一块土地，用来种植生态南瓜。现在南瓜成熟了，需要我们帮忙一起去田地里采摘，在这里我们会遇到什么新的思维方法呢?

曼哈顿距离

微信扫码
运行程序

1 添加好角色和背景后，我们来观察一下背景的布局。

可以看到田地的背景是由一系列斜向的菱形组成的，这就决定了角色的移动方式会与之前稍有不同。

酷客工程师需要以一个个的格子为单位进行移动。而在菱形地形中，角色在上下移动时会与格子的中心点产生偏移。

2 如何才能实现让角色进行斜向的移动呢?

首先需要确定一下工程师在背景图中的位置。

如下图，当我们将“工程师”角色放置到舞台中时，可在角色区中看到当前角色的坐标（x，y）。

同时，在积木区的“移到 x:() y:()”命令中，也会同步更新当前角色的坐标值。

将“移到 x:() y:()”命令添加到工程师角色代码的开始位置。这样每次运行程序时，角色都会出现在预定位置。

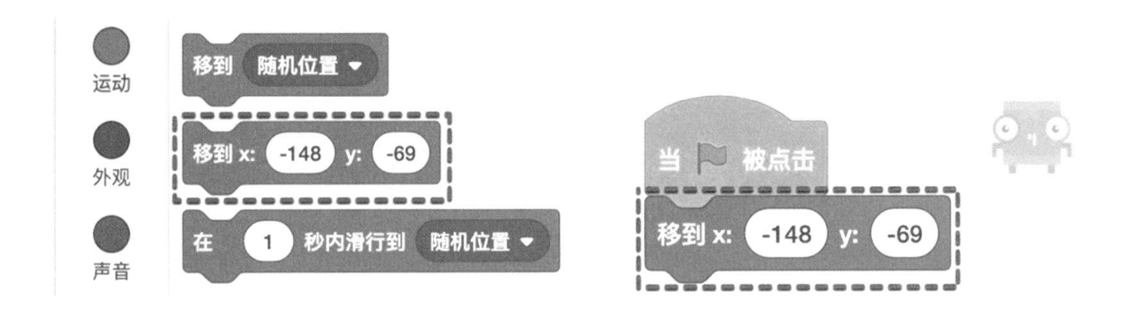

3 确定工程师的初始位置后，计算相邻格子的间距。

将工程师角色移动到相邻格子的中心点位置，即“前进一步”后的位置。通过比较工程师在相邻格子中心点的坐标，就可以计算出格子的间距了。

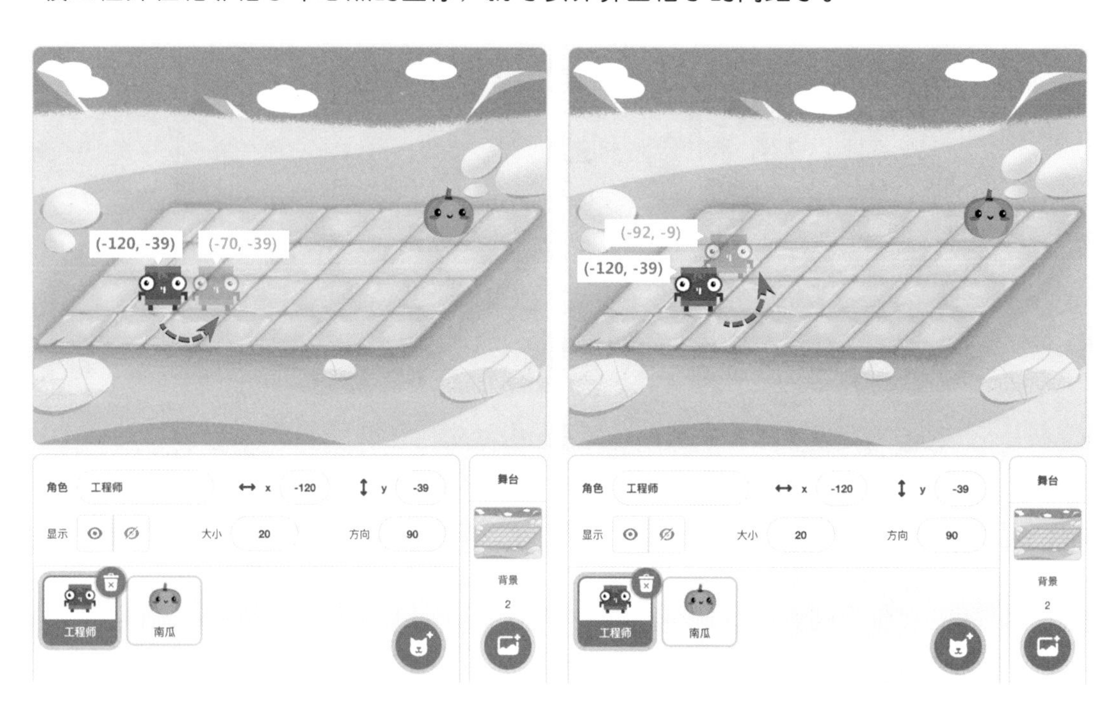

当工程师向右迈出一步时，跨度如下：

横向：(−70) − (−120) = 50

纵向：(−39) − (−39) = 0

当工程师向“上”（斜向右上 45°）迈步时，跨度如下：

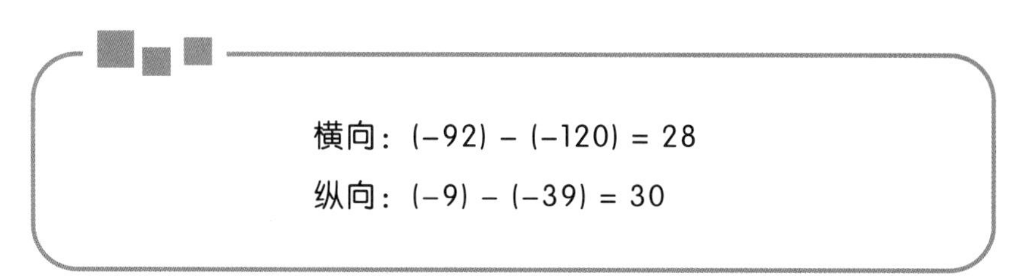

横向：(−92) − (−120) = 28

纵向：(−9) − (−39) = 30

4 测量好每步的跨度后，就可以通过键盘上的上、下、左、右键来控制工程师移动了。

添加一个变量“步数”，在每次按键时将其增加1，用于记录工程师行走的步数。

5 当工程师走到南瓜旁碰到南瓜时，为南瓜添加特效表示采摘成功。

我们在南瓜角色中添加代码，实现采摘的功能。

在“重复执行”命令中检测是否“碰到（工程师）？”来完成南瓜的采摘。

使用“显示 / 隐藏”命令切换角色的造型，实现闪烁提示。

没错！这个功能与“潜艇模拟器”中潜艇闪烁报警的实现方法是一样的。大家还有印象吗?

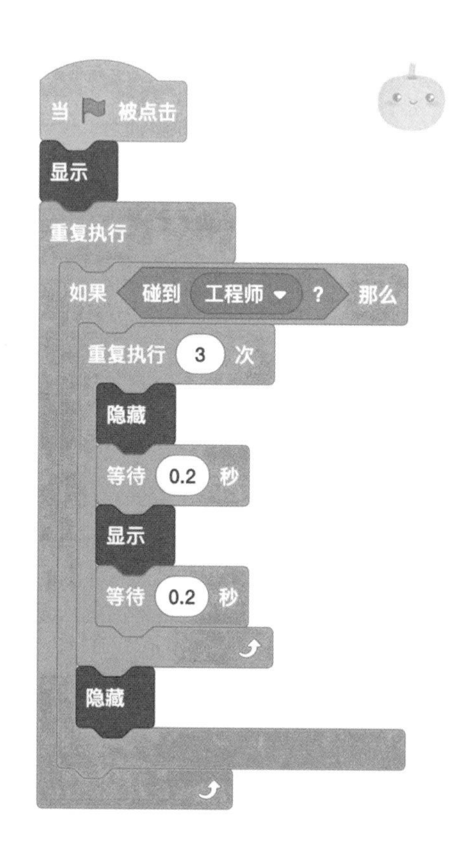

6 现在我们就完成了“采摘南瓜”的基本功能，大家可以控制工程师去采摘南瓜了。

在采摘南瓜的过程中，大家有没有发现，酷客工程师所经过的路线和步数有什么规律呢？

我们来做一个有趣的尝试，大家都来数一数，看酷客工程师经过不同的路线去采摘南瓜时，走过的步数有没有不同？

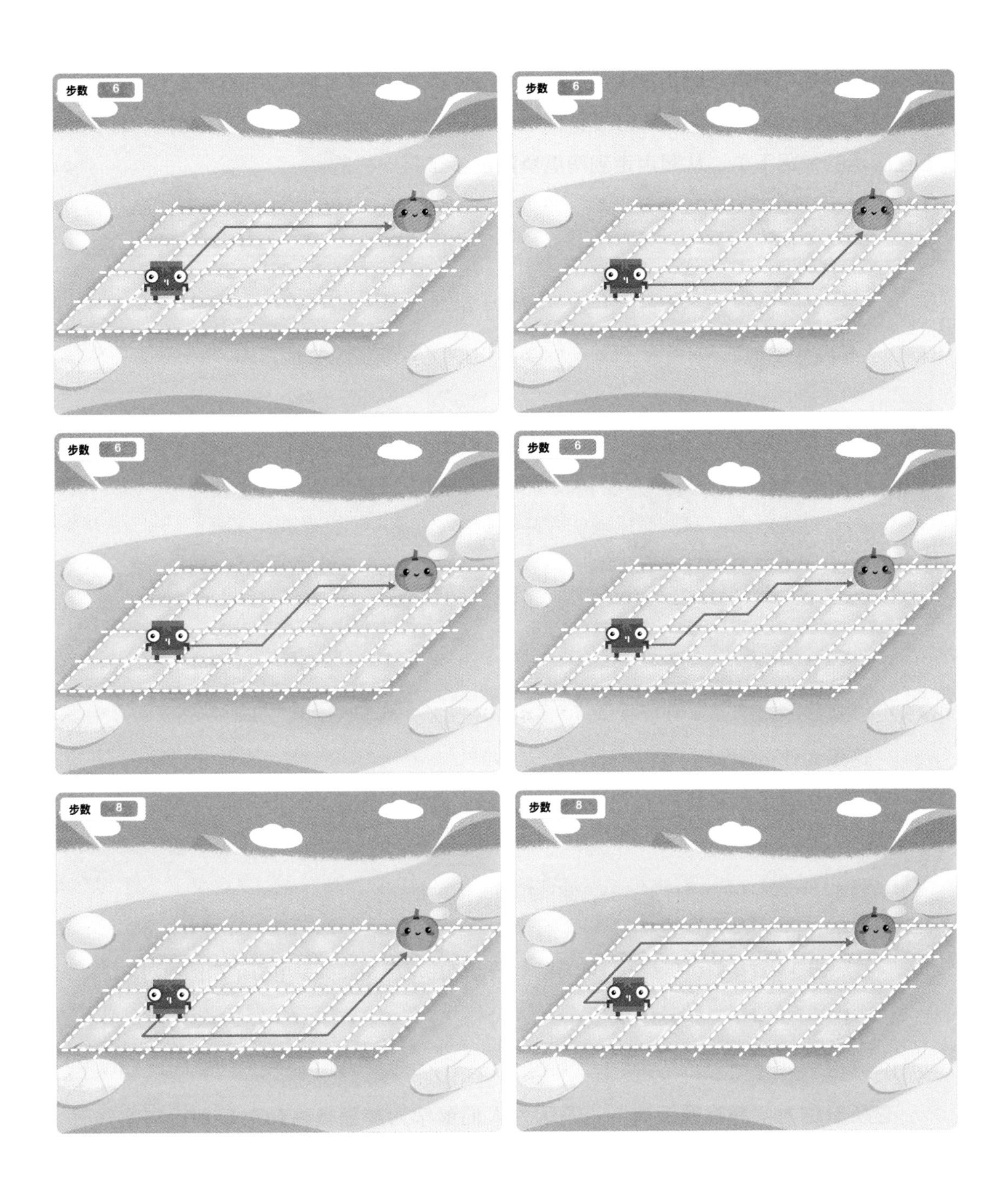
步数 6
步数 6
步数 6
步数 6
步数 8
步数 8

从上图中，我们有没有发现什么规律呢？

“前四种路线走过的步数都是 6。”

“后两种路线走过的步数是 8。”

“非常好！”经过实验我们可以看到，当工程师在下图蓝色区域中“行走”时（在不往回走的情况下），从起点走到南瓜所需的步数是一样的。

“这是为什么呢？”

其实这里面还隐藏着一个几何学的概念——曼哈顿距离。

曼哈顿距离（Manhattan Distance）

由 19 世纪的赫尔曼•闵可夫斯基提出，用来标明坐标系中两个点的绝对轴距之和。

之所以称为“曼哈顿距离”，是因为人们最早为美国曼哈顿市规划行车路线时发现，在城市道路中，任何往东行进三个街区、往北行进六个街区的路线，最少要经过九个街区且没有其他捷径，故而得名。注意：曼哈顿市的主要街区均为方型建筑区域。

曼哈顿距离与欧几里得距离的对比

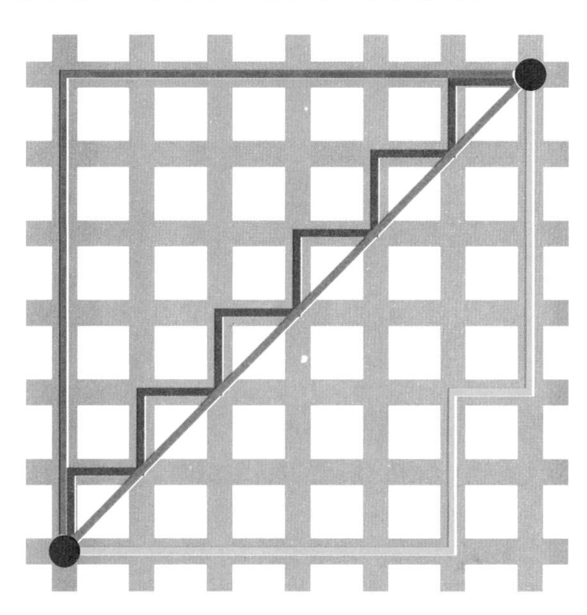

如上图，红、蓝、黄线表示 3 组不同的曼哈顿距离，假设每个小格子的距离为 1，则它们拥有同样的长度 12。

红线长度为：6 + 6 = 12

黄线长度为：5 + 2 + 1 + 4 = 12

蓝线长度为：1 + 1 + 1 + 1 + 1 + 1 + 1 + 1 + 1 + 1 + 1 + 1 = 12

而绿线表示欧几里得距离（两点之间的直线距离）。

根据直角三角形公式：$c = \sqrt{a^2 + b^2}$

绿线长度为：$\sqrt{6^2 + 6^2} \approx 8.48$

从上面的例子可以看出，编程思维存在于我们日常生活的点点滴滴中，大家要善于发掘身边的精彩哦。

本章小结

- 了解科学思维和计算思维。
- 认识计算思维的核心能力。
- 在制作“采摘南瓜”程序过程中，体会身边的编程思维。

在下一章中，酷客工程师将为大家介绍团队合作的成功标准。

第15章 合作和规则，让世界更美好

15.1 编程也需要团队合作

在前面的章节中，酷客工程师已经跟大家一起做过了很多项目，大家也都编写了很多代码，那么我们有没有想过：“什么样才算是优秀的工程师呢？”

“优秀的工程师要能准确地理解项目目标，提出解决方案，及时完成任务并展示成果。”

“说得非常好！”酷客工程师笑着说，“但是还有一点不要忘记哦，那就是完美的团队协作。”

随着技术的发展，酷客工程师所面对的项目也越来越复杂。对于复杂和重要的项目，需要组建一支具有不同专业背景，如包含产品经理、研发工程师、设计师、项目经理等多个角色，须依靠大家的共同努力才能取得成功的多元化团队。

在技术开发领域，团队协作的能力对于项目的成功至关重要。因为一个人很难拥有所有的技能和知识，我们只有将具有不同特长的小伙伴的能力集合在一起，才能发挥出最大的力量，创造出最优秀的产品。

那么什么才是成功的团队合作呢？我们可以从以下几方面努力。

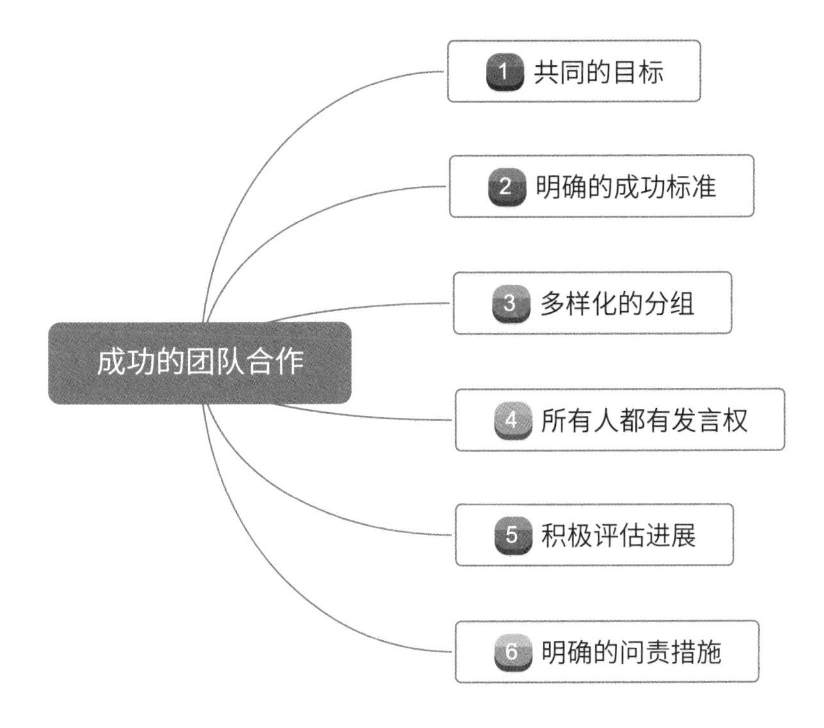

为了提高团队成员的协作效率，人们提出了一种新的编程方式：结对编程。

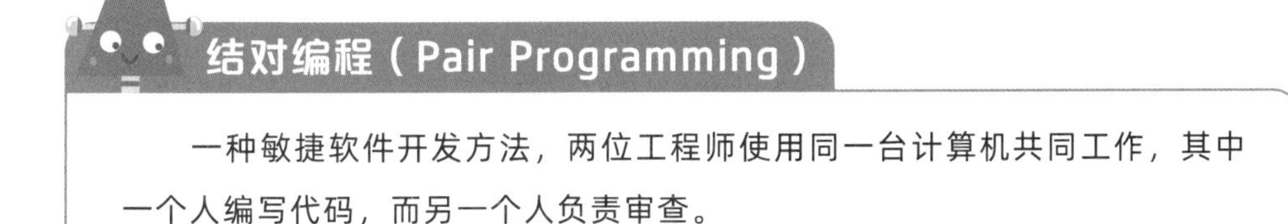

在结对编程中，负责审查的工程师主要考虑程序的整体结构，并提出改进意见，负责编写代码的工程师则集中精力解决当前的问题。

两个人的相互协作更容易碰撞出思维的火花，密切的沟通和交流也可以让大家学习到彼此的长处和优点。

大家可以在下次编写程序时，拉上自己的小伙伴一起尝试一下哦。

15.2 注释，让协作更简单

大部分现代的工程项目都需要以团队合作的方式进行开发，所以我们必须确保其他人能够读懂我们的代码，这样才能保证团队成员之间进行有效的沟通和交流。

注释就是对代码进行说明的最好方式之一，它可以让我们在编写程序时，将头脑中的逻辑思路记录下来，方便后续其他团队成员理解我们的程序。

注释是对代码的解释和说明，目的是让阅读代码的人可以更容易地理解程序的功能。通常用于概括算法、确认变量的用途或者说明难以理解的代码功能。

既然注释这么有用，我们应该在什么情况下使用注释，又需要在注释中写什么内容呢？

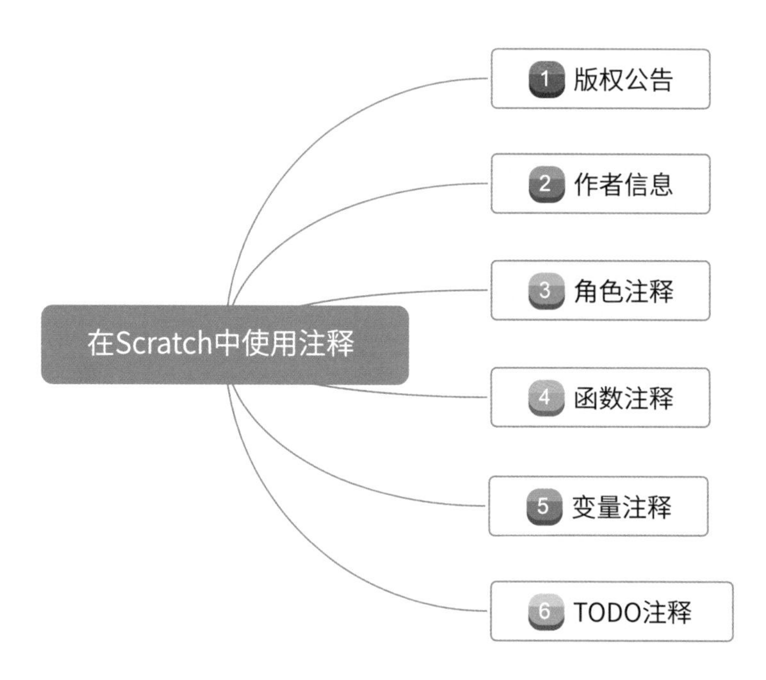

针对以上场景，分别展示示例如下。

1 在 Scratch 中添加注释。

在代码区中，点击鼠标右键，在弹出的菜单中选择“添加注释”即可。

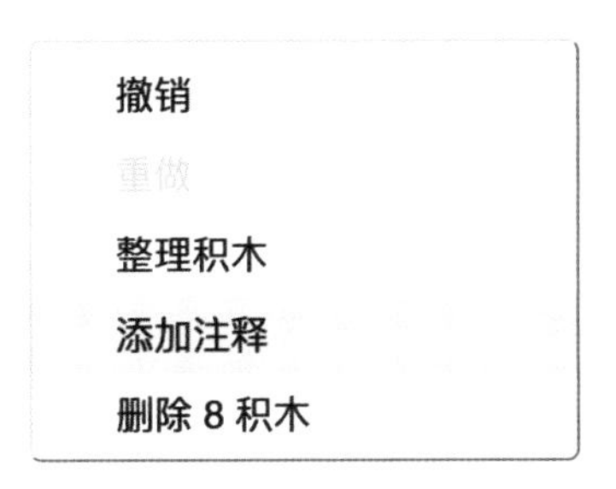

2 版权注释。

说明当前程序的授权范围，如是否可以被其他人使用等。

3 作者信息。

我们的名字、昵称、程序编写日期等。

4 角色注释。

因为在 Scratch 中，每个角色都会有属于自己的程序，所以可以在这里说明当前角色需要完成的任务内容。

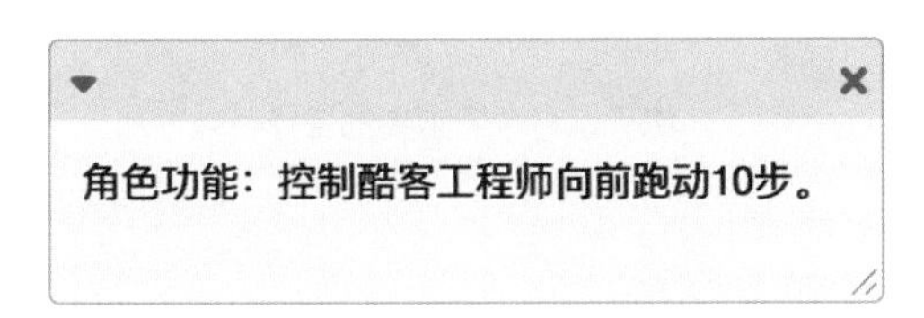

5 函数注释。

当我们定义了一个新的函数后，通常需要说明一下它的作用，方便后续重复使用。在函数定义模块上点击鼠标右键，选择“添加注释”，可以为函数添加注释。

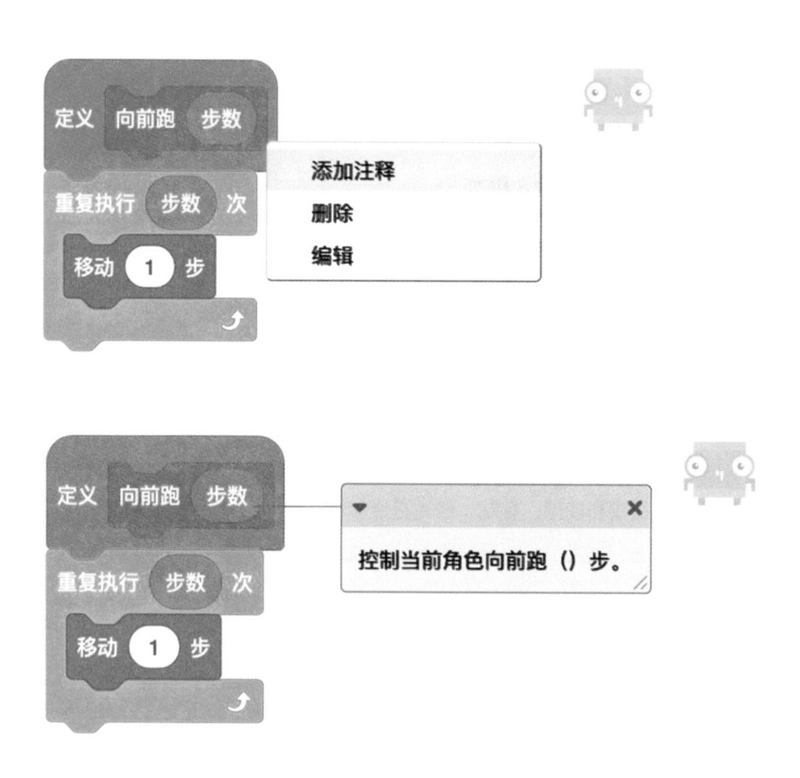

6 变量注释。

对于一些有着重要作用的变量，需要进行说明，以便帮助理解函数或算法的功能。

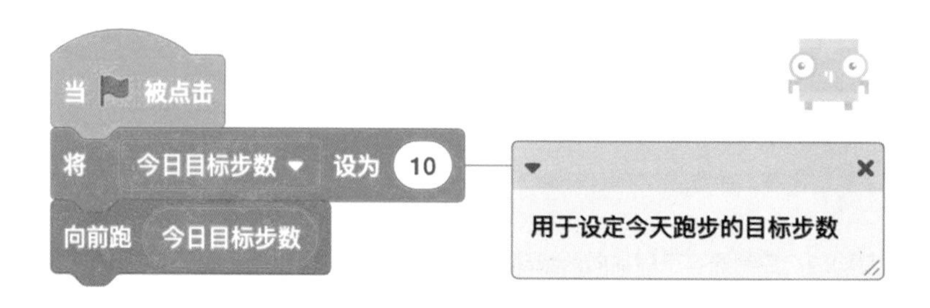

7 TODO 注释。

可以将计划完成但是还没有来得及做的工作列出来，在前面加上“TODO”（待做），提醒自己不要忘记哦。

15.3 版本迭代，让你“化蛹成蝶”

在程序开发过程中，我们经常需要为程序添加新的功能，或者修正当前程序中的错误。

在团队协作过程中，多位团队成员之间也需要保持代码的独立性，避免相互之间的程序发生冲突。

为了有效地解决上面的问题，而又不影响当前用户正常使用程序，工程师们将程序划分为不同的版本，并将其管理起来，形成了我们所说的“版本控制”。

在程序开发过程中，确保团队中不同成员所编写的程序能够完整记录并同步的技术。

版本控制的关键在于记录与同步。

记录：在编写程序的过程中，记录下我们编写程序的历史，并将其标记为不同的版本（如将文件的不同版本按照时间先后顺序进行编号，v1.1、v1.2、v1.3）。

同步：团队成员可以看到其他人对程序所进行的操作（例如，新增、修改），并在此基础上继续完成项目目标。

在 Scratch 工具中，对于我们当前正在编辑的项目，会自动保存历史操作记录，大家可以使用“撤销”和“重做”命令来恢复这些历史操作。

例如，我们将“今日目标步数”的值从 5 调整到了 10，但是很快又发现步数太多想改回去，这时就可以使用“撤销”命令恢复为之前的值。

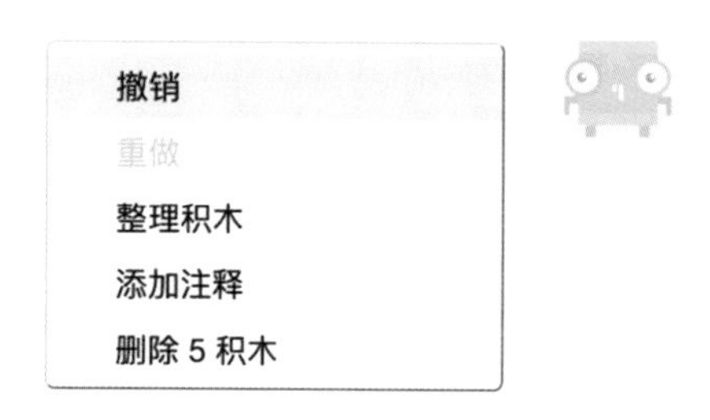

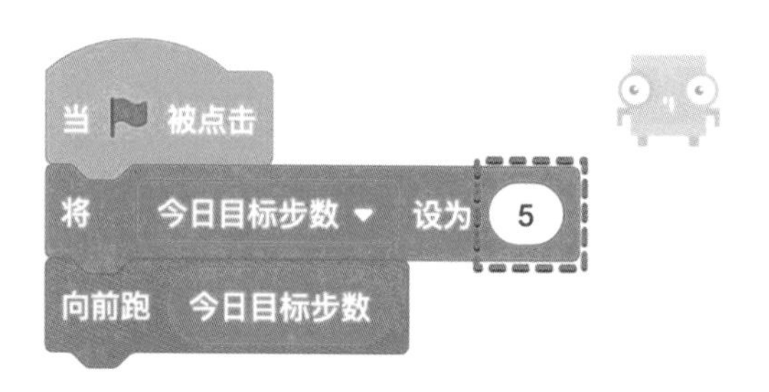

但是由于工具的限制，Scratch 无法记录程序的版本信息。我们可以在完成了不同的程序功能后，使用保存文件的方式将其保存为不同版本的程序。

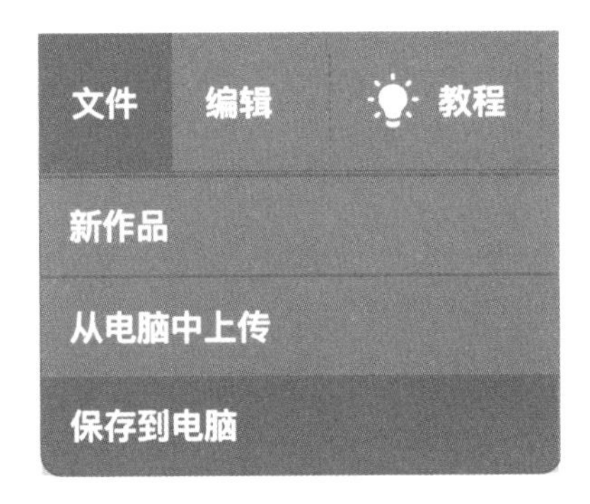

如下图，我们在创作“打败入侵者”小游戏的时候，就制作了 3 个版本的程序。每完成一个新功能，就保存在“打败入侵者”文件夹中，并以 v1、v2 和 v3 作为版本号进行区分。通过文件命名的方式，我们实现了最简单的版本控制。

到今天为止，酷客国王和大家一起度过了一段难忘的时光，我们的编程之旅也要告一段落了。

在这段时光中，我们一起创作了 13 个精彩的小程序，希望大家在编写这一系列小程序的过程中体会到编程的乐趣，记住我们共同创造的程序世界。

更希望大家能够通过学习编程，掌握编程思维的内涵，助力今后的工作和学习。

好啦，酷客国王就和大家在这里道别了：“再见啦！”

本章小结

- 了解成功的团队合作应当具备的标准。
- 掌握注释的作用和使用方法。
- 理解版本控制的重要性。

词汇表

计算机概念

使用编程思维解决问题

㊀ ch 表示“章”，p 表示“页码”，这里表示该概念出现在第 1 章，第 3 页。

Scratch 中的操作与概念

Scratch 相关命令

【事件】

【运动】

【控制】

【外观】

【画笔】

【变量、列表】

【侦测】

【声音】

【运算】